泸水市常见药用植物

张林辉　胡玉宝　刘光华　徐江东　主编

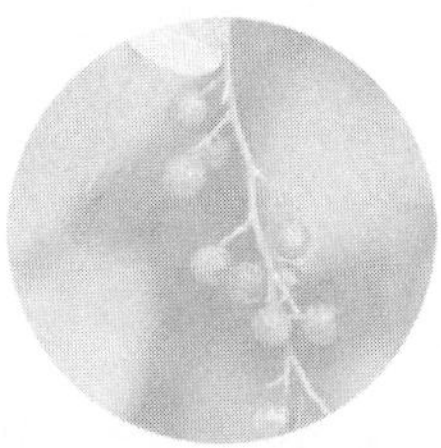

中国农业出版社
北　京

U0914149

《泸水市常见药用植物》
编 委 会

主　　编　张林辉　胡玉宝　刘光华　徐江东

副 主 编　和建华　熊贤坤　沈绍斌　宋记明　易怀锋　肖明昆

编　　委　王李君　李泰周　周　宇　方丽明　和剑琴　熊树美
张金渝　邓先能　段春芳　姜太玲　李月仙　刘　倩
张　泓　罗　鑫　周迎春　严　炜　刘学锦　吴丽华
杨维泽　杨绍兵　陈继丽　文定良　沈正松　李忠贤
杨世贵　杨健弘　李林虹　刘航秀　魏舒娅　朱延婕
起明菊　白丽娜

顾　　问　李春江

编写单位　云南省农业科学院热带亚热带经济作物研究所
泸水市卫生健康局
云南省农业科学院药用植物研究所
保山全心农业科技有限公司
云南省农业科学院生物技术与种质资源研究所

前言 FOREWORD

中药资源是我国中医药事业发展的重要战略资源，中药资源普查是实现中药材可持续发展的重要基础性工作，其成果将为中药资源的合理保护和开发利用提供科学依据。我国于20世纪60、70、80年代先后开展过三次大规模的中药资源普查工作，但第三次普查距今已30多年，中药资源种类、分布、量值和应用都已发生深刻变化。30年前的历史资料难以发挥其生产指导作用。为了摸清现有中药资源家底，建立中药资源动态监测体系和机制，研究制定我国中药资源发展规划，根据国务院2009年第22号文件精神，由国家中医药管理局组织部署，全国各省、自治区、直辖市于2011—2012年开始陆续展开了全国第四次中药资源普查工作。

泸水市位于云南省西北部，怒江傈僳族自治州南部，东经99°34′～99°09′，北纬25°33′～100°41′，总面积3 203.04平方千米，国境线总长136.24千米。境内居住着傈僳族、白族、怒族、彝族、景颇族、汉族等21个民族，少数民族人口占总人口的81%，其中傈僳族占58.9%，为主体民族；是“边疆、民族、贫困、山区、宗教、直过”最集中的典型代表。泸水市立体气候特征明显，自然地理条件优越，生物资源极其丰富，拥有丰富的中药材资源和民族民间药物资源。

泸水市作为全国第四次中药资源普查云南省第三批普查县之一，在泸水市委、市政府的高度重视和支持下，以云南省农业科学院药用植物研究所、云南省农业科学院热带亚热带经济作物研究所作为技术依托单位，在泸水市有关部门的密切配合下，于2018—2019年开展了泸水市中药资源普查工作，本次普查主要针对药用植物，暂未开展药用动物和矿物的调查。内容包括野生药用植物调查、栽培药用植物调查、民族传统知识调查和中药材市场调查四部分。

通过普查，普查队对市域内分布的野生药用植物及栽培药用植物进行了广泛的调查，多角度拍摄了所调查的药用植物图片，采集制作了药用植物腊叶标本1 002号，并请有关专家对标本进行鉴定，在此基础上选择了泸水市境内分布较多、各民族群众经常利用的药用植物500种，编写了《泸水市常见药用植物》一书，本书中，科按从低等到高等排列，蕨类植物按秦仁昌系统排列，裸子植物按郑万钧系统排列，被子植物按恩格勒系统排列，属及属以下按学名的拉丁字母顺序排列。书中植物的中文名和拉丁学名采用《中国植物志》的命名。每种药用植物记述了基源、拉丁学名、药材名、别名（含少数民族语）、生态环境、药用部位、性味功效、主治。

本书的出版由第四次全国中药资源普查试点工作（pilot work of the fourth national survey on Chinese materia medica resources）及云南省第16批技术创新人才培养对象（2017HB131）等项目资助。

本次普查由于时间紧、任务重、经验不足、调查内容广等原因，在本书编写过程中难免有疏漏和不妥之处，敬请有关专家、同行、读者批评指正。

编　者

2020年12月

CONTENTS 目录

一、苔藓植物门

Bryophyta

地钱科 Marchantiaceae

地钱

拉丁学名： *Marchantia polymorpha* L.

药 材 名： 地钱。

别　　名： 地梭罗、巴骨龙、脓痂草、米海苔。

形态特征： 叶状体暗绿色，宽带状，多回二歧分叉，长 5～10 厘米，阔 1～2 厘米，边缘微波状，背面具六角形，整齐排列的气室分隔，每室中央具 1 枚烟囱形气孔，孔口边细胞 4 列，呈十字形排列。腹面鳞片紫色；假根平滑或带花纹。雌雄异株。雄托盘状，波状浅裂，精子器埋于托筋背面；雌托扁平，先端深裂成 9～11 个指状裂瓣；孢蒴生于托的指腋腹面。叶状体背面前端常生有杯状的无性芽孢杯，内生胚芽，进行无性生殖。

生态环境： 阴湿的土坡或岩石上、路边及住宅附近常见。

药用部位： 植物体。

性味功效： 淡，凉。清热，生肌，拔毒。

主　　治： 刀伤，骨折，毒蛇咬伤，疮痈肿毒，烧烫伤。

二、蕨类植物门

Pteridophyta

石松科 Lycopodiaceae

石松

拉丁学名： *Lycopodium japonicum* Thunb.

药 材 名： 伸筋草。

别　　名： 石松子、狮子尾、过山龙。

形态特征： 多年生土生植物。匍匐茎地上生，细长横走，2～3 回分叉，绿色，被稀疏的叶；侧枝直立，高达 40 厘米，多回二叉分枝，稀疏，压扁状（幼枝圆柱状），枝连叶直径 5～10 毫米。叶螺旋状排列，密集，上斜，披针形或线状披针形，长 4～8 毫米，宽 0.3～0.6 毫米，基部楔形，下延，无柄，先端渐尖，具透明发丝，边缘全缘，草质，中脉不明显。孢子囊穗（3）4～8 个集生于长达 30 厘米的总柄，总柄上苞片螺旋状稀疏着生，薄草质，形状如叶片；孢子叶阔卵形，长 2.5～3.0 毫米，宽约 2 毫米，先端急尖，具芒状长尖头，边缘膜质，啮蚀状，纸质；孢子囊生于孢子叶腋，略外露，圆肾形，黄色。

生态环境： 海拔 600～2 400 米向阳山坡疏林下酸性土壤中。

药用部位： 全草，孢子。

性味功效： 苦、辛，温，无毒，平。祛风散寒，除湿消肿，舒筋活血，解毒，收湿，敛疮，止咳。

主　　治： 风寒湿痹，关节酸痛，皮肤麻木，四肢软弱，水肿，跌打损伤，黄疸，咳嗽，疮疡，疱疹，烫伤，皮肤湿烂，小儿夏季汗疹、咳嗽。

扁枝石松

拉丁学名： *Diphasiastrum complanatum*（L.）Holub

药 材 名： 舒筋草。

别　　名： 伸筋草。

形态特征： 小型至中型土生植物，主茎匍匐状，长达 100 厘米。侧枝近直立，高达 15 厘米，多回不等位二叉分枝，小枝明显扁平状。叶 4 行排列，密集，三角形，长 1～2

毫米，宽约1毫米，基部贴生在枝上，无柄，先端尖锐，略内弯，边缘全缘，中脉不明显，草质。孢子叶宽卵形，覆瓦状排列，长约2.5毫米，宽约1.5毫米，先端急尖，尾状，边缘膜质，具不规则锯齿；孢子囊生于孢子叶腋，内藏，圆肾形，黄色。

生态环境： 生于海拔700～2 900米的林下、灌丛下或山坡草地。

药用部位： 全草，孢子。

性味功效： 性温，味微甜，无毒。舒筋活血，祛风湿。

主　　治： 风湿关节痛，跌打损伤，月经不调。

卷柏科 Selaginellaceae

细叶卷柏

拉丁学名： *Selaginella labordei* Heron. ex Christ

药 材 名： 细叶卷柏。

别　　名： 柏地丁、地柏枝。

形态特征： 植株高10～40厘米。主茎禾秆色，营养叶二型，在枝两侧及中间各2行；侧叶狭卵形，长2～3厘米，宽1～1.5厘米，叶基不等，先端具钝尖头，边缘有疏细齿；中叶薄纸质，卵形，长1.5～2厘米，宽0.8～1厘米，叶基不相等，先端突尖呈芒状，边缘有细刺状齿。孢子囊穗扁单生于小枝顶端，长0.5～1.2厘米；孢子叶二型，侧叶卵形，长约1.8毫米，宽约0.6毫米，先端渐散呈尾状，边缘有小齿，膜质；中叶较大，长三角卵形，长约2毫米，宽约0.6毫米，先端钝，边缘有小齿，薄纸质。大孢子囊近球形，生在囊穗下部，小孢子囊圆肾形，生在囊穗上部。

生态环境： 生于林下或岩石上，海拔（250）1 000～3 000（4 025）米。

药用部位： 全草。

性味功效： 淡、平。

主　　治： 伤风鼻塞，肝炎，胆囊炎，小儿高热惊厥，哮喘，浮肿，小儿疳积，口腔炎，鼻衄，月经过多，外伤出血，毒蛇咬伤，烧烫伤。

木贼科 Equisetaceae

披散木贼

拉丁学名： *Equisetum diffusum* D. Don

药 材 名： 披散木贼。

形态特征： 中小型植物。根茎横走，直立或斜升，黑棕色，节和根密生黄棕色长毛或光滑无毛。地上枝当年枯萎。枝一型。高10～30（70）厘米，中部直径1～2毫米，节间长1.5～6.0厘米，绿色，但下部1～3节节间黑棕色，无光泽，分枝多。主枝有脊4～10条，脊的两侧隆起成棱，伸达鞘齿下部，每棱各有一行小瘤伸达鞘齿，鞘筒狭长，下部灰绿色，上部黑棕色；鞘齿5～10枚，披针形，先端尾状，革质，黑棕色，有一深纵沟贯穿整个鞘背，宿存。侧枝纤细，较硬，圆柱状，有脊4～8条，脊的两侧有棱及小瘤，鞘齿4～6个，三角形，革质，灰绿色，宿存。孢子囊穗圆柱状，长1～9厘米，直径4～8毫米，顶端钝，成熟时柄伸长，柄长1～3厘米。

生态环境： 林下阴湿处、河岸湿地、溪边，喜阴湿的环境。

药用部位： 全草。

性味功效： 苦、甘，平。清热利尿，解表散寒，明目退翳。

主　　治： 小儿疳积，感冒发热，石淋，疝气，月经过多，衄血、目翳，跌打骨折，关节痛。

节节草

拉丁学名： *Hippochaete ramosissima*（Desf.）Boern.

药 材 名： 节节草。

别　　名： 土木贼、锁眉草、笔杆草。

形态特征： 大中型植物。根茎直立和横走，黑棕色，节和根密生黄棕色长毛或光滑无毛。地上枝多年生。枝一型。高可达60厘米或更多，中部直径3～7毫米，节间长3～10厘米，绿色，成熟主枝有分枝，但分枝常不多。主枝有脊10～20条，脊的背部弧形，有一行小瘤或有浅色小横纹；鞘筒短，下部绿色，顶部略为黑棕色；鞘齿10～22枚，狭三角形，上部淡棕色，膜质，早落或有时宿存，下部黑棕色革质，扁平，两侧有明显的棱角，齿上气孔带明显或不明显。侧枝较硬，圆柱状，有脊8～12条，脊上有小瘤或横纹；鞘齿6～10个，披针形，较短，膜质，淡棕色，早落或宿存。孢子囊穗短棒状或椭圆形，长1～2.5厘米，中部直径0.4～0.7厘米，顶端有小尖突，无柄。

生态环境： 生于海拔2 100米以下的林中、灌丛中或溪边或潮湿的旷野。

药用部位： 全草。

性味功效： 甘、微苦，平。清热，利尿，明目退翳，祛痰止咳。

主　　治： 目赤肿痛，角膜云翳，肝炎，咳嗽，支气管炎，泌尿系统感染。

海金沙科 Lygodiaceae

海金沙

拉丁学名： *Lygodium japonicum*（Thunb.）Sw.

药 材 名： 海金沙。

别　　名： 金沙藤、左转藤。

形态特征： 多年生攀缘草本，长1～4米。根茎细而匍匐，被细柔毛。茎细弱、呈干草色，有白色微毛。叶为一至二回羽状复叶，纸质，两面均被细柔毛；能育羽片卵状三角形，长12～20厘米，宽10～16厘米，小叶卵状披针形，边缘有锯齿或不规则分裂，上部小叶无柄，羽状或戟形，下部小叶有柄；不育羽片尖三角形，通常与能育羽片相似，但有时为一回羽状复叶，小叶阔线形，或基部分裂成不规则的小片。孢子囊生于能育羽片的背面，在二回小叶的齿及裂片顶端呈穗状排列，穗长 2～4 毫米，孢子囊盖鳞片状，卵形，每盖下生一横卵形的孢子囊，环带侧生，聚集一处。孢子囊多在夏秋季产生。

生态环境：生于阴湿山坡灌丛中或路边林缘。

药用部位：全草及成熟孢子。

性味功效：清热利湿，通淋止痛。通利小肠，疗伤寒热狂。

主　　治：湿热肿毒，小便热淋、膏淋、血淋、石淋，经痛，解热毒气。

紫萁科 Osmundaceae

紫萁

拉丁学名：*Osmunda japonica* Thunb.

药 材 名：紫萁。

别　　名：紫萁贯众、高脚贯众、老虎台、老虎牙、水骨菜、黑背龙、见血长。

形态特征：植株高 50～80 厘米或 80 厘米以上。根状茎短粗，或呈短树干主状而稍弯。叶簇生，直立，柄长 20～30 厘米，禾秆色，幼时被密茸毛，不久后脱落；叶片为三角广卵形，长 30～50 厘米，宽 25～40 厘米，顶部一回羽状，其下为二回羽状；羽片 3～5 对，对生，长圆形，长 15～25 厘米，基部宽 8～11 厘米，基部一对稍大，有柄（柄长 1～1.5 厘米），斜向上，奇数羽状；小羽片 5～9 对，对生或近对生，无柄，分离，长 4～7 厘米，宽 1.5～1.8 厘米，长圆形或长圆披针形，先端稍钝或急尖，基部稍宽，圆形，或近截形，相距 1.5～2 厘米，上部稍小，顶生的同形，有柄，基部往往有 1～2 片的合生圆裂片，或阔披针形的短裂片，边缘有均匀的细锯齿。叶脉两面明显，自中肋斜向上，二回分叉，小脉平行，达于锯齿。叶纸质，成长后光滑无毛，干后为棕绿色。孢子叶（能育叶）同营养叶等高，或经常稍高，羽片和小羽片均短缩，小羽片变成线形，长 1.5～2 厘米，沿中肋两侧背面密生孢子囊。

生态环境：生于林下或溪边酸性土壤中。

药用部位：根状茎和幼叶上的细毛（老虎台衣）。

性味功效：苦，微寒。清热解毒，止血。

主　　治：痢疾，崩漏，白带。幼叶上的绵毛：外用治创伤出血。

凤尾蕨科 Pteridaceae

凤尾蕨

拉丁学名：*Pteris cretica* L. var. *nervosa*（Thunb.）Ching et S. H. Wu

药 材 名：凤尾蕨。

别　　名：大叶井口边草。

形态特征： 植株高 50～70 厘米。根状茎短而直立或斜升，粗约 1 厘米，先端被黑褐色鳞片。叶簇生，二型或近二型；柄长 30～45 厘米（不育叶的柄较短），基部粗约 2 毫米，禾秆色，有时带棕色，偶为栗色，表面平滑；叶片卵圆形，长 25～30 厘米，宽 15～20 厘米，一回羽状。主脉下面显著隆起，禾秆色，光滑；侧脉两面均明显，稀疏，斜展，单一或从基部分叉。

生态环境： 生于石灰岩地区的岩隙间或林下灌丛中，海拔 400～3 200 米。

药用部位： 全草。

性味功效： 清热利湿，凉血解毒，止泻，强筋活络。

主　　治： 痢疾。

蜈蚣草

拉丁学名： *Pteris vittata* L.

药 材 名： 蜈蚣草。

别　　名： 蜈蚣蕨、长叶甘草蕨、舒筋草、牛肋巴。

形态特征： 植株高（20）30～100（150）厘米。根状茎直立，短而粗健，粗 2～2.5 厘米，木质，密蓬松的黄褐色鳞片。叶簇生；柄坚硬，长 10～30 厘米或 30 厘米以上，基部粗 3～4 毫米，深禾秆色至浅褐色，幼时密被与根状茎上同样的鳞片，以后渐变稀疏；叶片倒披针状长圆形，长 20～90 厘米或更长，宽 5～25 厘米或更宽，一回羽状；顶生羽片与侧生羽片同形，侧生羽片多数（可达 40 对），互生或有时近对生，下部羽片较疏离，相距 3～4 厘米，斜展，无柄，不与叶轴合生，向下羽片逐渐缩短，基部羽片仅为耳形，中部羽片最长，狭线形，长 6～15 厘米，宽 5～10 毫米，先端渐尖，基部扩大并为浅心脏形，其两侧稍呈耳形，上侧耳片较大并常覆盖叶轴，各羽片间的间隔宽 1～1.5 厘米，不育的叶缘有微细而均匀的密锯齿，不为软骨质。主脉下面隆起并为浅禾秆色，侧脉纤细，密接，斜展，单一或分叉。在成熟的植株上除下部缩短的羽片不育外，几乎全部羽片均能育。

生态环境： 生于钙质土或石灰岩上，海拔 2 000 米以下，也常生于石隙或墙壁上。

药用部位： 全草或根状茎。

性味功效： 淡，平。祛风活血，解毒杀虫。

主　　治： 流行性感冒，痢疾，风湿疼痛，跌打损伤；外用治蜈蚣咬伤，疥疮。

铁线蕨科 Adiantaceae

半月形铁线蕨

拉丁学名： *Adiantum philippense* L.

药 材 名： 黑龙丝。

别　　名： 猪鬃草、铁线蕨。

形态特征： 植株高 15～50 厘米。根状茎短而直立，被褐色披针形鳞片。叶簇生；柄长6～15厘米，粗可达2毫米，栗色，有光泽，基部被相同的鳞片，向上光滑；叶片披针形，长12～25厘米，宽3～6.5厘米，奇数一回羽状；羽片8～12对，互生，斜展，相距1.5～2.5厘米，彼此疏离，中部以下各对羽片大小几乎相等，长2～4厘米，中部宽1～2.3厘米，对开式的半月形或半圆肾形，先端圆钝或向下弯，上缘圆形，能育叶的边缘近全缘或具2～4浅缺刻，或为微波状，不育叶的边缘具波状浅裂，裂片先端圆钝，具细锯齿，下缘全缘，截形或略向下弯，罕为阔楔形，两侧不对称，具长柄（长1～1.5厘米），着生于羽片下缘的中下部或1/3处，常与下缘以锐角相交，柄端具关节，老时羽片易从关节脱落而柄宿存，上部羽片与下部羽片同形而略变小，顶生羽片扇形，略大于其下的侧生羽片。叶脉多回二歧分叉，直达边缘，两面均明显。叶干后草质，草绿色或棕绿色，两面均无毛；羽轴、羽柄均与叶柄同色，有光泽，无毛，叶轴先端往往延长成鞭状，着地生根，进行无性繁殖。孢子囊群每羽片2～6枚，以浅缺刻分开；囊群盖线状长圆形，上缘平直或微凹，膜质，褐色或棕绿色，全缘，宿存。孢子周壁具明显的细颗粒状纹饰，处理后易破裂和脱落。

生态环境：群生于较阴湿处或林下酸性土壤中，海拔240～2 000米。

药用部位：全草。

性味功效：微辛、淡，平。清肺止咳，利水通淋，消痈下乳。

主　　治：肺热咳嗽，小便淋痛，乳痈肿痛，乳汁不下。

肾蕨科 Nephrolepidaceae

肾蕨

拉丁学名：*Nephrolepis cordifolia*（Linnaeus）C. Presl

药 材 名：肾蕨。

别　　名：蜈蚣草、篦子草、石黄皮、天鹅抱蛋、石蛋果、蛇蛋参、凤凰蛋。

形态特征：附生或土生。根状茎直立，被蓬松的淡棕色长钻形鳞片，下部有粗铁丝状的匍匐茎向四方横展，匍匐茎棕褐色，粗约1毫米，长达30厘米，不分枝，疏被鳞片，有纤细的褐棕色须根；匍匐茎上生有近圆形的块茎，直径1～1.5厘米，密被与根状茎上同样的鳞片。叶簇生，柄长6～11厘米，粗2～3毫米，暗褐色，略有光泽，上面有纵沟，下面圆形，密被淡棕色线形鳞片；叶片线状披针形或狭披针形，长30～70厘米，宽3～5厘米，先端短尖，叶轴两侧被纤维状鳞片，一回羽状，羽状多数，45～120对，互生，常密集而呈覆瓦状排列，中部的一般长约2厘米，宽6～7毫米，先端钝圆或有时为急尖头，基部心脏形，通常不对称，下侧为圆楔形或圆形，上侧为三角状耳形，几无柄，以关节着生于叶轴，叶缘有疏浅的钝锯齿，向基部的羽片渐短，常变为卵状三角形，长不及1厘米。叶脉明显，侧脉纤细，自主脉向上斜出，在下部分叉，小脉直达叶边附近，顶端具纺锤形水囊。叶坚草质或草质，干后棕绿色或褐棕色，光滑。孢子囊群成1行位于主脉两侧，肾形，少有为圆肾形或近圆形，长1.5毫米，宽不及1毫米，生于每组侧脉的上侧小脉顶端，位于从叶边至主脉的1/3处；囊群盖肾形，褐棕色，边缘色较淡，无毛。

生态环境：生溪边林下，海拔 30～1 500 米。广布于全世界热带及亚热带地区。

药用部位：全草或块茎。

性味功效：甘、淡，微涩，凉。清热利湿，宁肺止咳，软坚消积。

主　　治：感冒发热，咳嗽，肺结核，咯血，痢疾，急性肠炎，小儿疳积，中毒性消化不良，泌尿系感染；外用治乳腺炎，淋巴结炎。

水龙骨科 Polypodiaceae

瓦韦

拉丁学名：*Lepisorus thunbergianus*

药 材 名：瓦韦。

别　　名：剑丹、七星草、骨牌草、小叶骨牌草、金星草。

形态特征：植株高 8～20 厘米。根状茎横走，密被披针形鳞片；鳞片褐棕色，大部分不透明，仅叶边 1～2 行网眼透明，具锯齿。叶柄长 1～3 厘米，禾秆色；叶片线状披针形，或狭披针形，中部最宽处 0.5～1.3 厘米，渐尖头，基部渐变狭并下延，干后黄绿色至淡黄绿色，或淡绿色至褐色，纸质。主脉上下均隆起，小脉不见。孢子囊群圆形或椭圆形，彼此相距较近，成熟后扩展几密接，幼时被圆形褐棕色的隔丝覆盖。

生态环境：附生于山坡林下树干或岩石上，海拔 400～3 800 米。

药用部位：全草。

性味功效：苦、平。

主　　治：尿路感染，肾炎，痢疾，肝炎，结膜炎，口腔炎，咽炎，肺热咳嗽，百日咳，咯血，血尿，发背痈疮。

石韦

拉丁学名：*Pyrrosia lingua*（Thunb.）Farw.

药 材 名：石韦。

别　　名：金背茶匙。

形态特征：植株通常高 10～30 厘米。根状茎长而横走，密被鳞片；鳞片披针形，长渐尖头，淡棕色，边缘有睫毛状刺毛。叶远生，近二型；叶柄与叶片大小、长短变化很大，能育叶通常远比不育叶长得高而较狭窄，两者的叶片略比叶柄长，少为等长，罕有短过叶柄的。不育叶片近长圆形，或长圆披针形，下部 1/3 处为最宽，向上渐狭，短渐尖头，基部楔形，宽一般为 1.5～5 厘米，长（5）10～20 厘米，全缘，干后革质，上面灰绿色，近光滑无毛，下面淡棕色或砖红色，被星状毛；能育叶约长过不育叶 1/3，而较狭 1/3～2/3。主脉下面稍隆起，上面不明显下凹，侧脉在下面明显隆起，清晰可见，小脉不显。孢子囊群近椭圆形，在侧脉间呈多行整齐排列，布满整个叶片下面，或聚生于叶片的大上半部，初时为星状毛覆盖而呈淡棕色，成熟后孢子囊开裂外露而呈砖红色。

生态环境：附生于海拔 600～1 800 米的常绿阔叶林树上、岩石上。

药用部位：干燥叶。

性味功效：甘、苦，微寒。利水通淋，清肺化痰，凉血止血。

主　　治：淋病，水肿，小便不利，痰热咳喘，咯血，吐血，衄血，崩漏，外伤出血。

槲蕨科 Drynariaceae

槲蕨

拉丁学名：*Drynaria roosii* Nakaike

药 材 名：骨碎补。

别　　名：猴姜、西南槲蕨。

形态特征：通常附生岩石上，匍匐生长，或附生树干上，螺旋状攀缘。根状茎直径1～2 厘米，密被鳞片；鳞片斜升，盾状着生，长 7～12 毫米，宽 0.8～1.5 毫米，边缘有齿。叶二型，基生不育叶圆形，长（2）5～9 厘米，宽（2）3～7 厘米，基部心形，浅裂至叶片宽度的 1/3 处，边缘全缘，黄绿色或枯棕色，厚干膜质，下面有疏短毛。正常能育叶叶柄长 4～7（13）厘米，具明显的狭翅；叶片长 20～45 厘米，宽 10～15（20）厘米，深羽裂到距叶轴 2～5 毫米处，裂片 7～13 对，互生，稍斜向上，披针形，长6～10 厘米，宽（1.5）2～3 厘米，边缘有不明显的疏钝齿，顶端急尖或钝；叶脉两面均明显；叶干后纸质，仅上面中肋略有短毛。孢子囊群圆形、椭圆形，叶片下面分布，沿裂片中肋两侧各排列成 2～4 行，成熟时相邻两侧脉间有圆形孢子囊群 1 行，或幼时呈1 行长形的孢子囊群，混生有大量腺毛。

生态环境：海拔 500～1 800 米，附生于树干或石上，偶生于墙缝。

药用部位：根状茎。

性味功效：苦，温。补肾强骨，续经止痛。

主　　治：肾虚腰痛，耳鸣耳聋，牙齿松动，跌打闪挫，筋骨折伤。

三、裸子植物门

Gymnospermae

银杏科 Ginkgoaceae Engler

银杏

拉丁学名： *Ginkgo biloba* L.

药 材 名： 白果。

别　　名： 白果仁、公孙树、鸭脚子、鸭掌树。

形态特征： 乔木，叶扇形，有长柄，淡绿色，无毛，有多数叉状并列细脉，顶端宽5～8厘米，在短枝上常具波状缺刻，在长枝上常2裂，基部宽楔形，柄长3～10（多为5～8）厘米，幼树及萌生枝上的叶常较大而深裂（叶片长13厘米、宽15厘米），有时裂片再分裂，叶在一年生长枝上螺旋状散生，在短枝上3～8叶呈簇生状，秋季落叶前变为黄色。球花雌雄异株，单性，生于短枝顶端的鳞片状叶腋内，呈簇生状；雄球花葇荑花序状，下垂，雄蕊排列疏松，具短梗，花药常2个，长椭圆形，药室纵裂，药隔不发；雌球花具长梗，梗端常分两叉，稀3～5叉或不分叉，每叉顶生一盘状珠座，胚珠着生其上，通常仅一个叉端的胚珠发育成种子，风媒传粉。种子具长梗，下垂，常为椭圆形、长倒卵形、卵圆形或近圆球形，长2.5～3.5厘米，径为2厘米，外种皮肉质，熟时黄色或橙黄色，外被白粉，有臭味。花期3—4月，种子9—10月成熟。

生态环境： 海拔500～1 000米的酸性土壤、排水良好地带的天然林中或栽培。

药用部位： 种子、叶。

性味功效： 甘、苦、涩，平，有毒。敛肺定喘，止带浊，缩小便。

主　　治： 痰多喘咳，带下白浊，遗尿，尿频。

松科 Pinaceae

云南松

拉丁学名： *Pinus yunnanensis* Franch.

药 材 名： 松节。

别　　名：青松、飞松、长毛松。

形态特征：乔木，一年生枝粗壮，淡红褐色，无毛，二、三年生枝上苞片状的鳞叶脱落露出红褐色内皮；冬芽圆锥状卵圆形，粗大，红褐色，无树脂，芽鳞披针形，先端渐尖，散开或部分反曲，边缘有白色丝状毛齿。针叶通常3针一束，稀2针一束，常在枝上宿存三年，叶鞘宿存。雄球花圆柱状，长约1.5厘米，生于新枝下部的苞腋内，聚集呈穗状。球果成熟前绿色，熟时褐色或栗褐色，圆锥状卵圆形，长5～11厘米，有短梗，长约5毫米；中部种鳞矩圆状椭圆形，长约3厘米，宽约1.5厘米，鳞盾通常肥厚、隆起，稀反曲，有横脊，鳞脐微凹或微隆起，有短刺；种子褐色，近卵圆形或倒卵形，微扁，长4～5毫米，连翅长1.6～1.9厘米；子叶6～8枚，长2.8～3.8厘米，边缘具疏毛状细锯齿；初生叶窄条形，长2.5～5厘米，较柔软。花期4—5月，球果翌年10月成熟。

生态环境：生于海拔600～3 100米的酸性红壤、红黄壤及棕色森林土或微石灰性土壤中。

药用部位：枝干的结节。

性味功效：苦，温。祛风除湿，活络止痛。

主　　治：风湿关节痛，腰腿痛，大骨节病，跌打肿痛。

柏科 Cupressaceae

侧柏

拉丁学名：*Platycladus orientalis*（L.）Franco

药 材 名：柏子仁。

别　　名：扁柏、香柏、柏树、柏子树。

形态特征：乔木，高达20余米，胸径1米；树皮薄，浅灰褐色，纵裂成条片；枝条向上伸展或斜展，幼树树冠卵状尖塔形，老树树冠则为广圆形；生鳞叶的小枝细向上直展或斜展，扁平，排成一平面。叶鳞形，长1～3毫米，先端微钝，小枝中央的叶的露出部分呈倒卵状菱形或斜方形，背面中间有条状腺槽，两侧的叶船形，先端微内曲，背部有钝脊，尖头的下方有腺点。雄球花黄色，卵圆形，长约2毫米；雌球花近球形，径约2毫米，蓝绿色，被白粉。球果近卵圆形，长1.5～2（2.5）厘米，成熟前近肉质，蓝绿色，被白粉，成熟后木质，开裂，红褐色；中间2对种鳞倒卵形或椭圆形，鳞背顶端的下方有一向外弯曲的尖头，上部1对种鳞窄长，近柱状，顶端有向上的尖头，下部1对种鳞极小，长13毫米，稀退化而不显著；种子卵圆形或近椭圆形，顶端微尖，灰褐色或紫褐色，长6～8毫米，稍有棱脊，无翅或有极窄的翅。花期3—4月，球果10月成熟。

生态环境：海拔600～2 400米的较干燥山坡或栽培。

药用部位：根皮，枝节，叶，种仁，树脂。

性味功效：根皮：苦，平；收敛止痛。叶：苦，涩，寒；凉血止血，祛风消肿，清肺止咳。种仁：甘，平；养心安神，润肠通便。树脂：解毒，消炎止痛。

主　　治：根皮：烫伤。枝节：霍乱转筋，齿龈肿痛，也用于吐血，尿血，痢疾，肠风，崩漏，风湿痹痛。种仁：惊悸失眠，遗精，便秘。树脂：癞疮，黄水疮。

小果垂枝柏

拉丁学名： *Sabina recurva* (Buch. -Hamilt.) Ant. var. *coxii* (A. B. Jackson) Cheng et L. K. Fu

药 材 名： 垂枝柏。

形态特征： 常为灌木，叶上面有两条绿白色的气孔带，绿色中脉明显。球果较小，长6～8毫米，径约5毫米；种子常呈锥状卵圆形，长5～6毫米，径3～4毫米，常具3条纵脊。

生态环境： 云南西北部海拔2 400～3 800米地带，常生于冷杉林、云杉林或针叶树、阔叶树混交林内。

药用部位： 叶，种仁。

性味功效： 叶：凉血止血，生发乌发，清肺止咳，祛风消肿。种仁：养心安神，润肠通便。

主　　治： 叶：吐血，衄血，尿血，崩漏，风湿痹痛。种仁：惊悸失眠，遗精，便秘。

红豆杉科 Taxaceae

云南红豆杉

拉丁学名： *Taxus yunnanensis* Cheng et L. K. Fu

形态特征： 乔木，高达20米，胸径达1米；树皮灰褐色、灰紫色或淡紫褐色，裂成鳞状薄片脱落；大枝开展，一年生枝绿色，秋后（或干后）呈金黄绿色或黄绿色，二年生枝淡褐色、褐色或黄褐色，三、四年生枝深褐色；冬芽金绿黄色，芽鳞窄，先端渐尖，背部具纵脊，脱落或部分宿存于小枝基部。叶质地薄而柔，条状披针形或披针状条形，常呈弯镰状，排列较疏，列成两列，长1.5～4.7厘米，宽2～3毫米，边缘向下反卷或反曲（干叶明显），上部渐窄，先端渐尖或微急尖，基部偏歪，上面深绿色或绿色，有光泽，下面色较浅，中脉微隆起，两侧各有一条淡黄色气孔带，中脉带与气孔带上均密生均匀微小的角质乳头状突起点，干后叶色变深，常呈暗绿色。雄球花淡褐黄色，长5～6毫米，径约3毫米，具9～11枚雄蕊，每雄蕊有5个花药；种子生于肉质杯状的假种皮中，卵圆形，长约5毫米，径4毫米，微扁，通常上部渐窄，两侧微有钝脊，顶端有小尖头，种脐椭圆形，成熟时假种皮红色。

生态环境： 生于海拔2 000～3 500米的高山地带。

药用部位： 枝，叶，种子。

性味功效： 枝、叶：清热解毒，凉血，驱虫，消食。种子：散寒，止痛，杀虫。

主　　治： 食积，蛔虫病。

四、 被子植物门

Angiospermae

双子叶植物纲 Dicotyledoneae

原始花被亚纲 Archichlamydeae

杨梅科 Myricaceae

毛杨梅

拉丁学名： *Myrica esculenta* Buch. -Ham. ex D. Don

别　　名： 大树杨梅、高杨梅、野杨梅。

形态特征： 常绿乔木，高达 10 米。小枝及芽密被毡毛。叶革质，长椭圆状倒卵形、披针状倒卵形或楔状倒卵形，长 5～18 厘米，先端钝圆或尖，全缘或中上部具不明显圆齿，基部楔形下延为长 0.3～2 厘米叶柄，近叶基部中脉及叶柄密生毡毛，余无毛，下面疏被金黄色腺鳞。雄花序为锥状花序，由多数小葇荑花序组成，长 6～8 厘米，花序轴密被短柔毛及稀疏金黄色腺鳞；雄花无小苞片，具 3～7 雄蕊，花药椭圆形，红色。雌花具 2 小苞片；子房具 2 细长鲜红色柱头。核果椭圆形，熟时红色，具乳头状突起，长 1～2 厘米，果皮肉质，多汁液及树脂；核椭圆形，长 0.8～1.5 厘米，具厚硬木质内果皮。花期 9—10 月，果期翌年 3—4 月。

生态环境： 海拔 1 400～2 400 米的山野杂木林中。

药用部位： 根皮，树皮，果实。

性味功效： 涩，平。消炎，收敛，止泻，止血，止痛。

主　　治： 痢疾，泄泻，崩漏，胃痛。

胡桃科 Juglandaceae

胡桃

拉丁学名： *Juglans regia*

药 材 名： 核桃仁。

别　　名： 胡桃仁、胡桃肉、核桃。

形态特征： 乔木，奇数羽状复叶，长 25～30 厘米，叶柄及叶轴幼时被有极短腺毛及腺体；小叶通常 5～9 枚，稀 3 枚，椭圆状卵形至长椭圆形，长 6～15 厘米，宽 3～6 厘米，顶端钝圆或急尖、短渐尖，基部歪斜、近圆形，边缘全缘（在幼树上者具稀疏细锯齿），上面深绿色，无毛，下面淡绿色，侧脉 11～15 对，腋内具簇短柔毛，侧生小叶具极短的小叶柄或近无柄，生于下端者较小，顶生小叶常具长 3～6 厘米的小叶柄。雄性葇荑花序下垂，长 5～10 厘米、稀达 15 厘米。雄花的苞片、小苞片及花被片均被腺毛；雄蕊 6～30 枚，花药黄色，无毛。雌性穗状花序通常具 1～3（4）雌花。雌花的总苞被极短腺毛，柱头浅绿色。果序短，俯垂，具 1～3 果实；果实近于球状，直径 4～6 厘米，无毛；果核稍具皱曲，有 2 条纵棱，顶端具短尖头；隔膜较薄，内里无空隙；内果皮壁内具不规则的空隙或无空隙而仅具皱曲。花期 5 月，果期 10 月。

生态环境： 海拔 400～1 800 米的山坡及丘陵地带，栽培。

药用部位： 种子。

性味功效： 甘，温。补肾，温肺，润肠。

主　　治： 腰膝酸软，阳痿遗精，虚寒喘嗽，大便秘结。

杨柳科 Salicaceae

清溪杨

拉丁学名： *Populus rotundifolia* var. *duclouxiana* (Dode) Gomb.

形态特征： 乔木，高达 20 米。干皮灰白色，光滑；幼枝暗褐色，初时有毛，后光滑，老枝灰色。芽卵形或圆锥形，红褐色，鳞片具白柔毛，有黏质。短枝叶卵状圆形或三角状圆形，长 5.5～8.5 厘米，宽 5～8 厘米，先端渐尖，基部微心形或截形，边缘波状钝锯齿，上面绿色，下面灰绿色，幼时两面均有白柔毛；叶柄侧扁，长 3.5～6.5 厘米；萌枝叶大，宽卵状圆形，基部楔形或近心形；叶柄较短。果序长约 10 厘米，果序轴有毛；蒴果长卵形，先端尖，2 瓣裂。

生态环境： 生于海拔 2 800 米左右，常形成块状林。

药用部位： 叶。

性味功效： 祛风止痛，解毒敛疮。

云南柳

拉丁学名： *Salix cavaleriei* Lévl.

形态特征： 乔木，高达18（25）米，胸径达50厘米。树皮灰褐色，有沟裂；小枝细，红褐色，初有短茸毛，后无毛，老枝灰褐色。叶宽披针形或椭圆状披针形，狭卵状椭圆形，长4～11厘米，宽2～4厘米，先端渐尖至长渐尖，稀急尖，基部楔形或圆形，边缘有细腺锯齿，上面绿色，下面淡绿色，老叶两面无毛，幼叶常发红色；叶柄长6～10毫米，密生柔毛，上部边缘有腺点；托叶三角状卵形，具细腺齿。花与叶同时开放，有长花序梗，着生2～3（4）叶；雄花序长3～4.5厘米，粗8毫米，轴具粗糙柔毛；雄蕊6～8（12）；苞片卵圆形至三角形，两面有柔毛及缘毛；腺体2；雌花序长2～3.5厘米；子房卵形，有长柄；苞片同雄花；腹腺宽，包子房柄，背腺常2～3裂。蒴果卵形，长约6毫米；果柄比蒴果稍短。花期3—4月，果期4月至5月上旬。

生态环境： 海拔1 800～2 500米的路旁、河边、林缘等湿润处。

药用部位： 枝叶、树皮或须状根。

性味功效： 辛，苦，性微寒。

桦木科 Betulaceae

尼泊尔桤木

拉丁学名： *Alnus nepalensis* D. Don

药 材 名： 尼泊尔桤木。

别　　名： 旱冬瓜、水冬瓜。

形态特征： 乔木，高达15米；树皮灰色或暗灰色，平滑；枝条暗褐色，无毛；幼枝褐色，疏被黄色短柔毛或近无毛；芽具柄，具2枚芽鳞，光滑。叶厚纸质，倒卵状披针形、倒卵形、椭圆形或倒卵状矩圆形，长4～16厘米，宽2.5～10厘米，顶端骤尖或锐尖，较少渐尖，基部楔形或宽楔形，很少近圆形，边缘全缘或具疏细齿，上面绿色，微光亮，无毛，下面粉绿色，密生腺点，幼时疏被长柔毛，以后沿脉被黄色短柔毛，脉腋间具簇生的髯毛，侧脉8～16对；叶柄粗壮，长1～2.5厘米，近无毛。雄花序多数，排成圆锥状，下垂。果序多数，呈圆锥状排列，矩圆形，长约2厘米，直径7～8毫米；序梗短，长2～3毫米；果苞木质，宿存，长约4毫米，顶端圆，具5枚浅裂片；小坚果矩圆形，长约2毫米，膜质翅宽为果的1/2。

生态环境： 海拔700～2 000米的山坡林中河岸阶地及村落中。

药用部位： 树皮。

性味功效： 苦、涩，平。止泻，消炎，接骨。

主　　治： 泄泻，痢疾，鼻衄，骨折，跌打损伤。

壳斗科 Fagaceae

栗

拉丁学名： *Castanea mollissima* Bl.

药 材 名： 栗。

别　　名： 板栗、魁栗、毛栗、风栗。

形态特征： 高达 20 米的乔木，胸径 80 厘米，冬芽长约 5 毫米，小枝灰褐色，托叶长圆形，长 10～15 毫米，被疏长毛及鳞腺。叶椭圆至长圆形，长 11～17 厘米，宽稀达 7 厘米，顶部短至渐尖，基部近截平或圆，或两侧稍向内弯而呈耳垂状，常一侧偏斜而不对称，新生叶的基部常狭楔尖且两侧对称，叶背被星芒状伏贴茸毛或因毛脱落变为几无毛；叶柄长 1～2 厘米。雄花序长 10～20 厘米，花序轴被毛；花 3～5 朵聚生成簇，雌花 1～3（5）朵发育结实，花柱下部被毛。成熟壳斗的锐刺有长有短，有疏有密，密时全遮蔽壳斗外壁，疏时则外壁可见，壳斗连刺径 4.5～6.5 厘米；坚果高 1.5～3 厘米，宽 1.8～3.5 厘米。花期 4—6 月，果期 8—10 月。

生态环境： 栽培。

药用部位： 果实，花序，壳斗，树皮，根皮，叶。

性味功效： 果实：甘，温。花序：涩。根皮：甘、淡，平。

主　　治： 果实：肾虚腰痛。花序：腹泻，红白痢疾，久泻不止，小儿消化不良。瘰疬瘿瘤。壳斗：丹毒、红肿。树皮：疮毒漆疮。根皮：疝气。叶：百日咳。

麻栎

拉丁学名： *Quercus acutissima* Carruth.

形态特征： 落叶乔木，高达 30 米，胸径达 1 米，树皮深灰褐色，深纵裂。幼枝被灰黄色柔毛，后渐脱落，老时灰黄色，具淡黄色皮孔。冬芽圆锥形，被柔毛。叶片形态多样，通常为长椭圆状披针形，长 8～19 厘米，宽 2～6 厘米，顶端长渐尖，基部圆形或宽楔形，叶缘有刺芒状锯齿，叶片两面同色，幼时被柔毛，老时无毛或叶背面脉上有柔毛，侧脉每边 13～18 条；叶柄长 1～3（5）厘米，幼时被柔毛，后渐脱落。雄花序常数个集生于当年生枝下部叶腋，有花 1～3 朵，花柱 30 壳斗杯形，包着坚果约 1/2，连小苞片直径 2～4 厘米，高约 1.5 厘米；小苞片钻形或扁条形，向外反曲，被灰白色绒毛。坚果卵形或椭圆形，直径 1.5～2 厘米，高 1.7～2.2 厘米，顶端圆形，果脐突起。花期 3—4 月，果期翌年 9—10 月。

生态环境： 生于海拔 60～2 200 米的山地阳坡，成小片纯林或混交林。

药用部位： 果实及树皮、叶。

性味功效： 树皮：苦涩，微温。收敛，止泻。果：解毒消肿。

主　　治： 树皮：久泻痢疾。果：乳腺炎。

榆科 Ulmaceae

山黄麻

拉丁学名： *Trema tomentosa*（Roxb.）Hara

形态特征： 小乔木，或灌木；树皮灰褐色，平滑或细龟裂；小枝灰褐至棕褐色，密被直立或斜展的灰褐色或灰色短茸毛。叶纸质或薄革质，宽卵形或卵状矩圆形，先端渐尖至尾状渐尖，稀锐尖，基部心形，明显偏斜，边缘有细锯齿，两面近于同色，叶面极粗糙，有直立的基部膨大的硬毛，叶背有密或较稀疏直立的或稀斜展的灰褐色或灰色短茸毛，基出脉3，侧生的一对达叶片中上部，侧脉4～5对；叶柄长7～18毫米，毛被同幼枝；托叶条状披针形，长6～9毫米。雄花序长2～4.5厘米，毛被同幼枝；雄花直径1.5～2毫米，几乎无梗，花被片5，卵状矩圆形，外面被微毛，边缘有缘毛，雄蕊5，退化雌蕊倒卵状矩圆形，压扁，透明，在其基部有一环细曲柔毛。雌花序长1～2厘米；雌花具短梗，在果时增长，花被片4～5，三角状卵形，长1～1.5毫米，外面疏生细毛，在中肋上密生短粗毛，子房无毛；小苞片卵形，长约1毫米，具缘毛，在背面中肋上有细毛。核果宽卵珠状，压扁，直径2～3毫米，表面无毛，成熟时具不规则的蜂窝状皱纹，褐黑色或紫黑色，具宿存的花被。种子阔卵珠状，压扁，直径1.5～2毫米，两侧有棱。花期3—6月，果期9—11月，在热带地区，几乎四季开花。

生态环境： 生于海拔100～2 000米湿润的河谷和山坡混交林中，或空旷的山坡。

药用部位： 叶。

性味功效： 味涩，性平。

主　　治： 外伤出血。

杜仲科 Eucommiaceae

杜仲

拉丁学名： *Eucommia ulmoides* Oliver

药 材 名： 杜仲。

别　　名： 银丝杜仲、树杜仲。

形态特征： 落叶乔木，高达20米，胸径约50厘米；树皮灰褐色，粗糙，内含橡胶，折断拉开有多数细丝。嫩枝有黄褐色毛，不久变秃净，老枝有明显的皮孔。芽体卵圆形，外面发亮，红褐色，有鳞片6～8片，边缘有微毛。叶椭圆形、卵形或矩圆形，薄革质，长6～15厘米，宽3.5～6.5厘米；基部圆形或阔楔形，先端渐尖；上面暗绿色，初时有褐色柔毛，不久变秃净，老叶略有皱纹，下面淡绿，初时有褐毛，以后仅在脉上有毛；侧脉6～9对，与网脉在上面下陷，在下面稍突起；边缘有锯齿；叶柄长1～2厘米，上面有槽，被散生长毛。花生于当年枝基部，雄花无花被；花梗长约3毫米，无毛；苞片倒卵状匙形，长 6～8 毫米，顶端圆形，边缘有睫毛，早落；雄蕊长约 1 厘米，无毛，花丝长约 1 毫米，药隔突出，花粉囊细长，无退化雌蕊。雌花单生，苞片倒卵形，花梗长 8 毫米，子房无毛，1 室，扁而长，先端 2 裂，子房柄极短。翅果扁平，长椭圆形，长 3～3.5 厘米，宽 1～1.3 厘米，先端 2 裂，基部楔形，周围具薄翅；坚果位于中央，稍突起，子房柄长 2～3 毫米，与果梗相接处有关节。种子扁平，线形，长 1.4～1.5 厘米，宽 3 毫米，两端圆形。早春开花，秋后果实成熟。

生态环境：海拔 1 600～2 300 米的地带，栽培。

药用部位：树皮、叶。

性味功效：微辛，温。补肝肾，强筋骨，降血压。

主　　治：腰背疼痛，足膝酸软乏力，高血压病。

桑科 Moraceae

波罗蜜

拉丁学名：*Artocarpus heterophyllus* Lam.

药 材 名：树菠萝。

别　　名：木波罗、牛肚子果、麻朗（傣语）。

形态特征：常绿乔木，老树常有板状根；树皮厚，黑褐色；托叶抱茎环状，遗痕明显。叶革质，螺旋状排列，椭圆形或倒卵形，长 7～15 厘米或更长，宽 3～7 厘米，先端钝或渐尖，基部楔形，成熟之叶全缘，或在幼树和萌发枝上的叶常分裂，表面墨绿色，干后浅绿或淡褐色，无毛，有光泽，背面浅绿色，略粗糙，叶肉细胞具长臂，组织中有球形或椭圆形树脂细胞，侧脉羽状，每边 6～8 条，中脉在背面显著突起；叶柄长 1～3 厘米。花雌雄同株，花序生老茎或短枝上，雄花序有时着生于枝端叶腋或短枝叶腋，圆柱形或棒状椭圆形，长 2～7 厘米，花多数，其中有些花不发育，总花梗长 10～50 毫米；雄花花被管状，长 1～1.5 毫米，上部 2 裂，被微柔毛，雄蕊 1 枚，花丝在蕾中直立，花药椭圆形，无退化雌蕊；雌花花被管状，顶部齿裂，基部陷于肉质球形花序轴内，子房 1 室。聚花果椭圆形至球形，或不规则形状，幼时浅黄色，成熟时黄褐色，表面有坚硬六角形瘤状凸体和粗毛。花期 2—3 月。

生态环境：热带地区栽培。

药用部位：树汁、果、叶。

性味功效：果：甜，温。树汁、叶：淡，平。

主　　治：产妇缺乳或乳汁不通，眼睛昏花，疮疡肿毒，跌打损伤。

构树

拉丁学名：*Broussonetia papyrifera*（L.）L'Hér. ex Vent.

药 材 名：构树根。

别　　名：楮实、沙纸树。

形态特征： 乔木，树皮暗灰色；小枝密生柔毛。叶螺旋状排列，广卵形至长椭圆状卵形，长6～18厘米，宽5～9厘米，先端渐尖，基部心形，两侧常不相等，边缘具粗锯齿，不分裂或3～5裂，小树之叶常有明显分裂，表面粗糙，疏生糙毛，背面密被毛，基生叶脉三出，侧脉6～7对；叶柄长2.5～8厘米，密被糙毛；托叶大，卵形，狭渐尖，长1.5～2厘米，宽0.8～1厘米。花雌雄异株；雄花序为柔荑花序，粗壮，长3～8厘米，苞片披针形，被毛，花被4裂，裂片三角状卵形，被毛，雄蕊4，花药近球形，退化雌蕊小；雌花序球形头状，苞片棍棒状，顶端被毛，花被管状，顶端与花柱紧贴，子房卵圆形，柱头线形，被毛。聚花果直径1.5～3厘米，成熟时橙红色，肉质；瘦果具与等长的柄，表面有小瘤，龙骨双层，外果皮壳质。花期4—5月，果期6—7月。

生态环境： 低、中山林缘及河边疏林中。

药用部位： 根。

性味功效： 涩，凉。清火解毒，止咳化痰，降逆止呕。

主　　治： 咽喉肿痛，咳嗽痰多，久咳不愈，恶心呕吐，不思饮食。

大麻

拉丁学名： *Cannabis sativa* L.

药 材 名： 火麻仁。

别　　名： 麻子。

形态特征： 一年生直立草本，高1～3米，枝具纵沟槽，密生灰白色贴伏毛。叶掌状全裂，裂片披针形或线状披针形，长7～15厘米，中裂片最长，宽0.5～2厘米，先端渐尖，基部狭楔形，表面深绿，微被糙毛，背面幼时密被灰白色贴状毛后变无毛，边缘具向内弯的粗锯齿，中脉及侧脉在表面微下陷，背面隆起；叶柄长3～15厘米，密被灰白色贴伏毛；托叶线形。雄花序长达25厘米；花黄绿色，花被5，膜质，外面被细伏贴毛，雄蕊5，花丝极短，花药长圆形；小花柄长2～4毫米；雌花绿色；花被1，紧包子房，略被小毛；子房近球形，外面包于苞片。瘦果为宿存黄褐色苞片所包，果皮坚脆，表面具细网纹。花期5—6月，果期7月。

生态环境： 栽培或逸为野生。

药用部位： 成熟果实。

性味功效： 甘，平。润燥滑肠，利水通淋，活血。

主　　治： 肠燥便秘，风痹，消渴，风水，热淋，痢疾，月经不调，疮癣，丹毒。

大果榕

拉丁学名： *Ficus auriculata* Lour.

别　　名： 馒头果、大无花果、波罗果。

形态特征： 乔木或小乔木，高4～10米，胸径10～15厘米，榕冠广展。树皮灰褐色，粗糙，幼枝被柔毛，直径10～15毫米，红褐色，中空。叶互生，厚纸质，广卵状心形，长15～55厘米，宽15～27厘米，先端钝，具短尖，基部心形，稀圆形，边缘具整齐细锯齿，表面无毛，仅于中脉及侧脉有微柔毛，背面多被开展短柔毛，基生侧脉5～7条，侧脉每边3～4条，表面微下凹或平坦，背面突起；叶柄长5～8厘米，粗壮；托叶三角状卵形，紫红色，外面被短柔毛。榕果簇生于树干基部或老茎短枝上，大而梨形或扁球形至陀螺形，直径3～5（6）厘米，具明显的纵棱8～12条，幼时被白色短柔毛，成熟脱落，红褐色，顶生苞片宽三角状卵形，4～5轮覆瓦状排列而成莲座状，基生苞片3枚，卵状三角形；总梗长4～6厘米，粗壮，被柔毛；雄花，无柄，花被片3，匙形，薄膜质，透明，雄蕊2，花药卵形，花丝长；瘿花花被片下部合生，上部3裂，微覆盖子房，花柱侧生，被毛，柱头膨大；雌花，生于另一植株榕果内，有或无柄，花被片3裂，子房卵圆形，花柱侧生，被毛，较瘿花花柱长。瘦果有黏液。花期8月至翌年3月，果期5—8月。

生态环境：低山沟谷潮湿雨林中。

药用部位：果实。

性味功效：祛风宣肺，补肾益精。

主　　治：肺热咳嗽，遗精，吐血。

雅榕

拉丁学名：*Ficus concinna*（Miq.）Miq.

别　　名：小叶榕、万年青。

形态特征：乔木，高15～20米，胸径25～40厘米；树皮深灰色，有皮孔；小枝粗壮，无毛。叶狭椭圆形，长5～10厘米，宽1.5～4厘米，全缘，先端短尖至渐尖，基部楔形，两面光滑无毛，干后灰绿色，基生侧脉短，侧脉4～8对，小脉在表面明显；叶柄短，长1～2厘米；托叶披针形，无毛，长约1厘米。榕果成对腋生或3～4个簇生于无叶小枝叶腋，球形，直径4～5毫米；雄花、瘿花、雌花同生于一榕果内壁；雄花极少数，生于榕果内壁近口部，花被片2，披针形，子房斜卵形，花柱侧生，柱头圆形；瘿花相似于雌花，花柱线形而短；榕果无总梗或不超过0.5毫米。花果期3—6月。

生态环境：生于海拔900～1 600米的密林中或村寨附近。

药用部位：根、叶、果。

性味功效：微苦，性平。祛风除湿，行气活血。

主　　治：风湿痹痛，胃痛，跌打损伤。

粗叶榕

拉丁学名：*Ficus hirta* Vahl

别　　名：掌叶榕。

形态特征：灌木或小乔木，嫩枝中空，小枝，叶和榕果均被金黄色开展的长硬毛。叶互生，纸质，多型，长椭圆状披针形或广卵形，长10～25厘米，边缘具细锯齿，有时全缘或3～5深裂，先端急尖或渐尖，基部圆形，浅心形或宽楔形，表面疏生贴伏粗硬毛，背面密或疏生开展的白色或黄褐色绵毛和糙毛，基生脉3～5条，侧脉每边4～7条；叶柄长2～8厘米；托叶卵状披针形，长10～30毫米，膜质，红色，被柔毛。榕果成对腋生或生于已落叶枝上，球形或椭圆球形，无梗或近无梗，直径10～15毫米，幼时顶部苞片形成脐状突起，基生苞片卵状披针形，长10～30毫米，膜质，红色，被柔毛；雌花果球形，雄花及瘿花果卵球形，无柄或近无柄，直径10～15毫米，幼嫩时顶部苞片形成脐状突起，基生苞片早落，卵状披针形，先端急尖，外面被贴伏柔毛；雄花生于榕果内壁近口部，有柄，花被片4，披针形，红色，雄蕊2～3枚，花药椭圆形，长于花丝；瘿花花被片与雌花同数，子房球形，光滑，花柱侧生，短，柱头漏斗形；雌花生雌株榕果内，有梗或无梗，花被片4。瘦果椭圆球形，表面光滑，花柱贴生于一侧微凹处，细长，柱头棒状。

生态环境：常见于村寨附近旷地或山坡林边，或附生于其他树干。

药用部位：根或枝条。

性味功效：甘、微苦，平。祛风除湿，祛瘀消肿。

主　　治：风湿痿痹，腰腿痛，痢疾，水肿，带下，瘰疬，跌打损伤，经闭，乳少。

对叶榕

拉丁学名：*Ficus hispida* Linn.

药 材 名：对叶榕。

别　　名：牛奶子、多糯树。

形态特征：灌木或小乔木，被糙毛，叶通常对生，厚纸质，卵状长椭圆形或倒卵状矩圆形，长10～25厘米，宽5～10厘米，全缘或有钝齿，顶端急尖或短尖，基部圆形或近楔形，表面粗糙，被短粗毛，背面被灰色粗糙毛，侧脉6～9对；叶柄长1～4厘米，被短粗毛；托叶2，卵状披针形，生无叶的果枝上，常4枚交互对生，榕果腋生或生于落叶枝上，或老茎发出的下垂枝上，陀螺形，成熟黄色，直径1.5～2.5厘米，散生侧生苞片和粗毛，雄花生于其内壁口部，多数，花被片3，薄膜状，雄蕊1；瘿花无花被，花柱近顶生，粗短；雌花无花被，柱头侧生，被毛。花果期6—7月。

生态环境：海拔120～1 600米，沟谷潮湿地带。

药用部位：根、叶、果、皮。

性味功效：淡，凉。清热利湿，消积化痰。

主　　治：感冒，气管炎，消化不良，痢疾，风湿性关节炎。

菩提树

拉丁学名：*Ficus religiosa* L.

药 材 名：小叶菩提树。

别　　名：思维树、大青树。

形态特征：大乔木，树皮灰色，平滑或微具纵纹，冠幅广展；小枝灰褐色，幼时被微柔毛。叶革质，三角状卵形，长9～17厘米，宽8～12厘米，表面深绿色，光亮，背面绿色，先端骤尖，顶部延伸为尾状，尾尖长2～5厘米，基部宽截形至浅心形，全缘或为波状，基生叶脉三出，侧脉5～7对；叶柄纤细，有关节，与叶片等长或长于叶片；托叶小，卵形，先端急尖。榕果球形至扁球形，直径1～1.5厘米，成熟时红色，光滑；基生苞片3，卵圆形；总梗长4～9毫米；雄花，瘿花和雌花生于同一榕果内壁；雄花少，生于近口部，无柄，花被2～3裂，内卷，雄蕊1枚，花丝短；瘿花具柄，花被3～4裂，子房光滑，球形，花柱短，柱头膨大，2裂；雌花无柄，花被片4，宽披针形，子房光滑，球形。花柱纤细，柱头狭窄。花期3—4月，果期5—6月。

生态环境： 村寨宅旁和寺庙前栽培。

药用部位： 树皮的汁液。

性味功效： 清火解毒，止咳。

主　　治： 树皮的汁漱口治牙痛，固齿龈，咳嗽。

鸡嗉子榕

拉丁学名： *Ficus semicordata* Buch. -Ham. ex J. E. Sm.

药 材 名： 鸡嗉子榕。

别　　名： 鸡嗉子、鸡嗉子果。

形态特征： 小乔木，高3～10米，胸径15～25厘米，树皮灰色，平滑，树冠平展，伞状；幼枝被白色或褐色柔毛。叶排为两列，长圆状披针形，长18～28厘米，宽9～11厘米，纸质，先端渐尖，基部偏心形，一侧耳状，边缘有细锯齿或全缘，表面粗糙，脉上被硬毛，背面密生短硬毛和黄褐色小突点，基生侧脉较短，侧脉10～14对，耳状叶脉侧生，3～4条；叶柄长5～10毫米，粗壮，密被硬毛；托叶披针形，长2～3.5厘米，膜质，近无毛，红色。榕果生于老茎发出的无叶小枝上，果枝下垂至根部或穿入土中；榕果球形，直径1～1.5厘米，被短硬毛、有侧生苞片、基生苞片3、被毛、总梗长5～10毫米、被硬毛，成熟榕果紫红色；雄花，生于榕果内壁近口部，花被片3枚，红色，倒披针形，长于雄蕊，雄蕊2，稀为1，花药白色，花丝短；瘿花，花被片线状披针形，4～5枚，花柱侧生，短；雌花花被片与瘿花同，基部有苞片1枚，子房卵状椭圆形，花柱侧生，长，柱头圆柱形，浅2裂。瘦果宽卵形，顶端一侧微缺，微具瘤体。花期5—10月。

生态环境： 常生于路旁、林缘或沟谷。

药用部位： 叶、果。

性味功效： 淡，凉。

主　　治： 肝炎，腹水，蛔虫病，烧烫伤。

桑

拉丁学名： *Morus alba* L.

药 材 名： 桑白皮。

别　　名： 桑枝。

形态特征： 乔木或为灌木，树皮厚，灰色，具不规则浅纵裂。叶卵形或广卵形，长5～15厘米，宽5～12厘米，先端急尖、渐尖或圆钝，基部圆形至浅心形，边缘锯齿粗钝，有时叶为各种分裂，表面鲜绿色，无毛，背面沿脉有疏毛，脉腋有簇毛；叶柄长1.5～5.5厘米，具柔毛；托叶披针形，早落，外面密被细硬毛。花单性，腋生或生于芽鳞腋内，与叶同时生出；雄花序下垂，长2～3.5厘米，密被白色柔毛，雄花。花被片宽椭圆形，淡绿色。花丝在芽时内折，花药2室，球形至肾形，纵裂；雌花序长1～2厘米，被毛，总花梗长5～10毫米被柔毛，雌花无梗，花被片倒卵形，顶端圆钝，外面和边缘被毛，两侧紧抱子房，无花柱，柱头2裂，内面有乳头状突起。聚花果卵状椭圆形，长1～

2.5 厘米，成熟时红色或暗紫色。花期 4—5 月，果期 5—8 月。

生态环境： 海拔 600～2 400 米的山坡、路边，常栽培。

药用部位： 根皮。

性味功效： 甘，寒。泻肺平喘，利水消肿。

主　　治： 肺热喘咳，水肿胀满尿少，面目肌肤浮肿。

地果

拉丁学名： *Ficus tikoua* Bur.

药 材 名： 地瓜果。

别　　名： 地石榴、地枇杷果。

形态特征： 匍匐木质藤本，茎上生细长不定根，节膨大；幼枝偶有直立的，高达 30～40 厘米，叶坚纸质，倒卵状椭圆形，长 2～8 厘米，宽 1.5～4 厘米，先端急尖，基部圆形至浅心形，边缘具波状疏浅圆锯齿，基生侧脉较短，侧脉 3～4 对，表面被短刺毛，背面沿脉有细毛；叶柄长 1～2 厘米，直径立幼枝的叶柄长达 6 厘米；托叶披针形，长约 5 毫米，被柔毛。榕果成对或簇生于匍匐茎上，常埋于土中，球形至卵球形，直径 1～2 厘米，基部收缩成狭柄，成熟时深红色，表面多圆形瘤点，基生苞片 3，细小；雄花生榕果内壁孔口部，无柄，花被片 2～6，雄蕊 1～3；雌花生另一植株榕果内壁，有短柄。无花被，有黏膜包被子房。瘦果卵球形，表面有瘤体，花柱侧生，长，柱头 2 裂。花期 5—6 月，果期 7 月。

生态环境： 生于低山区的疏林、山坡、沟边或旷野草丛中。

药用部位： 果实。

性味功效： 味甘，性微寒，清热解毒，涩精止遗。

主　　治： 咽喉肿痛，遗精滑精。

荨麻科 Urticaceae

苎麻

拉丁学名： *Boehmeria nivea*（L.）Gaudich. var. *nivea*

药 材 名： 苎麻。

别　　名： 家苎麻、白麻、圆麻。

形态特征： 亚灌木或灌木，茎上部与叶柄均密被开展的长硬毛和近开展和贴伏的短糙毛。叶互生；叶片草质，通常圆卵形或宽卵形，少数卵形，长 6～15 厘米，宽 4～11 厘米，顶端骤尖，基部近截形或宽楔形，边缘在基部之上有牙齿，上面稍粗糙，疏被短伏毛，下面密被雪白色毡毛，侧脉约 3 对；叶柄长 2.5～9.5 厘米；托叶分生，钻状披针形，长 7～11 毫米，背面被毛。圆锥花序腋生，或植株上部的为雌性，其下的为雄性，或同一植株的全为雌性，长 2～9 厘米；雄团伞花序直径 1～3 毫米，有少数雄花；雌团伞花序直径 0.5～2 毫米，有多数密集的雌花。瘦果近球形，长约 0.6 毫米，光滑，基部突缩成细柄。花期 8—10 月。

生态环境：生于山谷林边或草坡，海拔 200～1 700 米。

药用部位：根、叶。

性味功效：根：甘，寒。清热利尿，凉血安胎。叶：甘，凉。止血，解毒。

主　　治：根：感冒发热，麻疹高烧，尿路感染，肾炎水肿，孕妇腹痛，胎动不安，先兆流产；外用治跌打损伤，骨折，疮疡肿毒。叶：外用治创伤出血，虫、蛇咬伤。

水麻

拉丁学名：*Debregeasia orientalis* C. J. Chen

药 材 名：冬里麻根。

别　　名：水麻柳根。

形态特征：灌木，叶纸质或薄纸质，长圆状狭披针形或条状披针形，先端渐尖或短渐尖，基部圆形或宽楔形，长 5～18（25）厘米，宽 1～2.5（3.5）厘米，边缘有不等的细锯齿或细牙齿，上面暗绿色，常有泡状隆起，疏生短糙毛，钟乳体点状，背面被白色或灰绿色毡毛，在脉上疏生短柔毛，基出脉 3 条，其侧出 2 条达中部边缘，近直伸，二级脉 3～5 对；细脉结成细网，各级脉在背面突起；叶柄短，长 3～10 毫米，稀更长，毛被同幼枝；托叶披针形，长 6～8 毫米，顶端浅 2 裂，背面纵肋上疏生短柔毛。花序雌雄异株，稀同株，生上年生枝和老枝的叶腋，二回二歧分枝或二叉分枝，具短梗或无梗，长 1～1.5 厘米，每分枝的顶端各生一球状团伞花簇，雄的团伞花簇直径 4～6 毫米，雌的直径 3～5 毫米；苞片宽倒卵形．长约 2 毫米。雄花在芽时扁球形，径 1.5～2 毫米；花被片 4，在下部合生，裂片三角状卵形，背面疏生微柔毛；雄蕊 4；退化雌蕊倒卵形，长约 0.5 毫米，在基部密生雪白色绵毛。雌花几无梗，倒卵形，长约 0.7 毫米；花被薄膜质紧贴于子房，倒卵形，顶端有 4 齿，外面近无毛；柱头画笔头状，从一小圆锥体上生出一束柱头毛。瘦果小浆果状，倒卵形，长约 1 毫米，鲜时橙黄色，宿存花被肉质紧贴生于果实。花期 3—4 月，果期 5—7 月。

生态环境：生于丘陵或低山溪边或林边。

药用部位：根或根皮。

性味功效：微苦，辛，性平，祛风除湿，活血止痛，解毒消肿。

主　　治：风湿痹痛，跌打伤肿，骨折，外伤出血，疮痈肿毒。

大蝎子草

拉丁学名：*Girardinia diversifolia*（Link）Friis

药 材 名：大荃麻。

别　　名：大荨麻、蝎子草。

形态特征：多年生高大草本，茎下部常木质化；茎高达 2 米，具 5 棱，生刺毛和细糙毛或伸展的柔毛，多分枝。叶片轮廓宽卵形、扁圆形或五角形，茎干的叶较大，分枝上的叶较小，长和宽均 8～25 厘米，基部宽心形或近截形，具（3）5～7 深裂片，稀、不裂，边缘有不规则的牙齿或牙齿状锯齿，上面疏生刺毛和糙伏毛，下面生糙伏毛或短硬毛和在脉上疏生刺毛，基生脉 3 条；叶柄长 3～15 厘米，毛被同茎上的；托叶大，长圆状卵形，长 10～30 毫米，外面疏生细糙伏毛。花雌雄异株或同株，雌花序生上部叶腋，雄花序生下部叶腋，多次二叉状分枝排成总状或近圆锥状，长 5～11 厘米；雌花序总状或近圆锥状，稀长穗状，在果时长 10～25 厘米，序轴上具糙伏毛和伸展的粗毛，小团伞花枝上密生刺毛和细粗毛。雄花近无梗：在芽时直径约 1 毫米，花被片 4，卵形，内凹，外面疏生细糙毛；退化雌蕊杯状。雌花长约 0.5 毫米：花被片大的一枚舟形，长 0.4 毫米（在果时增长到 1 毫米）先端有 3 齿，背面疏生细糙毛，小的一枚条形，较短；子房狭长圆状卵形。瘦果近心形，稍扁，长 2.5～3 毫米，熟时变棕黑色，表面有粗疣点。花期 9—10 月，果期 10—11 月。

生态环境：海拔 1 600～2 200 米的田边、地旁、山谷林隙地。

药用部位：全草。

性味功效：苦、辛，凉。有毒。祛痰，利湿，解毒。

主　　治：伤风咳嗽，胸闷痰多，肤痒，疮毒。

糯米团

拉丁学名：*Gonostegia hirta*（Bl.）Miq.

药 材 名：糯米藤。

别　　名：糯米草、小粘药、土加藤、红头米。

形态特征：多年生草本，有时茎基部变木质；茎蔓生、铺地或渐升，长 50～100（160）厘米，基部粗 1～2.5 毫米，不分枝或分枝，上部带四棱形，有短柔毛。叶对生；叶片草质或纸质，宽披针形至狭披针形、狭卵形、稀卵形或椭圆形，长（1.2）3～10 厘米，宽（0.7）1.2～2.8 厘米，顶端长渐尖至短渐尖，基部浅心形或圆形，边缘全缘，上面稍粗糙，有稀疏短伏毛或近无毛，下面沿脉有疏毛或近无毛，基出脉 3～5 条；叶柄长 1～4 毫米；托叶钻形，长 2.5 毫米。团伞花序腋生，通常两性，有时单性，雌雄异株，直径 2～9 毫米；苞片三角形，长 2 毫米。雄花：花梗长 1～4 毫米；花蕾直径约 2 毫米，在内折线上有稀疏长柔毛；花被片 5，分生，倒披针形，长 2～2.5 毫米，顶端短骤尖；雄蕊 5，花丝条形，长 2～2.5 毫米，花药长约 1 毫米；退化雌蕊极小，圆锥状。雌花：花被菱状狭卵形，长约 1 毫米，顶端有 2 小齿，有疏毛，果期呈卵形，长约 1.6 毫米，有 10 条纵肋；柱头长约 3 毫米，有密毛。瘦果卵球形，长约 1.5 毫米，白色或黑色，有光泽。花期 5—9 月。

生态环境：海拔 1 300～2 400 米的溪谷林下阴湿处。

药用部位：根或茎、叶。

性味功效：淡，平。健脾消食，清热利湿，解毒消肿。

主　　治：消化不良，食积胃痛，白带；外用治血管神经性水肿，疔疮疖肿，乳腺炎，跌打肿痛，外伤出血。

假楼梯草

拉丁学名：*Lecanthus peduncularis*（Wall. ex Royle）Wedd.

药 材 名：假楼梯草。

形态特征：草本。茎肉质，下部常匍匐，常分枝，上部有短柔毛。叶同对的常不等大，卵形，稀卵状披针形，长4～15厘米，宽2～6.5厘米，先端渐尖，基部稍偏斜，圆形，有时宽楔形，边缘有牙齿或牙齿状锯齿，上面疏生透明硬毛，下面脉上疏生短柔毛，钟乳体条形，两面明显，具基出3脉，其侧生的一对弧曲，其中一条达近顶部齿尖，另一条仅达中部与一条二级脉在中部环结，二级脉多数，在上部近边缘环结；叶柄长2～8厘米，疏生短柔毛；托叶膜质，长圆形或狭卵形，长3～8毫米，顶端钝。花序雌雄同株或异株，单生于叶腋，具盘状花序托，花着生其上；雄花序托盘状，径8～18毫米，花序梗长5～20厘米；雌花序托盘径5～10毫米，花序梗长3～12厘米，在分枝上的花序托较小，总花梗较短而纤细；总苞片生于序托盘的边缘，膜质，卵形或近三角形，长约1毫米。瘦果椭圆状卵形，长0.8～1毫米，熟时褐灰色，表面散生疣点，上部背腹侧有一条略隆起的脊。花期7—8月，果期9—10月。

生态环境：山谷林下阴湿处，海拔1 300～2 700米。

药用部位：全草。

性味功效：甘，寒。润肺止咳。

主　　治：肺阴虚，发热，咳嗽，肺结核。

石筋草

拉丁学名：*Pilea plataniflora* C. H. Wright

药 材 名：石筋草。

别　　名：西南冷水花、狗骨节、软枝三股筋、草本三股筋、石岩菜。

形态特征：多年生草本。茎肉质，基部常多少木质化，分枝或几无分枝。叶薄纸质或近膜质，同对的不等大或近等大，形状大小变异很大，卵形、卵状披针形、椭圆状披针形，卵状或倒卵状长圆形，长1～15厘米，宽0.6～5厘米，先端尾状渐尖或长尾状渐尖，基部常偏斜，圆形、浅心形或心形，有时变狭近楔形，边缘稍厚，全缘，有时波状，干后上面暗绿色或蓝绿色，下面淡绿色，常呈细蜂巢状，疏生腺点，钟乳体梭形，长0.3～0.4毫米，在上面明显，基出脉3（5）条，其侧出的一对弧曲，伸达近先端网结或消失，侧脉多数，常不规则地结成网脉，外向的二级脉在远离边缘处彼此网结，有时二级脉不明显；叶柄长0.5～7厘米；托叶很小，三角形，长约1～2毫米，渐脱落。花雌雄同株或异株，有时雌雄同序；花序聚伞圆锥状，有时仅有少数分枝，呈总状，雄花序稍长过叶或近等长，花序梗长，纤细，团伞花序疏松着生于花枝上；雌花序在雌雄异株时常聚伞圆锥状，与叶近等长或稍短，花序梗长，纤细，团伞花序较密着生于花枝上，在雌雄同株时，常仅有少数分枝，呈总状，与叶柄近等长，花序梗较短。雄花带绿黄色或紫红色，近无梗，在芽时长约1.5毫米；花被片4，合生至中部，倒卵形，内凹，外面近先端有短角突起；雄蕊4；退化雌蕊极小，圆锥形；雌花带绿色，近无梗；花被片3，不等大，果时中间一枚卵状长圆形，背面增厚略呈龙骨状，长及果的1/2或更长；侧生的二枚三角形，稍增厚，比长的一枚短1/2或更长，退化雄蕊椭圆状长圆形，略长过短的花被片。瘦果卵形，顶端稍歪斜，双凸透镜状，长0.5～0.6毫米，熟时深褐色，有细疣点。

花期（4）6—9月，果期7—10月。

生态环境：山野潮湿处或林下石上。

药用部位：全草。

性味功效：辛、酸，温。舒筋活络，消肿利尿。

主　　治：风寒湿痹，筋骨疼痛，手足麻木，肾炎水肿，尿闭。

粗齿冷水花

拉丁学名：*Pilea sinofasciata* C. J. Chen

药 材 名：紫绿草。

别　　名：水麻。

形态特征：草本。茎肉质，高25～100厘米，有时上部有短柔毛，几乎不分枝。叶同对近等大，椭圆形、卵形、椭圆状或长圆状披针形、稀卵形，长（2）4～17厘米，宽2～7厘米，先端常长尾状渐尖，稀锐尖或渐尖，基部楔形或钝圆形，边缘在基部以上有粗大的牙齿或牙齿状锯齿；叶柄长（0.5）1～5厘米，在其上部常有短毛，有时整个叶柄生短柔毛；托叶小，膜质，三角形，长约2毫米，宿存。花雌雄异株或同株；花序聚伞圆锥状，具短梗，长不过叶柄。雄花具短梗，在芽时长1～1.5毫米；花被片4，合生至中下部，椭圆形，内凹，先端钝圆；雄蕊4；退化雌蕊小，圆锥状。雌花小，长约0.5毫米；花被片3，近等大。瘦果圆卵形，顶端歪斜，长约0.7毫米，熟时外面常有细疣点，宿存花被片在下部合生，宽卵形，先端钝圆，边缘膜质，长及果的一半左右；退化雄蕊长圆形，长约0.4毫米。花期6—7月，果期8—10月。

生态环境：海拔700～2 400米的山坡林下阴湿处。

药用部位：全草。

性味功效：辛，平。清热解毒，祛风止痛，理气止血。

主　　治：胃气痛，乳蛾，鹅口疮，消化不良，风湿骨痛。

藤麻

拉丁学名：*Procris crenata* C. B. Rob.

药 材 名：藤麻。

形态特征：多年生草本。茎肉质，高30～80厘米，不分枝或分枝，无毛。叶生茎或分枝上部，无毛；叶片两侧稍不对称，狭长圆形或长椭圆形，长（4.5）8～20厘米，宽（1.5）2.2～4.5厘米，顶端渐尖，基部渐狭，边缘中部以上有少数浅齿或波状，钟乳体稍明显或明显，长0.1～0.3毫米，侧脉每侧5～8条；叶柄长1.5～12毫米；托叶极小，卵形，脱落。退化叶狭长圆形或椭圆形，长5～17毫米，宽1.5～7毫米。雄花序通常生于雌花序之下，簇生，有短丝状花序梗，有少数花。雄花五基数；花被片长圆形或卵形，长约1.5毫米，顶端之下有短角状突起。雌花序簇生，有短而粗的花序梗，或有时无梗，直径1.5～3毫米，有多数花；花序托半圆球形，无毛，无苞片；小苞片倒卵形或椭圆形，长约0.4毫米，无毛。雌花无梗；花被片约4枚，船状椭圆形，长约3.5毫米，无毛；子房椭圆形，长约0.3毫米，柱头小。瘦果褐色，狭卵形，扁，长0.6～0.8毫米，常有多数小条状突起或近光滑。

生态环境： 生于山林地下、岩石或沟边阴湿处。

药用部位： 全草。

性味功效： 清热解毒，散瘀消肿。

主　　治： 无名肿毒，烧烫伤，跌打损伤，骨折。

小果荨麻

拉丁学名： *Urtica atrichocaulis*（Hand. -Mazz.）C. J. Chen

药 材 名： 小果荨麻。

别　　名： 小荨麻。

形态特征： 多年生草本，有木质化的根状茎。茎纤细，四棱形，有刺毛（尤在节上较多）和稀疏的细糙毛，有分枝或近无分枝。叶卵形或狭卵形，稀披针形，长 2.5～7（9）厘米，宽 1～3 厘米，先端锐尖或短渐尖，基部宽楔形、圆形或浅心形，两面疏生（稀密生）刺毛和细糙伏毛，钟乳体点状，基出脉 3 条，其侧出一对近直伸或稍弧曲，达上部齿尖；叶柄长 1～4 厘米，疏生刺毛和细糙毛；托叶每节 4 枚，离生，长圆形至条形，长 4～7 毫米，被微柔毛。雌雄同序，雄花少数几朵生于花序的顶部，雌花多数则生其花序的下部；斜展或平展。雄花具短梗，在芽时直径约 1.2 毫米，开放后径约 2 毫米；花被片 4，合生至中下部，外面有糙毛；退化雌蕊具短柄，碗状，透明，长约 0.2 毫米，中央有柱头残余；雌花小，近无梗或具短梗。瘦果卵形，双凸透镜状，长约 0.8 毫米，光滑；宿存花被片 4。花期 5—7 月，果期 7—9 月。

生态环境： 生于海拔 300～2 600 米的山脚路旁、山谷或沟边。

药用部位： 全草。

性味功效： 苦，凉。祛风镇惊，舒筋活络，散瘀活血。

主　　治： 小儿高热惊风，痉挛抽搐，角弓反张等。跌打损伤，扭伤，闪挫伤，风热湿痹，关节疼痛，四肢拘挛，腰膝疼，手足麻木，骨痛等症。

檀香科 Santalaceae

沙针

拉丁学名： *Osyris wightiana* var. *wightiana*

形态特征： 灌木或小乔木，高 2～5 米；枝细长，嫩时呈三棱形。叶薄革质，灰绿色，椭圆状披针形或椭圆状倒卵形，长 2.5～6 厘米，宽 0.6～2 厘米，顶端尖，有短尖头，基部渐狭，下延而成短柄。花小；雄花：2～4 朵集成小聚伞花序；花梗长 4～8 毫米；花被直径约 4 毫米，裂片 3；花盘肉质，弯缺；雄蕊 3 枚，花丝很短，不育子房呈微小的突起，位于花盘中央；雌花：单生，偶 4 朵或 3 朵聚生；苞片 2 枚；花梗顶部膨大；花盘、雄蕊如同雄花，但雄蕊不育；两性花：外形似雌花，但具发育的雄蕊；胚珠通常 3 枚，柱头 3 裂。核果近球形，顶端有圆形花盘残痕，成熟时橙黄色至红色，干后浅黑色，直径

8～10 毫米。花期 4—6 月，果期 10 月。

生态环境：海拔 600～2 700 米的灌木丛中。

药用部位：叶、根或根皮。

性味功效：调经止痛，疏风解表。

桑寄生科 Loranthaceae

椆树桑寄生

拉丁学名：*Loranthus delavayi* Van Tiegh.

药 材 名：椆树桑寄生。

别　　名：桑树寄生、桑寄生。

形态特征：灌木，高 0.5～1 米，全株无毛；小枝淡黑色，具散生皮孔，有时具白色蜡被。叶对生或近对生，纸质或革质，卵形至长椭圆形，稀长圆状披针形，长（5）6～10 厘米，宽（2.5）3～3.5 厘米，顶端圆钝或钝尖，基部阔楔形，稀楔形，稍下延；侧脉 5～6 对，明显；叶柄长 0.5～1 厘米。雌雄异株；穗状花序，1～3 个腋生或生于小枝已落叶腋叶，长 1～4 厘米，具花 8～16 朵，花单性，对生或近对生，黄绿色；苞片杓状，长约 0.5 毫米；花托杯状，长约 1 毫米，副萼环状；花瓣 6 枚；雄花：花蕾时棒状，花瓣匙状披针形，长 4～5 毫米，上半部反折；花丝着生于花瓣中部，长 1～2 毫米，花药长 1～1.5 毫米，4 室；不育雌蕊的花柱纤细或柱状，长 1.5～2 毫米，顶端渐尖或浅 2 裂，稀急尖；雌花：花蕾时柱状，花瓣披针形，长 2.5～3 毫米，开展；不育雄蕊长 1～1.5 毫米，花药线状；花柱柱状，长约 2.5 毫米，6 棱，柱头头状。果椭圆状或卵球形，长约 5 毫米，直径 4 毫米，淡黄色，果皮平滑。花期 1—3 月，果期 9—10 月。

生态环境：海拔（200）500～3 000 米的山谷、山地常绿阔叶林中，常寄生于壳斗科植物上，稀寄生于云南油杉、梨树等。

药用部位：带叶茎枝。

性味功效：苦，甘，性微温，祛风湿，补肝肾，续骨。

主　　治：风湿痹证，腰膝疼痛，骨折。

南桑寄生

拉丁学名：*Loranthus guizhouensis* H. S. Kiu

药 材 名：南桑寄生。

别　　名：贵州桑寄生。

形态特征：落叶灌木，高 0.5～1 米，全株无毛；茎常呈二歧分枝，小枝暗黑色，被蜡被。叶对生，纸质或薄革质，卵形或椭圆形，长 3.5～5 厘米，宽 2～2.5 厘米，顶端圆钝或急尖，基部楔形，稍下延；侧脉 3～5 对，两面均明显；叶柄长 2～3 毫米。穗状花序，顶生，长 2.5～4 厘米，具花 8～16 朵，花两性，对生或近对生，淡青色；苞片杓状，长约 1 毫米；花托卵球形，长 1 毫米；副萼环状；花冠花蕾时长倒卵球形，花瓣 6 枚，披针形，长 3～4 毫米，开展；雄蕊着生于花瓣中部，花丝长约 0.5 毫米，花药长约 1 毫米，4 室（2 大、2 小）；花柱柱状，长 2.5 毫米，稍呈六棱，柱头近截平。果卵球状，长 4～5 毫米，直径 2.5～3 毫米，淡青色，果皮平滑。花期 5 月，果期 7—8 月。

生态环境：海拔 200～1 400 米的山地常绿阔叶林中，常寄生于小叶青冈等栎属植物上。

药用部位：带叶茎枝。

性味功效：苦、甘，平。补肝肾，强筋骨，祛风湿，安胎元。

主　　治：风湿痹痛，腰膝酸软。

鞘花

拉丁学名：*Macrosolen cochinchinensis*（Lour.）Van Tiegh.

药 材 名：杉寄生。

别　　名：枫木寄生、龙眼寄生、发冷果寄生、沙梨寄生、柿树寄生。

形态特征：灌木，高 0.5～1.3 米，全株无毛；小枝灰色，具皮孔。叶革质，阔椭圆形至披针形，有时卵形，长 5～10 厘米，宽 2.5～6 厘米，顶端急尖或渐尖，基部楔形或阔楔形，中脉在上面扁平，在下面突起，侧脉 4～5 对，在下面明显或两面均不明显；叶柄长 0.5～1 厘米。总状花序，1～3 个腋生或生于小枝已落叶腋部，花序梗长 1.5～2 厘米，具花 4～8 朵；花梗长 4～6 毫米，苞片阔卵形，长 1～2 毫米，小苞片 2 枚，三角形，长 1～1.5 毫米，基部彼此合生，花托椭圆状，长 2～2.5 毫米；副萼环状，长约 0.5 毫米；花冠橙色，长 1～1.5 厘米，冠管膨胀，具六棱，裂片 6 枚，披针形，长约 4 毫米，反折；花丝长约 2 毫米，花药长 1 毫米；花柱线状，柱头头状。果近球形，长约 8 毫米，直径 7 毫米，橙色，果皮平滑。花期 2—6 月，果期 5—8 月。

生态环境：生于海拔 20～1 600 米的平原或山地常绿阔叶林中，寄生于壳斗科、山茶科、桑科植物或枫香、油桐、杉树等多种植物上。

药用部位：叶。

性味功效：甘，苦，性平，祛风解表，利水消肿。

主　　治：感冒发热，水肿。

龙陵钝果寄生

拉丁学名：*Taxillus sericus* Danser

别　　名：寄生草。

形态特征：灌木，高 0.5～1 米；嫩枝、叶密被褐色星状毛，稍后毛全脱落，小枝灰褐色，具皮孔。叶互生或近对生，薄革质或革质，长卵形或卵状长圆形，长 6～10 厘米，宽 2.5～4.5 厘米，顶端短渐尖或急尖，基部楔形，稍下延；侧脉 5～6 对，侧脉和部分网脉在叶两面均明显；叶柄长 1～1.5 厘米。伞形花序，1～3 个腋生或生于小枝已落叶腋部，具花 2～4 朵，总花梗长 2.5～4 毫米；花梗长 3～4 毫米，具疏毛；苞片卵形，长约 1 毫米；花橙红色，初被褐色星状毛，花托椭圆状，长 2.5～3 毫米；副萼环状；花冠花蕾时管状，长 2～3 厘米，稍弯，下半部膨胀，顶部椭圆状，裂片 4 枚，披针形，长 7～8 毫米，反折；花丝几无或长约 1 毫米，花药长 3～4 毫米；花柱线状，柱头头状。果椭圆状，长约 8 毫米，直径约 5 毫米，果皮具颗粒状体，无毛。花果期 8 月至翌年 2 月。

生态环境：海拔 1 500～2 700 米的山地阔叶林中，寄生于桦木科、壳斗科植物上。

药用部位：带叶茎枝。

性味功效：祛风湿，补肝肾，活血止痛。

主　　治：风湿腰腿痛。

梨果寄生

拉丁学名：*Scurrula philippensis* (Cham. et Schlecht.) G. Don

别　　名：寄生草。

形态特征：灌木，高 0.7～1 米；嫩枝、叶、花序和花均密被灰色、灰黄色或黄褐色的星状毛和叠生星状毛；小枝灰色，无毛，具疏生皮孔。叶对生，薄革质或纸质，卵形或长圆形，长 5～10 厘米，宽 3～6 厘米，顶端急尖，基部阔楔形或圆钝，上面无毛，下面被茸毛；侧脉 4～5 对，略明显；叶柄长 7～10 毫米，被毛。总状花序，1～3 个腋生或生于小枝已落叶腋部，花序梗长 5～8 毫米，具花 5～7 朵，花红色，密集，花梗长 1.5～2 毫米；苞片卵状三角形，长约 1 毫米；花托梨形，长约 2.5 毫米；副萼环状，全缘或具 4 齿；花冠花蕾时管状，长 2.2～2.5 厘米，弯曲，下半部稍膨胀，顶部椭圆状，开花时顶部 4 裂，裂片披针形，长 6～8 毫米，反折；花丝长约 1 毫米，花药长 2.5（3）毫米；花柱线状，柱头椭圆状。果梨形，长约 8 毫米，直径 3.5 毫米，近基部渐狭，被疏星状毛。花期 6—9 月，果期 11—12 月。

生态环境：海拔 1 200～2 900 米的山地阔叶林中，常寄生于楸树、油桐、桑树或壳斗科植物上。

药用部位：茎枝。

性味功效：祛风湿，补肝肾，活血止痛。

主　　治：风湿腰腿痛。

扁枝槲寄生

拉丁学名：*Viscum articulatum* Burm. f.

药 材 名：枫寄生。

别　　名：螃蟹夹、桐树寄生、桐子寄生、枫树寄生、枫香寄生、蟹爪寄生。

形态特征：亚灌木，高 0.3～0.5 米，直立或披散，茎基部近圆柱状，枝和小枝均扁平；枝交叉对生或二歧分枝，节间长 1.5～2.5 厘米，宽 2～3 毫米，稀长 3～4 厘米，宽 3.5 毫米，干后边缘薄，具纵肋 3 条，中肋明显。叶退化呈鳞片状。聚伞花序，1～3 个腋生，总花梗几无，总苞舟形，长约 1.5 毫米，具花 1～3 朵，中央 1 朵为雌花，侧生的为雄花，通常仅具 1 朵雌花或 1 朵雄花；雄花：花蕾时球形，长 0.5～1 毫米，萼片 4 枚；花药圆形，贴生于萼片下半部；雌花：花蕾时椭圆状，长 1～1.5 毫米，基部具环状苞片；花托卵球形；萼片 4 枚，三角形，长约 0.5 毫米；柱头垫状。果球形，直径 3～4 毫米，白色或青白色，果皮平滑。花果期几全年。

生态环境：海拔 50～1 200（1 700）米沿海平地或山地南亚热带季雨林中，常寄生于桑寄生科的鞘花、五蕊寄生、广寄生、小叶梨果寄生等的茎上，也寄生于壳斗科、大戟科、樟科、檀香科植物上。

药用部位：全株。

性味功效：微苦，平。

主　　治：祛风利湿，舒筋活络，止血。

蛇菰科 Balanophoraceae

杯茎蛇菰

拉丁学名：*Balanophora subcupularis* P. C. Tam

形态特征：草本，高3～8厘米，部分植株高仅2厘米；根茎淡黄褐色，直径1.5～3厘米，通常呈杯状，表面常有不规则的纵纹，密被颗粒状小疣瘤和明显淡黄色、星芒状小皮孔，顶端的裂鞘5裂，裂片近圆形或三角形，边缘啮蚀状；花茎长1.5～3厘米，常被鳞苞片遮盖；鳞苞片3～8枚，互生，稍肉质，阔卵形或卵圆形，长达1.2厘米。花雌雄同株（序）；花序卵形或卵圆形，长约1.5厘米，顶端圆形；雄花着生于花序基部；近辐射对称，花被4裂，裂片披针形或披针状椭圆形，长1毫米，开展，中部以上内曲，顶端锐尖；聚药雄蕊近圆盘状，有同型、短裂的花药，药室12～16；花梗短棒状，近四棱形，长0.8毫米，宽达0.5毫米；雌花子房卵圆形或近圆形，直径约0.1毫米，有子房柄，着生于附属体基部；附属体棍棒状，长0.5毫米，顶端钝，中部以下渐狭。花期9—11月。

生态环境：生于海拔650～1 450米的密林中。

药用部位：全草。

性味功效：清热解毒，凉血止血。

主　　治：咳嗽吐血，血崩，痔疮肿痛。

蓼科 Polygonaceae

金荞麦

拉丁学名：*Fagopyrum dibotrys* (D. Don) H. Hara

药 材 名：金荞麦。

别　　名：野荞根、荞麦三七、万年荞、野荞。

形态特征：多年生草本。根状茎木质化，黑褐色。茎直立，高50～100厘米，分枝，具纵棱，无毛。叶三角形，长4～12厘米，宽3～11厘米，顶端渐尖，基部近戟形，边缘全缘，两面具乳头状突起或被柔毛；叶柄长可达10厘米；托叶鞘筒状，膜质，褐色，长5～10毫米，偏斜，顶端截形，无缘毛。花序伞房状，顶生或腋生；苞片卵状披针形，顶端尖，边缘膜质，长约3毫米，每苞内具2～4花；花梗中部具关节，与苞片近等长；花被5深裂，白色，花被片长椭圆形，长约2.5毫米，雄蕊8，比花被短，花柱3，柱头头状。瘦果宽卵形，具3锐棱，长6～8毫米，黑褐色，无光泽，超出宿存花被2～3倍。花期7—9月，果期8—10月。

生态环境：海拔800～2 400米的沟谷雨林、常绿阔叶林下、草丛中。

药用部位：根及根状茎。

性味功效：微辛、涩，凉。清热解毒，活血散瘀，祛风除湿。

主　　治：咽喉痛，痈疮，瘰疬，肝炎，肺痈，头风，胃痛，痢疾，带下病。

苦荞麦

拉丁学名：*Fagopyrum tataricum*（L.）Gaertn.

药 材 名：苦荞麦。

别　　名：荞叶七、野兰荞、万年荞。

形态特征：一年生草本。茎直立，高30～70厘米，分枝，绿色或微呈紫色，有细纵棱，一侧具乳头状突起，叶宽三角形，长2～7厘米，两面沿叶脉具乳头状突起，下部叶具长叶柄，上部叶较小具短柄；托叶鞘偏斜，膜质，黄褐色，长约5毫米。花序总状，顶生或腋生，花排列稀疏；苞片卵形，长2～3毫米，每苞内具2～4花，花梗中部具关节；花被5深裂，白色或淡红色，花被片椭圆形，长约2毫米；雄蕊8，比花被短；花柱3，短，柱头头状。瘦果长卵形，长5～6毫米，具3棱及3条纵沟，上部棱角锐利，下部圆钝有时具波状齿，黑褐色，无光泽，比宿存花被长。花期6—9月，果期8—10月。

生态环境：生于田边、路旁、山坡、河谷，海拔500～3 900米。栽培。

药用部位：块根入药。

性味功效：苦，平。理气止痛，健脾利湿。

主　　治：胃痛，消化不良，腰腿疼痛，跌打损伤。

何首乌

拉丁学名：*Fallopia multiflora*（Thunb.）Haraldson

药 材 名：何首乌。

别　　名：多花蓼、紫乌藤、夜交藤。

形态特征：多年生草本。块根肥厚，长椭圆形，黑褐色。茎缠绕，长2～4米，多分枝，具纵棱，无毛，微粗糙，下部木质化。叶卵形或长卵形，长3～7厘米，宽2～5厘米，顶端渐尖，基部心形或近心形，两面粗糙，边缘全缘；叶柄长1.5～3厘米；托叶鞘膜质，偏斜，无毛，长3～5毫米。花序圆锥状，顶生或腋生，长10～20厘米，分枝开展，具细纵棱，沿棱密被小突起；苞片三角状卵形，具小突起，顶端尖，每苞内具2～4花；花梗细弱，长2～3毫米，下部具关节，果时延长；花被5深裂，白色或淡绿色，花被片椭圆形，大小不相等，外面3片较大背部具翅，果时增大，花被果时外形近圆形，直径6～7毫米；雄蕊8，花丝下部较宽；花柱3，极短，柱头头状。瘦果卵形，具3棱，长2.5～3毫米，黑褐色，有光泽，包于宿存花被内。花期8—9月，果期9—10月。

生态环境：山谷灌丛、山坡林下、沟边石隙，海拔200～3 000米。

药用部位： 块根。

性味功效： 苦、甘，涩，微温。

主　　治： 血虚头昏目眩，心悸，失眠，肝肾阴虚之腰膝酸软，须发早白，耳鸣，遗精，肠燥便秘，久疟体虚，风疹瘙痒，疮痈，瘰疬，痔疮。

头花蓼

拉丁学名： *Polygonum capitatum* Buch. -Ham. ex D. Don

药 材 名： 红酸杆。

别　　名： 石辣蓼、水绣球、石头花。

形态特征： 多年生草本。茎匍匐，丛生，基部木质化，节部生根，节间比叶片短，多分枝，疏生腺毛或近无毛，一年生枝近直立，具纵棱，疏生腺毛。叶卵形或椭圆形，长 1.5～3 厘米，宽 1～2.5 厘米，顶端尖，基部楔形，全缘，边缘具腺毛，两面疏生腺毛，上面有时具黑褐色新月形斑点；叶柄长 2～3 毫米，基部有时具叶耳；托叶鞘筒状，膜质，长 5～8 毫米，松散，具腺毛，顶端截形，有缘毛。花序头状，直径 6～10 毫米，单生或成对，顶生；花序梗具腺毛；苞片长卵形，膜质；花梗极短；花被 5 深裂，淡红色，花被片椭圆形，长 2～3 毫米；雄蕊 8，比花被短；花柱 3，中下部合生，与花被近等长；柱头头状。瘦果长卵形，具 3 棱，长 1.5～2 毫米，黑褐色，密生小点，微有光泽，包于宿存花被内。花期 6—9 月，果期 8—10 月。

生态环境： 生于山坡、山谷湿地，常成片生长，海拔 600～3 500 米。

药用部位： 全草。

性味功效： 酸、寒，清热凉血，利尿。

主　　治： 尿道感染，肾盂肾炎。

火炭母

拉丁学名： *Polygonum chinense* L.

药 材 名： 火炭母草。

别　　名： 白饭草、火炭星、火炭藤。

形态特征： 多年生草本，基部近木质。根状茎粗壮。茎直立，高 70～100 厘米，通常无毛，具纵棱，多分枝，斜上。叶卵形或长卵形，长 4～10 厘米，宽 2～4 厘米，顶端短渐尖，基部截形或宽心形，边缘全缘，两面无毛，有时下面沿叶脉疏生短柔毛，下部叶具叶柄，叶柄长 1～2 厘米，通常基部具叶耳，上部叶近无柄或抱茎；托叶鞘膜质，无毛，长 1.5～2.5 厘米，具脉纹，顶端偏斜，无缘毛。花序头状，通常数个排成圆锥状，顶生或腋生，花序梗被腺毛；苞片宽卵形，每苞内具 1～3 花；花被 5 深裂，白色或淡红色，裂片卵形，果时增大，呈肉质，蓝黑色；雄蕊 8，比花被短；花柱 3，中下部合生。瘦果宽卵形，具 3 棱，长 3～4 毫米，黑色，无光泽，包于宿存的花被。花期 7—9 月，果期 8—10 月。

生态环境： 海拔 600～1 800 米的河边潮湿草丛中。

药用部位： 全草。

性味功效：微酸，凉。清热解毒，利湿消滞。

主　　治：泄泻，痢疾，黄疸，风热咽痛，虚热头昏多带下病，痈肿湿疮。

水蓼

拉丁学名：*Polygonum hydropiper* L.

药 材 名：水蓼。

别　　名：水红花、红辣蓼、水辣蓼。

形态特征：一年生草本，高40～70厘米。茎直立，多分枝，无毛，节部膨大。叶披针形或椭圆状披针形，长4～8厘米，宽0.5～2.5厘米，顶端渐尖，基部楔形，边缘全缘，具缘毛，两面无毛，被褐色小点，有时沿中脉具短硬伏毛，具辛辣味，叶腋具闭花受精花；叶柄长4～8毫米；托叶鞘筒状，膜质，褐色，长1～1.5厘米，疏生短硬伏毛，顶端截形，具短缘毛，通常托叶鞘内藏有花簇。总状花序呈穗状，顶生或腋生，长3～8厘米，通常下垂，花稀疏，下部间断；苞片漏斗状，长2～3毫米，绿色，边缘膜质，疏生短缘毛，每苞内具3～5花；花梗比苞片长；花被5深裂，稀4裂，绿色，上部白色或淡红色，被黄褐色透明腺点，花被片椭圆形，长3～3.5毫米；雄蕊6，稀8，比花被短；花柱2～3，柱头头状。瘦果卵形，长2～3毫米，双凸透镜状或具3棱，密被小点，黑褐色，无光泽，包于宿存花被内。花期5—9月，果期6—10月。

生态环境：生于河滩、水沟边、山谷湿地，海拔50～3 500米。

药用部位：全草。

性味功效：辛，苦，性平。行滞化湿，散瘀止血，祛风止痒，解毒。

主　　治：湿滞内阻，脘闷腹痛，泄泻，痢疾，小儿疳积，崩漏，血滞经闭痛经，跌打损伤，风湿痹痛，便血，外伤出血，皮肤瘙痒，湿疹，风疹，足癣，痈肿，毒蛇咬伤。

蚕茧草

拉丁学名：*Polygonum japonicum* Meisn. in DC.

药 材 名：蚕茧草。

别　　名：蓼子草、小蓼子草、红蓼子。

形态特征：多年生草本；根状茎横走。茎直立，淡红色，无毛有时具稀疏的短硬伏毛，节部膨大，高50～100厘米。叶披针形，近薄革质，坚硬，长7～15厘米，宽1～2厘米，顶端渐尖，基部楔形，全缘，两面疏生短硬伏毛，中脉上毛较密，边缘具刺状缘毛；叶柄短或近无柄；托叶鞘筒状，膜质，长1.5～2厘米，具硬伏毛，顶端截形，缘毛长1～1.2厘米。总状花序呈穗状，长6～12厘米，顶生，通常数个再集成圆锥状；苞片漏斗状，绿色，上部淡红色，具缘毛，每苞内具3～6花；花梗长2.5～4毫米；雌雄异株，花被5深裂，白色或淡红色，花被片长椭圆形，长2.5～3毫米。雄花：雄蕊8，雄蕊比花被长；雌花：花柱2～3，中下部合生，花柱比花被长。瘦果卵形，具3棱或双凸镜状，长2.53毫米，黑色，有光泽，包于宿存花被内。花期8—10月，果期9—11月。

生态环境：生路边湿地、水边及山谷草地，海拔20～1 700米。

药用部位：全草。

性味功效：散寒、活血、止痢。

主　　治：疮疡肿痛，诸虫咬伤，腹泻，痢疾，腰膝寒痛，麻疹透发不畅。

红蓼

拉丁学名：*Polygonum orientale* L.

药 材 名：红蓼。

别　　名：水红花子。

形态特征：一年生草本。茎直立，粗壮，高1～2米，上部多分枝，密被开展的长柔毛。叶宽卵形、宽椭圆形或卵状披针形，长10～20厘米，宽5～12厘米，顶端渐尖，基部圆形或近心形，微下延，边缘全缘，密生缘毛，两面密生短柔毛，叶脉上密生长柔毛；叶柄长2～10厘米，具开展的长柔毛；托叶鞘筒状，膜质，长1～2厘米，被长柔毛，具长缘毛，通常沿顶端具草质、绿色的翅。总状花序呈穗状，顶生或腋生，长3～7厘米，花紧密，微下垂，通常数个再组成圆锥状；苞片宽漏斗状，长3～5毫米，草质，绿色，被短柔毛，边缘具长缘毛，每苞内具3～5花；花梗比苞片长；花被5深裂，淡红色或白色；花被片椭圆形，长3～4毫米；雄蕊7，比花被长；花盘明显；花柱2，中下部合生，比花被长，柱头头状。瘦果近圆形，双凹，直径长3～3.5毫米，黑褐色，有光泽，包于宿存花被内。花期6—9月，果期8—10月。

生态环境：生沟边湿地、村边路旁，海拔30～2 700米。

药用部位：果实。

性味功效：味辛；性平；小毒，有活血、止痛、消积、利尿功效。

主　　治：风湿痹痛，痢疾，腹泻，吐泻转筋，水肿，脚气，痈疮疔疖，蛇虫咬伤，小儿疳积疝气，跌打损伤，疟疾。

草血竭

拉丁学名：*Polygonum paleaceum* Wall. ex HK. f.

药 材 名：草血竭。

别　　名：回头草、草血竭、土血竭。

形态特征：多年生草本。根状茎肥厚，弯曲，直径2～3厘米，黑褐色。茎直立，高40～60厘米，不分枝，无毛，具细条棱，单生或2～3。基生叶革质，狭长圆形或披针形，长6～18厘米，宽2～3厘米，顶急尖或微渐尖，基部楔形，稀近圆形，边缘全缘，脉端增厚，微外卷，上面绿色，下面灰绿色，两面无毛；叶柄长5～15厘米；茎生叶披针形，较小，具短柄，最上部的叶为线形；托叶鞘筒状膜质，下部绿色，上部褐色，开裂。无缘毛。总状花序呈穗状，长4～6厘米，直径0.8～1.2厘米，紧密；苞片卵状披针形，膜质，顶端长渐尖；花梗细弱，长4～5毫米，开展，比苞片长；花被5深裂；淡红色或白色，花被片椭圆形，长2～2.5毫米；雄蕊8；花柱3，柱头头状。瘦果卵形，具3锐棱，有光泽，长约2.5毫米，包于宿存花被内。花期7—8月，果期9—10月。

生态环境：山坡草地、林缘，海拔1 500～3 500米。

药用部位：根状茎。

性味功效：止血止痛，收敛止泻。

主　　治：慢性胃炎，胃、十二指肠溃疡，食积，症瘕积聚，月经不调，浮肿，跌打损伤，外伤出血。

习见蓼

拉丁学名：*Polygonum plebeium* R. Br.

药 材 名：小萹蓄。

别　　名：铁马齿苋。

形态特征：一年生草本。茎平卧，自基部分枝，长10～40厘米，具纵棱，沿棱具小突起，通常小枝的节间比叶片短。叶狭椭圆形或倒披针形，长0.5～1.5厘米，宽2～4毫米，顶端钝或急尖，基部狭楔形，两面无毛，侧脉不明显；叶柄极短或近无柄；托叶鞘膜质，白色，透明，长2.5～3毫米，顶端撕裂，花3～6朵，簇生于叶腋，遍布于全植株；苞片膜质；花梗中部具关节，比苞片短；花被5深裂；花被片长椭圆形，绿色，背部稍隆起，边缘白色或淡红色，长1～1.5毫米；雄蕊5，花丝基部稍扩展，比花被短；花柱3，稀2，极短，柱头头状。瘦果宽卵形，具3锐棱或双凸透镜状，长1.5～2毫米，黑褐色，平滑，有光泽，包于宿存花被内。花期5—8月，果期6—9月。

生态环境：田边、路旁、水边湿地，海拔30～2 200米。

药用部位：全草。

性味功效：利水通淋，化浊杀虫。

主　　治：恶疮疥癣，淋浊，蛔虫病。

羽叶蓼

拉丁学名：*Polygonum runcinatum* Buch.-Ham. ex D. Don

药 材 名：赤胫散。

别　　名：土竭力、花蝴蝶、花脸荞、荞子连、九龙盘。

形态特征：多年生草本，具根状茎。茎近直立或上升，高30～60厘米，具纵棱，有毛或近无毛，节部通常具倒生伏毛，叶羽裂，长4～8厘米，宽2～4厘米，顶生裂片较大，三角状卵形，顶端渐尖，侧生裂片1～3对，两面疏生糙伏毛，具短缘毛，下部叶叶柄具狭翅，基部有耳，上部叶叶柄较短或近无柄；托叶鞘膜质，筒状，松散，长约1厘米，有柔毛，顶端截形，具缘毛。花序头状，紧密，直径1～1.5厘米，顶生通常成对，花序梗具腺毛；苞片长卵形，边缘膜质；花梗细弱，比苞片短；花被5深裂，淡红色或白色，花被片长卵形，长3～3.5毫米；雄蕊通常8，比花被短，花药紫色；花柱3，中下部合生。瘦果卵形，具3棱，长2～3毫米，黑褐色，无光泽，包于宿存花被内。花期4—8月，果期6—10月。

生态环境：山坡草地、山谷路旁，海拔1 200～3 900米。

药用部位：全草。

性味功效：微苦、涩，平。清热解毒，活血舒筋。

主　　治： 痢疾，泄泻，赤白带下，经闭，痛经，乳痈，疮疖，无名肿毒，毒蛇咬伤，跌打损伤，劳伤腰痛。

尼泊尔蓼

拉丁学名： *Polygonum nepalense* Meisn.

药 材 名： 猫儿眼睛。

别　　名： 头状蓼、水荞麦、马蓼草、山谷蓼。

形态特征： 一年生草本。茎外倾或斜上，自基部多分枝，无毛或在节部疏生腺毛，高20～40 厘米。茎下部叶卵形或三角状卵形，长 3～5 厘米，宽 2～4 厘米，顶端急尖，基部宽楔形，沿叶柄下延成翅，两面无毛或疏被刺毛，疏生黄色透明腺点，茎上部较小；叶柄长1～3 厘米，或近无柄，抱茎；托叶鞘筒状，长 5～10 毫米，膜质，淡褐色，顶端斜截形，无缘毛，基部具刺毛。花序头状，顶生或腋生，基部常具 1 叶状总苞片，花序梗细长，上部具腺毛；苞片卵状椭圆形，通常无毛，边缘膜质，每苞内具 1 花；花梗比苞片短；花被通常 4 裂，淡紫红色或白色，花被片长圆形，长 2～3 毫米，顶端圆钝；雄蕊5～6，与花被近等长，花药暗紫色；花柱 2，下部合生，柱头头状。瘦果宽卵形，双凸透镜状，长 2～2.5 毫米，黑色，密生洼点。无光泽，包于宿存花被内。花期 5—8 月，果期 7—10 月。

生态环境： 海拔 1 200～2 000 米的山坡草地、山谷路旁。

药用部位： 全草。

性味功效： 苦，寒。清热解毒，收敛固肠。

主　　治： 咽喉痛，目赤，牙龈肿痛，赤痢，关节痛，胃痛。

杠板归

拉丁学名： *Polygonum perfoliatum*（L.）L.

药 材 名： 杠板归。

别　　名： 猫爪刺、刺犁头。

形态特征： 一年生草本。茎攀缘，多分枝，长 1～2 米，具纵棱，沿棱具稀疏的倒生皮刺。叶三角形，长 3～7 厘米，宽 2～5 厘米，顶端钝或微尖，基部截形或微心形，薄纸质，上面无毛，下面沿叶脉疏生皮刺；叶柄与叶片近等长，具倒生皮刺，盾状着生于叶片的近基部；托叶鞘叶状，草质，绿色，圆形或近圆形，穿叶，直径 1.5～3 厘米。总状花序呈短穗状，不分枝顶生或腋生，长 1～3 厘米；苞片卵圆形，每苞片内具花 2～4 朵；花被 5 深裂，白色或淡红色，花被片椭圆形，长约 3 毫米，果时增大，呈肉质，深蓝色；雄蕊 8，略短于花被；花柱 3，中上部合生；柱头头状。瘦果球形，直径 3～4 毫米，黑色，有光泽，包于宿存花被内。花期 6—8 月，果期 7—10 月。

生态环境： 海拔 1 300～2 400 米的路旁、疏林下荒草丛中。

药用部位： 地上部分。

性味功效： 微寒，酸。利水消肿，清热解毒，止咳。

主　　治： 肾炎水肿，百日咳，泻痢，湿疹，疖肿，毒蛇咬伤。

香蓼

拉丁学名：*Polygonum viscosum* Buch.-Ham. ex D. Don

药 材 名：香蓼。

别　　名：粘毛蓼、水毛蓼、红杆蓼。

形态特征：植株具香味。茎直立或上升，多分枝，密被开展的长糙硬毛及腺毛，高50～90厘米。叶卵状披针形或椭圆状披针形，长5～15厘米，宽2～4厘米，顶端渐尖或急尖，基部楔形，沿叶柄下延，两面被糙硬毛，叶脉上毛较密，边缘全缘，密生短缘毛；托叶鞘膜质，筒状，长1～1.2厘米，密生短腺毛及长糙硬毛，顶端截形，具长缘毛。总状花序呈穗状，顶生或腋生，长2～4厘米，花紧密，通常数个再组成圆锥状，花序梗密被开展的长糙硬毛及腺毛；苞片漏斗状，具长糙硬毛及腺毛，边缘疏生长缘毛，每苞内具3～5花；花梗比苞片长；花被5深裂，淡红色，花被片椭圆形，长约3毫米，雄蕊8，比花被短；花柱3，中下部合生。瘦果宽卵形，具3棱，黑褐色，有光泽，长约2.5毫米，包于宿存花被内。花期7—9月，果期8—10月。

生态环境：路旁湿地、沟边草丛，海拔30～1 900米。

药用部位：地上部分。

性味功效：味辛，性温。理气除湿，健胃消食，消肿止痛。

主　　治：胃气痛，消化不良，小儿疳积，风湿疼痛。

虎杖

拉丁学名：*Reynoutria japonica* Houtt.

药 材 名：虎杖。

别　　名：酸筒杆、斑桩、花斑竹、老君丹。

形态特征：多年生草本。根状茎粗壮，横走。茎直立，高1～2米，粗壮，空心，具明显的纵棱，具小突起，无毛，散生红色或紫红斑点。叶宽卵形或卵状椭圆形，长5～12厘米，宽4～9厘米，近革质，顶端渐尖，基部宽楔形、截形或近圆形，边缘全缘，疏生小突起，两面无毛，沿叶脉具小突起；叶柄长1～2厘米，具小突起；托叶鞘膜质，偏斜，长3～5毫米，褐色，具纵脉，无毛，顶端截形，无缘毛，常破裂，早落。花单性，雌雄异株，花序圆锥状，长3～8厘米，腋生；苞片漏斗状，长1.5～2毫米，顶端渐尖，无缘毛，每苞内具2～4花；花梗长2～4毫米，中下部具关节；花被5深裂，淡绿色，雄花花被片具绿色中脉，无翅，雄蕊8，比花被长；雌花花被片外面3片背部具翅，果时增大，翅扩展下延，花柱3，柱头流苏状。瘦果卵形，具3棱，长4～5毫米，黑褐色，有光泽，包于宿存花被内。花期8—9月，果期9—10月。

生态环境：山坡灌丛、山谷、路旁、田边湿地，海拔140～2 000米。

药用部位：全草。

性味功效：苦，寒。活血定痛，散热利湿，解毒，化痰止咳。

主　　治：关节痹痛，湿热黄疸，经闭，癥瘕，咳嗽痰多，水火烫伤，跌扑损伤，痈肿疮毒。

齿果酸模

拉丁学名： *Rumex dentatus* L.

药 材 名： 牛舌草。

别　　名： 土大黄、牛舌头棵、牛耳大黄。

形态特征： 一年生草本。茎直立，高 30～70 厘米，自基部分枝，枝斜上，具浅沟槽。茎下部叶长圆形或长椭圆形，长 4～12 厘米，宽 1.5～3 厘米，顶端圆钝或急尖，基部圆形或近心形，边缘浅波状，茎生叶较小；叶柄长 1.5～5 厘米。花序总状，顶生和腋生，具叶，由数个再组成圆锥状花序，长达 35 厘米，多花，轮状排列，花轮间断；花梗中下部具关节；外花被片椭圆形，长约 2 毫米；内花被片果时增大，三角状卵形，长 3.5～4 毫米，宽 2～2.5 毫米，顶端急尖，基部近圆形，网纹明显，全部具小瘤，小瘤长 1.5～2 毫米，边缘每侧具 2～4 个刺状齿，齿长 1.5～2 毫米，瘦果卵形，具 3 锐棱，长 2～2.5 毫米，两端尖，黄褐色，有光泽。花期 5—6 月，果期 6—7 月。

生态环境： 沟边湿地、山坡路旁，海拔 30～2 500 米。

药用部位： 根、叶。

性味功效： 清热解毒，杀虫止痒。

主　　治： 乳痈，疮疡肿毒，疥癣。

戟叶酸模

拉丁学名： *Rumex hastatus* D. Don

药 材 名： 大酸浆草。

别　　名： 大酸酸、草麻黄、土麻黄、土大黄、川滇酸模。

形态特征： 灌木，高 50～90 厘米，老枝木质，暗紫褐色、具沟槽；一年生枝草质，绿色，具浅沟槽，无毛。叶互生或簇生，戟形，近革质，长 1.5～3 厘米，宽 1.5～2 毫米，中裂线形有或狭三角形，顶端尖，两侧裂片向上弯曲；叶柄与叶片等长或比叶片长。花序圆锥状，顶生，分枝稀疏；花梗细弱，中下部具关节；花杂性，花被片 6，成 2 轮，雄花的雄蕊 6；雌花的外花被片椭圆形，果时反折，内花被片果时增大，圆形或肾状圆形，膜质，半透明，淡红色，顶端圆钝或微凹，基部深心形，边缘近全缘，基部具极小的小瘤。瘦果卵形，具 3 棱，长约 2 毫米，褐色，有光泽。花期 4—5 月，果期 5—6 月。

生态环境： 海拔 1 500～2 000 米的河谷灌丛、山坡岩石上或草地。

药用部位： 根或全草。

性味功效： 酸，涩，微辛，性温。发汗解表，祛风除湿，止咳，止血。

主　　治： 感冒，头痛，风湿关节痛，咳喘，跌打损伤，崩漏。

长刺酸模

拉丁学名： *Rumex trisetifer* Stokes

药 材 名： 野菠菜。

别　　名： 酸模、皱叶羊蹄、羊蹄根、土大黄、假大黄。

形态特征： 一年生草本。根粗壮，红褐色。茎直立，高 30～80 厘米，褐色或红褐色，具沟槽，分枝开展。茎下部叶长圆形或披针状长圆形，长 8～20 厘米，宽 2～5 厘米，顶端急尖，基部楔形，边缘波状，茎上部的叶较小，狭披针形；叶柄长 1～5 厘米；托叶鞘膜质，早落。花序总状，顶生和腋生，具叶，再组成大型圆锥状花序。花两性，多花轮生，上部较紧密，下部稀疏，间断；花梗细长，近基部具关节；花被片 6，2 轮，黄绿色，外花被片披针形，较小内花被片果时增大，狭三角状卵形，长 3～4 毫米，宽 1.5～2 毫米（不包括针刺），顶端狭窄，急尖，基部截形，全部具小瘤，边缘每侧具 1 个针刺，针刺长 3～4 毫米，直伸或微弯。瘦果椭圆形，具 3 锐棱，两端尖，长 1.5～2 毫米，黄褐色，有光泽。花期 5—6 月，果期 6—7 月。

生态环境： 生于山野或路旁阴湿地。

药用部位： 根或全草。

性味功效： 酸，苦，性寒。凉血，解毒，杀虫。

主　　治： 肺结核咯血，痔疮出血，痈疮肿毒，疥癣，皮肤瘙痒。

尼泊尔酸模

拉丁学名： *Rumex nepalensis* Spreng.

药 材 名： 羊蹄。

别　　名： 土大黄

形态特征： 多年生草本。根粗壮。茎直立，高 50～100 厘米，具沟槽，无毛，上部分枝。基生叶长圆状卵形，长 10～15 厘米，宽 4～8 厘米，顶端急尖，基部心形，边缘全缘，两面无毛或下面沿叶脉具小突起；茎生叶卵状披针形；叶柄长 3～10 厘米；托叶鞘膜质，易破裂。花序圆锥状；花两性；花梗中下部具关节；花被片 6，成 2 轮，外轮花被片椭圆形，长约 1.5 毫米，内花被片果时增大，宽卵形，长 5～6 厘米，顶端急尖，基部截形，边缘每侧具 7～8 刺状齿，齿长 2～3 毫米，顶端成钩状，一部或全部具小瘤。瘦果卵形，具 3 锐棱，顶端急尖，长约 3 毫米，褐色，有光泽。花期 4—5 月，果期 6—7 月。

生态环境： 山坡路旁、山谷草地，海拔 1 000～4 300 米。

药用部位： 根、叶。

性味功效： 止血、止痛。

主　　治： 大便秘结，吐血衄血，肠风便血，痔血，崩漏，疥癣，白秃，痈疮肿毒，跌打损伤。

商陆科 Phytolaccaceae

商陆

拉丁学名： *Phytolacca acinosa* Roxb.

药 材 名： 商陆。

别　　名： 花商陆、见肿消、萝卜参、打古菜。

形态特征： 多年生草本，高 0.5～1.5 米，全株无毛。根肥大，肉质，倒圆锥形，外皮淡黄色或灰褐色，内面黄白色。茎直立，圆柱形，有纵沟，肉质，绿色或红紫色，多分枝。叶片薄纸质，椭圆形、长椭圆形或披针状椭圆形，长 10～30 厘米，宽 4.5～15 厘米，顶端急尖或渐尖，基部楔形，渐狭，两面散生细小白色斑点（针晶体），背面中脉突起；叶柄长 1.5～3 厘米，粗壮，上面有槽，下面半圆形，基部稍扁宽。总状花序顶生或与叶对生，圆柱状，直立，通常比叶短，密生多花；花序梗长 1～4 厘米；花梗基部的苞片线形，长约 1.5 毫米，上部 2 枚小苞片线状披针形，均膜质；花梗细，长 6～10（13）毫米，基部变粗；花两性，直径约 8 毫米；花被片 5，白色、黄绿色，椭圆形、卵形或长圆形，顶端圆钝，长 3～4 毫米，宽约 2 毫米，大小相等，花后常反折；雄蕊 8～10，与花被片近等长，花丝白色，钻形，基部呈片状，宿存，花药椭圆形，粉红色；心皮通常为 8，有时少至 5 或多至 10，分离；花柱短，直立，顶端下弯，柱头不明显。果序直立；浆果扁球形，直径约 7 毫米，熟时黑色；种子肾形，黑色，长约 3 毫米，具 3 棱。花期 5—8 月，果期 6—10 月。

生态环境：海拔 900～2 400 米的山箐湿处。

药用部位：根。

性味功效：苦，寒。有毒。逐水消肿，通利二便，解毒散结。

主　　治：水肿胀满，二便不通，症瘕，痃癖，瘰疬，疮毒。

垂序商陆

拉丁学名：*Phytolacca americana* L.

药 材 名：商陆。

别　　名：洋商陆叶。

形态特征：多年生草本，高 1～2 米。根粗壮，肥大，倒圆锥形。茎直立，圆柱形，有时带紫红色。叶片椭圆状卵形或卵状披针形，长 9～18 厘米，宽 5～10 厘米，顶端急尖，基部楔形；叶柄长 1～4 厘米。总状花序顶生或侧生，长 5～20 厘米；花梗长 6～8 毫米；花白色，微带红晕，直径约 6 毫米；花被片 5，雄蕊、心皮及花柱通常均为 10，心皮合生。果序下垂；浆果扁球形，熟时紫黑色；种子肾圆形，直径约 3 毫米。花期 6—8 月，果期 8—10 月。

生态环境：原产北美，引入栽培，1960 年以后遍及我国河北、陕西、山东、江苏、浙江、江西、福建、河南、湖北、广东、四川、云南，或逸生（云南逸生甚多）。

药用部位：根。

性味功效：苦，寒。有毒。逐水消肿，通利二便，解毒散结。

主　　治：水肿胀满，二便不通，症瘕，痃癖，瘰疬，疮毒。

紫茉莉科 Nyctaginaceae

光叶子花

拉丁学名：*Bougainvillea glabra* Choisy

药 材 名：叶子花。

别　　名： 宝巾、小叶九重葛、三角花、紫三角、紫亚兰、三角梅。

形态特征： 藤状灌木。茎粗壮，枝下垂，无毛或疏生柔毛；刺腋生，长5～15毫米。叶片纸质，卵形或卵状披针形，长5～13厘米，宽3～6厘米，顶端急尖或渐尖，基部圆形或宽楔形，上面无毛，下面被微柔毛；叶柄长1厘米。花顶生枝端的3个苞片内，花梗与苞片中脉贴生，每个苞片上生一朵花；苞片叶状，紫色或洋红色，长圆形或椭圆形，长2.5～3.5厘米，宽约2厘米，纸质；花被管长约2厘米，淡绿色，疏生柔毛，有棱，顶端5浅裂；雄蕊6～8；花柱侧生，线形，边缘扩展成薄片状，柱头尖；花盘基部合生呈环状，上部撕裂状。花期冬春间（广州、海南、昆明），北方温室栽培3—7月开花。

生态环境： 栽培。

药用部位： 花。

性味功效： 苦、涩，温。活血调经，化温止带。

主　　治： 血瘀经闭，月经不调，赤白带下。

紫茉莉

拉丁学名： *Mirabilis jalapa* L.

药 材 名： 紫茉莉。

别　　名： 胭脂花、粉葛花。

形态特征： 一年生草本，高可达1米。根肥粗，倒圆锥形，黑色或黑褐色。茎直立，圆柱形，多分枝，无毛或疏生细柔毛，节稍膨大。叶片卵形或卵状三角形，长3～15厘米，宽2～9厘米，顶端渐尖，基部截形或心形，全缘，两面均无毛，脉隆起；叶柄长1～4厘米，上部叶几无柄。花常数朵簇生枝端；花梗长1～2毫米；总苞钟形，长约1厘米，5裂，裂片三角状卵形，顶端渐尖，无毛，具脉纹，果时宿存；花被紫红色、黄色、白色或杂色，高脚碟状，筒部长2～6厘米，檐部直径2.5～3厘米，5浅裂；午后开花，有香气，次日午前凋萎；雄蕊5，花丝细长，常伸出花外，花药球形；花柱单生，线形，伸出花外，柱头头状。瘦果球形，直径5～8毫米，革质，黑色，表面具皱纹；种子胚乳白粉质。花期6—10月，果期8—11月。

生态环境： 海拔600～2 400米的向阳沙质土地。

药用部位： 果实。

性味功效： 甘，微寒。清热化斑，利湿解毒。

主　　治： 生斑痣，脓疱疮。

马齿苋科 Portulacaceae

大花马齿苋

拉丁学名： *Portulaca grandiflora* Hook.

药 材 名： 午时花。

别　　名： 洋马齿苋、太阳花、半支莲、草杜鹃。

形态特征：一年生草本，高10～30厘米。茎平卧或斜升，紫红色，多分枝，节上丛生毛。叶密集枝端，较下的叶分开，不规则互生，叶片细圆柱形，有时微弯，长1～2.5厘米，直径2～3毫米，顶端圆钝，无毛；叶柄极短或近无柄，叶腋常生一撮白色长柔毛。花单生或数朵簇生枝端，直径2.5～4厘米，日开夜闭；总苞8～9片，叶状，轮生，具白色长柔毛；萼片2，淡黄绿色，卵状三角形，长5～7毫米，顶端急尖，多少具龙骨状突起，两面均无毛；花瓣5或重瓣，倒卵形，顶端微凹，长12～30毫米，红色、紫色或黄白色；雄蕊多数，长5～8毫米，花丝紫色，基部合生；花柱与雄蕊近等长，柱头5～9裂，线形。蒴果近椭圆形，盖裂；种子细小，多数，圆肾形，直径不及1毫米，铅灰色、灰褐色或灰黑色，有珍珠光泽，表面有小瘤状突起。花期6—9月，果期8—11月。

生态环境：栽培。

药用部位：全草。

性味功效：散瘀止痛，清热，解毒消肿。

主　　治：咽喉肿痛，烫伤，跌打损伤，疮疖肿毒。

马齿苋

拉丁学名：*Portulaca oleracea* L.

药 材 名：马齿苋。

别　　名：瓜子菜、长寿菜、马齿菜、马牙菜。

形态特征：一年生草本，全株无毛。茎平卧或斜倚，伏地铺散，多分枝，圆柱形，长10～15厘米淡绿色或带暗红色。叶互生，有时近对生，叶片扁平，肥厚，倒卵形，似马齿状，长1～3厘米，宽0.6～1.5厘米，顶端圆钝或平截，有时微凹，基部楔形，全缘，上面暗绿色，下面淡绿色或带暗红色，中脉微隆起；叶柄粗短。花无梗，直径4～5毫米，常3～5朵簇生枝端，午时盛开；苞片2～6，叶状，膜质，近轮生；萼片2，对生，绿色，盔形，左右压扁，长约4毫米，顶端急尖，背部具龙骨状突起，基部合生；花瓣5，稀4，黄色，倒卵形，长3～5毫米，顶端微凹，基部合生；雄蕊通常8，或更多，长约12毫米，花药黄色；子房无毛，花柱比雄蕊稍长，柱头4～6裂，线形。蒴果卵球形，长约5毫米，盖裂；种子细小，多数，偏斜球形，黑褐色，有光泽，直径不及1毫米，具小疣状突起。花期5—8月，果期6—9月。

生态环境：路旁、田间、园圃等向阳处。

药用部位：全草。

性味功效：酸，凉；清热利湿，解毒消肿，消炎，止渴，利尿。

主　　治：细菌性痢疾，急性胃肠炎，急性阑尾炎，乳腺炎，痔疮出血，白带；外用治疗疮肿毒，湿疹，带状疱疹。

土人参

拉丁学名：*Talinum paniculatum*（Jacq.）Gaertn.

药 材 名：土人参。

别　　名：瓦参、飞来参、阳参、高丽参。

形态特征：一年生或多年生草本，全株无毛，高 30～100 厘米。主根粗壮，圆锥形，有少数分枝，皮黑褐色，断面乳白色。茎直立，肉质，基部近木质，多少分枝，圆柱形，有时具槽。叶互生或近对生，具短柄或近无柄，叶片稍肉质，倒卵形或倒卵状长椭圆形，长 5～10 厘米，宽 2.5～5 厘米，顶端急尖，有时微凹，具短尖头，基部狭楔形，全缘。圆锥花序顶生或腋生，较大形，常二叉状分枝，具长花序梗；花小，直径约 6 毫米；总苞片绿色或近红色，圆形，顶端圆钝，长 3～4 毫米；苞片 2，膜质，披针形，顶端急尖，长约 1 毫米；花梗长 5～10 毫米；萼片卵形，紫红色，早落；花瓣粉红色或淡紫红色，长椭圆形、倒卵形或椭圆形，长 6～12 毫米，顶端圆钝，稀微凹；雄蕊（10）15～20，比花瓣短；花柱线形，长约 2 毫米，基部具关节；柱头 3 裂，稍开展；子房卵球形，长约 2 毫米。蒴果近球形，直径约 4 毫米，3 瓣裂，坚纸质；种子多数，扁圆形，直径约 1 毫米，黑褐色或黑色，有光泽。花期 6—8 月，果期 9—11 月。

生态环境：海拔 1 100～2 100 米的山坡石缝中、亦有栽培。

药用部位：根和叶。

性味功效：甘，平。补中益气，润肺生津。

主　　治：气虚乏力，体虚自汗，脾虚泄泻，肺燥咳嗽，乳汁稀少。

落葵科 Basellaceae

落葵薯

拉丁学名：*Anredera cordifolia*（Tenore）Steenis

药 材 名：藤三七。

别　　名：藤三七、小年药。

形态特征：缠绕藤本，长可达数米。根状茎粗壮。叶具短柄，叶片卵形至近圆形，长 2～6 厘米，宽 1.5～5.5 厘米，顶端急尖，基部圆形或心形，稍肉质，腋生小块茎（珠芽）。总状花序具多花，花序轴纤细，下垂，长 7～25 厘米；苞片狭，不超过花梗长度，宿存；花梗长 2～3 毫米，花托顶端杯状，花常由此脱落；下面 1 对小苞片宿存，宽三角形，急尖，透明，上面 1 对小苞片淡绿色，比花被短，宽椭圆形至近圆形；花直径约 5 毫米；花被片白色，渐变黑，开花时张开，卵形、长圆形至椭圆形，顶端钝圆，长约 3 毫米，宽约 2 毫米；雄蕊白色，花丝顶端在芽中反折，开花时伸出花外；花柱白色，分裂成 3 个柱头臂，每臂具 1 棍棒状或宽椭圆形柱头。果实、种子未见。花期 6—10 月。

生态环境：栽培或逸生。

药用部位：藤上的干燥瘤块状珠芽。

性味功效：微苦，温。补肾强腰，散瘀消肿。

主　　治：腰膝痹痛，病后体弱，跌打损伤，骨折。

石竹科 Caryophyllaceae

荷莲豆草

拉丁学名： *Drymaria diandra*

药 材 名： 荷莲豆草。

别　　名： 荷莲豆菜、野雪豆、月亮草、除风草。

形态特征： 一年生草本，长 60～90 厘米。根纤细。茎匍匐，丛生，纤细，无毛，基部分枝，节常生不定根。叶片卵状心形，长 1～1.5 厘米，宽 1～1.5 厘米，顶端突尖，具 3～5 基出脉；叶柄短；托叶数片，小型，白色，刚毛状。聚伞花序顶生；苞片针状披针形，边缘膜质；花梗细弱，短于花萼，被白色腺毛；萼片披针状卵形，长 2～3.5 毫米，草质，边缘膜质，具 3 条脉，被腺柔毛；花瓣白色，倒卵状楔形，长约 2.5 毫米，稍短于萼片，顶端 2 深裂；雄蕊稍短于萼片，花丝基部渐宽，花药黄色，圆形，2 室；子房卵圆形；花柱 3，基部合生。蒴果卵形，长 2.5 毫米，宽 1.3 毫米，3 瓣裂；种子近圆形，长 1.5 毫米，宽 1.3 毫米，表面具小疣。花期 4—10 月，果期 6—12 月。

生态环境： 海拔 200～1 900 米的山谷、杂木林缘。

药用部位： 全草。

性味功效： 微酸、淡，凉。清热解毒，利尿通便，活血消肿，退翳。

主　　治： 腰膝痹痛，病后体弱，跌打损伤，骨折。急性肝炎，胃痛，疟疾，翼状胬肉，腹水，便秘；外用治骨折，疮痈，蛇咬伤。

金铁锁

拉丁学名： *Psammosilene tunicoides* W. C. Wu et C. Y. Wu

药 材 名： 金铁锁。

别　　名： 独钉子、独定子、白马分鬃。

形态特征： 多年生草本。根长倒圆锥形，棕黄色，肉质。茎铺散，平卧，长达 35 厘米，2 叉状分枝，常带紫绿色，被柔毛。叶片卵形，长 1.5～2.5 厘米，宽 1～1.5 厘米，基部宽楔形或圆形，顶端急尖，上面被疏柔毛，下面沿中脉被柔毛。三歧聚伞花序密被腺毛；花直径 3～5 毫米；花梗短或近无；花萼筒状钟形，长 4～6 毫米，密被腺毛，纵脉突起，绿色，直达齿端，萼齿三角状卵形，顶端钝或急尖，边缘膜质；花瓣紫红色，狭匙形，长 7～8 毫米，全缘；雄蕊明显外露，长 7～9 毫米，花丝无毛，花药黄色；子房狭倒卵形，长约 7 毫米；花柱长约 3 毫米。蒴果棒状，长约 7 毫米；种子狭倒卵形，长约 3 毫米，褐色。花期 6—9 月，果期 7—10 月。

生态环境： 生于松林、山野荒地、山坡。栽培。

药用部位： 根。

性味功效： 辛，温。有毒。祛风活血，散瘀止痛。

主　　治： 跌打损伤，风湿疼痛，胃痛；外用治创伤出血。

藜科 Chenopodiaceae

藜

拉丁学名： *Chenopodium album* L.

药 材 名： 藜。

别　　名： 灰条菜、灰菜、白藜。

形态特征： 一年生草本，高30～150厘米。茎直立，粗壮，具条棱及绿色或紫红色色条，多分枝；枝条斜升或开展。叶片菱状卵形至宽披针形，长3～6厘米，宽2.5～5厘米，先端急尖或微钝，基部楔形至宽楔形，上面通常无粉，有时嫩叶的上面有紫红色粉，下面多少有粉，边缘具不整齐锯齿；叶柄与叶片近等长，或为叶片长度的1/2。花两性，花簇于枝上部排列成或大或小的穗状圆锥状或圆锥状花序；花被裂片5，宽卵形至椭圆形，背面具纵隆脊，有粉，先端或微凹，边缘膜质；雄蕊5，花药伸出花被，柱头2。果皮与种子贴生。种子横生，双凸透镜状，直径1.2～1.5毫米，边缘钝，黑色，有光泽，表面具浅沟纹；胚环形。花果期5—10月。

生态环境： 分布遍及全球温带及热带，我国各地均产。生于山坡、路边、荒地。

药用部位： 全草。

性味功效： 甘，平。微毒。清热，利湿，杀虫。

主　　治： 痢疾，腹泻，湿疮痒疹，毒虫咬伤。

土荆芥

拉丁学名： *Chenopodium ambrosioides* L.

药 材 名： 土荆芥。

别　　名： 臭草、杀虫芥、钩虫草、鹅脚草。

形态特征： 一年生或多年生草本，高50～80厘米，有强烈香味。茎直立，多分枝，有色条及钝条棱；枝通常细瘦，有短柔毛并兼有具节的长柔毛，有时近于无毛。叶片矩圆状披针形至披针形，先端急尖或渐尖，边缘具稀疏不整齐的大锯齿，基部渐狭具短柄，上面平滑无毛，下面有散生油点并沿叶脉稍有毛，下部的叶长达15厘米，宽达5厘米，上部叶逐渐狭小而近全缘。花两性及雌性，通常3～5个团集，生于上部叶腋；花被裂片5，较少为3，绿色，果时通常闭合；雄蕊5，花药长0.5毫米；花柱不明显，柱头通常3，较少为4，丝形，伸出花被外。胞果扁球形，完全包于花被内。种子横生或斜生，黑色或暗红色，平滑，有光泽，边缘钝，直径约0.7毫米。花期和果期都很长。

生态环境： 原产热带美洲，现广布于世界热带及温带地区。喜生于村旁、路边、河岸等处。

药用部位： 全草。

性味功效： 辛、苦，微温，有小毒。祛风除湿，杀虫，止痒。

主　　治： 蛔虫病，钩虫病，蛲虫病；外用治皮肤湿疹，瘙痒，并杀蛆虫。

地肤

拉丁学名： *Kochia scoparia*（L.）Schrad.

药 材 名： 地肤子。

别　　名： 扫帚菜、观音菜、孔雀松。

形态特征： 一年生草本，高 50～150 厘米。茎直立，多分枝，绿色，秋季常变为红色，幼枝有白柔毛。叶互生，无柄；狭披针形至线状披针形，长 1～7 厘米，宽 1～7 毫米，先端渐尖，基部楔形，全缘，上面绿色，无毛，下面淡绿色，无毛或有短柔毛；幼叶边缘有白色长柔毛，其后逐渐脱落。花 1 朵或数朵生于叶腋，成穗状花序；花小，黄绿色；花被筒状，先端 5 齿裂，裂片三角形，向内弯曲，包裹子房，中肋突起似龙骨状，裂片背部有一绿色突起物；雄蕊 5，伸出于花被之外；子房上位，扁圆形，花柱极短，柱头 2。胞果扁圆形，基部有宿存花被，展开成 5 杈横生的翅。种子 1 枚，扁球形，黑色。花期 7—9 月，果期 8—10 月。

生态环境： 生于田边、路旁、荒地等处。

药用部位： 果实。

性味功效： 清湿热，利尿。

主　　治： 尿痛，尿急，小便不利及荨麻疹，外用治皮肤癣及阴囊湿疹。

苋科 Amaranthaceae

土牛膝

拉丁学名： *Achyranthes aspera* L.

药 材 名： 土牛膝。

别　　名： 倒挂刺、倒钩草、红牛膝。

形态特征： 多年生草本，高 20～120 厘米；根细长，直径 3～5 毫米，土黄色；茎四棱形，有柔毛，节部稍膨大，分枝对生。叶片纸质，宽卵状倒卵形或椭圆状矩圆形，长 1.5～7 厘米，宽 0.4～4 厘米，顶端圆钝，具突尖，基部楔形或圆形，全缘或波状缘，两面密生柔毛，或近无毛；叶柄长 5～15 毫米，密生柔毛或近无毛。穗状花序顶生，直立，长 10～30 厘米，花期后反折；总花梗具棱角，粗壮，坚硬，密生白色伏贴或开展柔毛；花长 3～4 毫米，疏生；苞片披针形，长 3～4 毫米，顶端长渐尖，小苞片刺状，长 2.5～4.5 毫米，坚硬，光亮，常带紫色，基部两侧各有 1 个薄膜质翅，长 1.5～2 毫米，全缘，全部贴生在刺部，但易于分离；花被片披针形，长 3.5～5 毫米，长渐尖，花后变硬且锐尖，具 1 脉；雄蕊长 2.5～3.5 毫米；退化雄蕊顶端截状或细圆齿状，有具分枝流苏状长缘毛。胞果卵形，长 2.5～3 毫米。种子卵形，不扁压，长约 2 毫米，棕色。花期 6—8 月，果期 10 月。

生态环境： 海拔 1 200～2 400 米的河边、荒地阴湿处。

药用部位： 根及根茎。

性味功效： 甘、微苦、微酸，寒。活血祛瘀，泻火解毒，利尿通淋。

主　　治：感冒发热，扁桃体炎，白喉，流行性腮腺炎，泌尿系结石，肾炎水肿等症。

牛膝

拉丁学名：*Achyranthes bidentata* Blume

药 材 名：牛膝。

别　　名：牛磕膝、倒扣菜、山苋菜、对节草。

形态特征：多年生草本，高 70～120 厘米；根圆柱形，直径 5～10 毫米，土黄色；茎有棱角或四方形，绿色或带紫色，有白色贴生或开展柔毛，或近无毛，分枝对生。叶片椭圆形或椭圆披针形，少数倒披针形，长 4.5～12 厘米，宽 2～7.5 厘米，顶端尾尖，尖长 5～10 毫米，基部楔形或宽楔形，两面有贴生或开展柔毛；叶柄长 5～30 毫米，有柔毛。穗状花序顶生及腋生，长 3～5 厘米，花期后反折；总花梗长 1～2 厘米，有白色柔毛；花多数，密生，长 5 毫米；苞片宽卵形，长 2～3 毫米，顶端长渐尖；小苞片刺状，长 2.5～3 毫米，顶端弯曲，基部两侧各有 1 卵形膜质小裂片，长约 1 毫米；花被片披针形，长 3～5 毫米，光亮，顶端急尖，有 1 中脉；雄蕊长 2～2.5 毫米；退化雄蕊顶端平圆，稍有缺刻状细锯齿。胞果矩圆形，长 2～2.5 毫米，黄褐色，光滑。种子矩圆形，长 1 毫米，黄褐色。花期 7—9 月，果期 9—10 月。

生态环境：海拔 1 000～1 800 米的山坡林下或杂草中。

药用部位：根。

性味功效：苦、酸，平。补肝肾，强筋骨，逐瘀通经，引血下行。

主　　治：腰膝酸痛，筋骨无力，经闭癥瘕，肝阳眩晕。

喜旱莲子草

拉丁学名：*Alternanthera philoxeroides*（Mart.）Griseb.

药 材 名：空心莲子草。

别　　名：空心苋、水花生。

形态特征：多年生草本；茎基部匍匐，上部上升，管状，不明显 4 棱，长 55～120 厘米，具分枝，幼茎及叶腋有白色或锈色柔毛，茎老时无毛，仅在两侧纵沟内保留。叶片矩圆形、矩圆状倒卵形或倒卵状披针形，长 2.5～5 厘米，宽 7～20 毫米，顶端急尖或圆钝，具短尖，基部渐狭，全缘，两面无毛或上面有贴生毛及缘毛，下面有颗粒状突起；叶柄长 3～10 毫米，无毛或微有柔毛。花密生，是有总花梗的头状花序，单生在叶腋，球形，直径 8～15 毫米；苞片及小苞片白色，顶端渐尖，具 1 脉；苞片卵形，长 2～2.5 毫米，小苞片披针形，长 2 毫米；花被片矩圆形，长 5～6 毫米，白色，光亮，无毛，顶端急尖，背部侧扁；雄蕊花丝长 2.5～3 毫米，基部连合成杯状；退化雄蕊矩圆状条形，和雄蕊约等长，顶端裂成窄条；子房倒卵形，具短柄，背面侧扁，顶端圆形。果实未见。花期 5—10 月。

生态环境：生于田野荒地、池沼、水沟等处。

药用部位：全草。

性味功效：清热利水，凉血解毒。

主　　治：咳血，尿血，感冒发热，麻疹，乙型脑炎，黄疸，淋浊，痄腮，湿疹，痈肿疮疖，毒蛇咬伤。

刺花莲子草

拉丁学名：*Alternanthera pungens* H. B. K.

别　　名：地雷草。

形态特征：一年生草本；茎披散，匍匐，有多数分枝，铺在地面20～30厘米，密生伏贴白色硬毛。叶片卵形、倒卵形或椭圆倒卵形，长1.5～4.5厘米，宽5～15毫米，在一对叶中大小不等，顶端圆钝，有一短尖，基部渐狭，两面无毛或疏生伏贴毛；叶柄长3～10毫米，无毛或有毛。头状花序无总花梗，1～3个，腋生，白色，球形或矩圆形，长5～10毫米；苞片披针形，长约4毫米，顶端有锐刺；小苞片披针形，长3～4毫米，顶端渐尖，无刺；花被片大小不等，2外花被片披针形，长约5毫米，凸形，在下半部有3脉，花期后变硬，近基部左右有丛毛，中脉伸出成锐刺，中部花被片长椭圆形，长3～3.5毫米，扁平，近顶端牙齿状，突尖，近基部左右有丛毛，2内花被片小，凸形，环包子房，在背部有丛毛；雄蕊5，花丝长0.5～0.75毫米；退化雄蕊远比花丝短，全缘、凹缺或不规则牙齿状；花柱极短。胞果宽椭圆形，长1～1.5毫米，褐色，极扁平，顶端截形或稍凹。花期5月，果期7月。

生态环境：河漫滩、路边荒地或干热河谷。

药用部位：全草。

主　　治：腹泻。

刺苋

拉丁学名：*Amaranthus spinosus* L.

药 材 名：刺苋菜、簕苋菜。

别　　名：野苋菜、野刺苋、假苋菜、猪母刺、白刺苋。

形态特征：一年生草本，高30～100厘米；茎直立，圆柱形或钝棱形，多分枝，有纵条纹，绿色或带紫色，无毛或稍有柔毛。叶片菱状卵形或卵状披针形，长3～12厘米，宽1～5.5厘米，顶端圆钝，微突，基部楔形，全缘，无毛或幼时沿叶脉稍有柔毛；叶柄长1～8厘米，无毛，在其旁有2刺，刺长5～10毫米。圆锥花序腋生及顶生，长3～25厘米，下部顶生花穗常全部为雄花；苞片在腋生花簇及顶生花穗的基部者变成尖锐直刺，长5～15毫米，在顶生花穗的上部者狭披针形，长1.5毫米，顶端急尖，具突尖，中脉绿色；小苞片狭披针形，长约1.5毫米；花被片绿色，顶端急尖，具突尖，边缘透明，中脉绿色或带紫色，在雄花者矩圆形，长2～2.5毫米，在雌花者矩圆状匙形，长1.5毫米；雄蕊花丝略和花被片等长或较短；柱头3，有时2。胞果矩圆形，长1～1.2毫米，在中部以下不规则横裂，包裹在宿存花被片内。种子近球形，直径约1毫米，黑色或带棕黑色。花果期7—11月。

生态环境：野生于荒地或园圃地。

药用部位： 全草或根、茎、叶入药。

性味功效： 甘、淡，凉。清热利湿，解毒消肿，凉血止血。

主　　治： 痢疾，肠炎，胃、十二指肠溃疡出血，痔疮便血；外用治毒蛇咬伤，皮肤湿疹，疖肿脓疡。

苋

拉丁学名： *Amaranthus tricolor* L.

药 材 名： 苋。

别　　名： 红苋、老年少、小米芽花、小米菜。

形态特征： 一年生草本，高 80～150 厘米；茎粗壮，绿色或红色，常分枝，幼时有毛或无毛。叶片卵形、菱状卵形或披针形，长 4～10 厘米，宽 2～7 厘米，绿色或常成红色，紫色或黄色，或部分绿色加杂其他颜色，顶端圆钝或尖凹，具突尖，基部楔形，全缘或波状缘，无毛；叶柄长 2～6 厘米，绿色或红色。花簇腋生，直到下部叶，或同时具顶生花簇，成下垂的穗状花序；花簇球形，直径 5～15 毫米，雄花和雌花混生；苞片及小苞片卵状披针形，长 2.5～3 毫米，透明，顶端有 1 长芒尖，背面具 1 绿色或红色隆起中脉；花被片矩圆形，长 3～4 毫米，绿色或黄绿色，顶端有 1 长芒尖，背面具 1 绿色或紫色隆起中脉；雄蕊比花被片长或短。胞果卵状矩圆形，长 2～2.5 毫米，环状横裂，包裹在宿存花被片内。种子近圆形或倒卵形，直径约 1 毫米，黑色或黑棕色，边缘钝。花期 5—8 月，果期 7—9 月。

生态环境： 原产热带美洲，各地有栽培，有时逸为野生。

药用部位： 全草及种子。

性味功效： 甘，寒。全草：凉血解毒，止痢功效。种子：清肝明目。

主　　治： 全草：痢疾，吐血，血崩，目翳。种子：角膜云翳，目赤肿痛。

皱果苋

拉丁学名： *Amaranthus viridis* L.

别　　名： 细苋、绿苋。

形态特征： 一年生草本，高 40～80 厘米，全体无毛；茎直立，有不显明棱角，稍有分枝，绿色或带紫色。叶片卵形、卵状矩圆形或卵状椭圆形，长 3～9 厘米，宽 2.5～6 厘米，顶端尖凹或凹缺，少数圆钝，有 1 芒尖，基部宽楔形或近截形，全缘或微呈波状缘；叶柄长 3～6 厘米，绿色或带紫红色。圆锥花序顶生，长 6～12 厘米，宽 1.5～3 厘米，有分枝，由穗状花序形成，圆柱形，细长，直立，顶生花穗比侧生者长；总花梗长 2～2.5 厘米；苞片及小苞片披针形，长不及 1 毫米，顶端具突尖；花被片矩圆形或宽倒披针形，长 1.2～1.5 毫米，内曲，顶端急尖，背部有 1 绿色隆起中脉；雄蕊比花被片短；柱头 3 或 2。胞果扁球形，直径约 2 毫米，绿色，不裂，极皱缩，超出花被片。种子近球形，直径约 1 毫米，黑色或黑褐色，具薄且锐的环状边缘。花期 6—8 月，果期 8—10 月。

生态环境： 海拔 800～1 200 米的杂草地上或田野间。

药用部位： 全草。

性味功效：甘，淡，微寒。清热解毒、利尿止痛。

主　　治：细菌性痢疾、肠炎、乳腺炎、痔疮、肿痛。

青葙

拉丁学名：*Celosia argentea* L.

药 材 名：青葙。

别　　名：野鸡冠花、狗尾巴。

形态特征：一年生草本，高 0.3～1 米，全体无毛；茎直立，有分枝，绿色或红色，具显明条纹。叶片矩圆披针形、披针形或披针状条形，少数卵状矩圆形，长 5～8 厘米，宽 1～3 厘米，绿色常带红色，顶端急尖或渐尖，具小芒尖，基部渐狭；叶柄长 2～15 毫米，或无叶柄。花多数，密生，在茎端或枝端成单一、无分枝的塔状或圆柱状穗状花序，长 3～10 厘米；苞片及小苞片披针形，长 3～4 毫米，白色，光亮，顶端渐尖，延长成细芒，具 1 中脉，在背部隆起；花被片矩圆状披针形，长 6～10 毫米，初为白色顶端带红色，或全部粉红色，后成白色，顶端渐尖，具 1 中脉，在背面突起；花丝长 5～6 毫米，分离部分长约 2.5～3 毫米，花药紫色；子房有短柄，花柱紫色，长 3～5 毫米。胞果卵形，长 3～3.5 毫米，包裹在宿存花被片内。种子凸镜状肾形，直径约 1.5 毫米。花期 5—8 月，果期 6—10 月。

生态环境：海拔 600～2 400 米的树林边缘灌草地、旷地、干燥向阳处。

药用部位：茎叶或根。

性味功效：苦，寒。燥湿清热，杀虫止痒，凉血止血。

主　　治：湿热带下，小便不利，尿浊，泄泻，阴痒，疮疥，风瘙身痒，痔疮，衄血，创伤出血。

鸡冠花

拉丁学名：*Celosia cristata* L.

药 材 名：鸡冠花。

别　　名：鸡公花、鸡冠头、海冠花。

形态特征：本种和青葙极相近，但叶片卵形、卵状披针形或披针形，宽 2～6 厘米；花多数，极密生，成扁平肉质鸡冠状、卷冠状或羽毛状的穗状花序，一个大花序下面有数个较小的分枝，圆锥状矩圆形，表面羽毛状；花被片红色、紫色、黄色、橙色或红色黄色相间。花果期 7—9 月。

生态环境：栽培。

药用部位：全草。

性味功效：清热解毒，止咳平喘，利湿消肿，散瘀止血。种子：清肝明目。

主　　治：赤痢，便血，崩漏带下等。种子：目赤肿痛，翳障等。

头花杯苋

拉丁学名：*Cyathula capitata*（Wall.）Moq.

药 材 名：麻牛膝。

别　　名：苦麻牛膝、金河牛膝、白牛膝、千把钩。

形态特征：多年生草本，高50～100厘米；根粗壮，灰褐色或棕红色，根条圆锥状，少扭曲，味苦、涩而略麻；茎直立，近四棱形，干时暗紫色或棕黄色，具分枝，茎及枝皆疏生灰色长柔毛。叶片纸质，宽卵形或倒卵状矩圆形，顶端尾尖，尾部长5～15毫米，基部楔形，两面疏生长柔毛，且具缘毛；叶柄长5～15毫米，有开展长柔毛。花丛为数次二歧聚伞花序，密集成花球团，球形或椭圆形，直径2～4厘米，近单生或成短穗状花序；总梗长2～4.5厘米，有黄色绒毛；苞片长3～4毫米，光亮，无毛，干时褐紫色，顶端渐尖，中脉在背面成龙骨状；花丛生于苞片腋部，有两性花数朵及不育花1～2朵；两性花长4毫米，干时黑灰色；两性花花被片披针形，长3～4毫米，暗紫色，顶端渐尖，仅外面基部有长柔毛；不育花花被片披针状钻形，长3毫米，麦秆黄色，坚硬，顶端成钩状；雄蕊花丝长3毫米，基部疏生长柔毛；退化雄蕊长方形，长0.6～1毫米，顶端深裂或流苏状；子房基部有长柔毛。胞果矩圆状卵形，长3毫米，灰黄色，无毛。种子椭圆形，长2毫米，光亮，带红色。花期8月，果期10月。

生态环境：海拔1 700～2 300米的山坡杂木林下。

药用部位：根。

性味功效：祛风除湿，祛瘀通经，强筋壮骨。

主　　治：风寒湿痹，腰膝疼痛，血瘀经闭，产后恶露不尽。

木兰科 Magnoliaceae

山玉兰

拉丁学名：*Magnolia delavayi* Franch.

药 材 名：野厚朴花。

别　　名：野玉兰花。

形态特征：常绿乔木，高达12米，胸径80厘米，树皮灰色或灰黑色，粗糙而开裂。嫩枝榄绿色，被淡黄褐色平伏柔毛，老枝粗壮，具圆点状皮孔。叶厚革质，卵形，卵状长圆形，长10（14）～20（32）厘米，宽5（7）～10（20）厘米，先端圆钝，很少有微缺，基部宽圆，有时微心形，边缘波状，叶面初被卷曲长毛，后无毛，中脉在叶面平坦或凹入，残留有毛，叶背密被交织长绒毛及白粉，后仅脉上残留有毛；侧脉每边11～16条，网脉致密，干时两面突起；叶柄长5～7（10）厘米，初密被柔毛；托叶痕几达叶柄全长。花梗直立，长3～4厘米，花芳香，杯状，直径15～20厘米；花被片9～10，外轮3片淡绿色，长圆形，长6～8（10）厘米，宽2～3（4）厘米，向外反卷，内两轮乳白色，倒卵状匙形，长8～11厘米，宽2.5～3.5厘米，内轮的较狭；雄蕊约210枚，长1.8～2.5厘米，两药室隔开，药隔伸出成三角锐尖头；雌蕊群卵圆形，顶端尖，长3～4厘米，具约100枚雌蕊，被细黄色柔毛。聚合果卵状长圆体形，长9～15（20）厘米，蓇葖狭椭圆体形，背缝线两瓣全裂，被细黄色柔毛，顶端缘外弯。花期4—6月，果期8—

10月。

生态环境： 海拔1 500～2 800米的石灰岩山地阔叶林中或沟边较潮湿的坡地。

药用部位： 花、树皮。

性味功效： 苦，辛，性寒。清热，止咳，利尿。

主　　治： 肺炎，支气管炎，鼻炎，泌尿系统感染。

紫玉兰

拉丁学名： *Magnolia liliflora* Desr.

药 材 名： 辛夷。

别　　名： 木笔花、望春花、春花。

形态特征： 落叶灌木，高达3米，常丛生，树皮灰褐色，小枝绿紫色或淡褐紫色。叶椭圆状倒卵形或倒卵形，长8～18厘米，宽3～10厘米，先端急尖或渐尖，基部渐狭沿叶柄下延至托叶痕，上面深绿色，幼嫩时疏生短柔毛，下面灰绿色，沿脉有短柔毛；侧脉每边8～10条，叶柄长8～20毫米，托叶痕约为叶柄长的一半。花蕾卵圆形，被淡黄色绢毛；花叶同时开放，瓶形，直立于粗壮、被毛的花梗上，稍有香气；花被片9～12，外轮3片萼片状，紫绿色，披针形长2～3.5厘米，常早落，内两轮肉质，外面紫色或紫红色，内面带白色，花瓣状，椭圆状倒卵形，长8～10厘米，宽3～4.5厘米；雄蕊紫红色，长8～10毫米，花药长约7毫米，侧向开裂，药隔伸出成短尖头；雌蕊群长约1.5厘米，淡紫色，无毛。聚合果深紫褐色，变褐色，圆柱形，长7～10厘米；成熟蓇葖近圆球形，顶端具短喙。花期3—4月，果期8—9月。

生态环境： 生于海拔300～1 600米的山坡林缘。

药用部位： 花蕾。

性味功效： 味辛。祛风散寒，通肺窍。

主　　治： 头痛，鼻塞，急、慢性鼻窦炎，过敏性鼻炎。

长喙厚朴

拉丁学名： *Magnolia rostrata* W. W. Smith

药 材 名： 腾冲厚朴。

别　　名： 大叶木兰。

形态特征： 落叶乔木，高达25米，树皮淡灰色；芽、嫩枝被红褐色而皱曲的长柔毛，小枝粗壮，初绿色后转褐色，腋芽圆柱形，灰绿色，无毛。叶坚纸质，7～9片集生于枝端，倒卵形或宽倒卵形，长34～50厘米，宽21～23厘米，先端宽圆，具短急尖，或有时2浅裂，基部宽楔形，圆钝或心形，上面绿色，有光泽，下面苍白色，被红褐色而弯曲的长柔毛；侧脉每边28～30条；叶柄粗壮，长4～7厘米，初被毛，托叶痕明显突起，为叶柄长的1/3～2/3。花后叶开放，白色，芳香，直径8～9厘米，花被片9～12，外轮3片背面绿而染粉红色，腹面粉红色，长圆状椭圆形，长8～13厘米，宽约5.6厘米，向外反卷；内两轮通常8片，纯白色，直立，倒卵状匙形，长12～14厘米，基部具爪；雄蕊群紫红色，花药长约1厘米，花丝长约5毫米；药隔伸出成三角尖；雌蕊群圆柱形。聚合果圆柱形，直立，长 11～20 厘米，直径约 4 厘米，近基部宽圆向上渐狭；蓇葖具弯曲，长 6～8 毫米的喙；种子扁，长约 7 毫米，宽约 5 毫米。花期 5—7 月，果期 9—10 月。

生态环境：生于海拔 2 100～3 000 米的山地阔叶林中。

药用部位：干燥树皮。

性味功效：苦、温。

主　　治：脾胃虚损，痰呕逆，气胀心闷，反胃，下泻，霍乱腹痛，久痢，大肠干结，尿浑浊。

凹叶木兰

拉丁学名：*Magnolia sargentiana* Rehd. et Wils.

别　　名：姜朴、应春花、厚皮

形态特征：落叶乔木，高 8～20（25）米，直径 1 米。当年生枝黄绿色，后变灰色。叶近革质，倒卵形、很少长圆状倒卵形，长 10～19 厘米，宽 6～10 厘米，先端圆、凹缺或具短尖，基部狭楔形或阔楔形，上面暗绿色，无毛，有光泽，下面淡绿色，密被银灰色波曲的长柔毛，茎干上嫩枝的叶背仅中脉两侧被毛，侧脉每边 8～12 条；叶柄长2～4.5 厘米，托叶痕为叶柄长的 1/6～1/4。花蕾卵圆形，长 3.5 厘米，被淡黄色长毛，花先叶开放，稍芳香，平展或下垂，直径 15～33（36）厘米，花被片淡红色或淡紫红色，肉质，10～14（17）片，3 轮，倒卵状匙形或狭倒卵形，长 8～10 厘米，宽 3～4.3 厘米，先端圆或微凹；雄蕊长 1～1.9 厘米，花药长 7～9 毫米，侧向开裂，基部宽，药隔伸出长 0.5～1 毫米短尖，花丝紫色；雌蕊群绿色，圆柱形，长 1.8～2 厘米，无毛；柱头紫色。聚合果圆柱形，长 8～15（17）厘米，径 2～3 厘米，通常扭曲；果柄粗壮，直径 7～10 毫米，节上残留有长毛；蓇葖黑紫色，半圆形或近圆球形，长 12～14 毫米，直径 9 毫米，密生细疣点，顶端具短喙；种子外种皮红褐色，近肾形，不规则圆形或倒卵圆形，长 10～12 毫米，宽 6～8 毫米，两侧扁。花期 4—5 月，果期 9 月。

生态环境：生于海拔 1 400～3 000 米的潮湿的阔叶林中。

药用部位：树皮。

性味功效：温中理气散满，燥湿消积。

白兰

拉丁学名：*Michelia alba* DC.

药 材 名：白兰花。

别　　名：白缅花、白木兰、黄桷兰、缅桂花。

形态特征：乔木，树皮灰色，幼枝密被淡黄白色柔毛，后渐脱落。叶互生；叶柄长 1.5～2 厘米；托叶痕为叶柄的 1/3 或 1/4；叶薄革质；叶片长圆形或披针状椭圆形，长 10～27 厘米，宽 4～9.5 厘米，先端长渐失或尾状渐尖，基部楔形，两面无毛或下面疏生微柔毛。花白色，清香，单生于叶腋；花被 10 片以上，长约 3 厘米；雄蕊多数，花丝扁平，药隔顶端伸出成长兴头；雄蕊群有柄，长约 4 毫米，心皮多数，通常部分心皮不发育，形成疏生的聚合果。花期 4—9 月，夏季盛对，少见结实。

生态环境：栽培。

药用部位：根、叶、花。

性味功效：苦、辛，微温。芳香化湿，利尿，止咳化痰。

主　　治：根：泌尿系感染，小便不利，痈肿。叶：支气管炎，泌尿系感染，小便不利。花：支气管炎，百日咳，胸闷，口渴，前列腺炎，白带。

合蕊五味子

拉丁学名：*Schisandra propinqua*（Wall.）Baill.

药 材 名：黄龙藤。

别　　名：满山香、铁箍散。

形态特征：落叶木质藤本。当年生枝具银白色角质层。叶坚纸质，卵形、长圆状卵形或窄长圆状卵形，长 7～11（17）厘米，先端渐尖或长渐尖，基部圆或宽楔形，下延至叶柄，下面带苍白色，疏生胼胝质齿，或近全缘。花橙黄色，单生或 2～3 聚生叶腋，或数花成总状花序。花梗长 0.6～1.6 厘米；小苞片 2；花被片 9（15），外轮 3 片绿色，中轮最大 1 片近圆形、倒卵形或宽椭圆形，长 5～9（15）毫米；雄花花托肉质球形，径约 6 毫米，雄蕊 12～16，单个嵌入横列凹穴内，花丝短，花药内向纵裂；雌花雌蕊群卵球形，径 4～6 毫米，单雌蕊 25～45。小浆果近球形或椭圆形，径 6～9 毫米。种子近球形或椭圆形，种皮淡灰褐色，光滑，种脐窄长，稍凹入。花期 6—7 月。

生态环境：生于海拔 2 000～2 200 米的河谷、山坡常绿阔叶林中。

药用部位：根、茎、叶、种子。

性味功效：祛风去痰。根、叶入药，有祛风去痰之效。

主　　治：根及茎：风湿骨痛，跌打损伤。种子：神经衰弱。

樟科 Lauraceae

云南樟

拉丁学名：*Cinnamomum glanduliferum*（Wall.）Nees

药 材 名：臭樟。

别　　名：香樟、臭樟、樟木。

形态特征：常绿乔木；树皮灰褐色，深纵裂，小片脱落，内皮红褐色，具有樟脑气味。枝条粗壮，圆柱形，绿褐色，小枝具棱角。芽卵形，大，鳞片近圆形，密被绢状毛。叶互生，叶形变化很大，椭圆形至卵状椭圆形或披针形，革质，上面深绿色，有光泽，下面通常粉绿色，幼时仅下面被微柔毛，老时两面无毛或上面无毛下面多少被微柔毛，羽状脉或偶有近离基三出脉，侧脉每边 4～5 条，与中脉两面明显，斜展，在叶缘之内渐消失，侧脉脉腋在上面明显隆起下面有明显的腺窝，窝穴内被毛或变无毛，细脉与小脉网状，微细而不明显。圆锥花序腋生，均比叶短，长 4～10 厘米，具梗，总梗长 2～4 厘米，与各级序轴均无毛。花小，长达 3 毫米，淡黄色；花梗短，长 1～2 毫米，无毛。子房卵珠形，长约1.2毫米，无毛，花柱纤细，长约1.2毫米，柱头盘状，具不明显的三圆裂。果球形，直径达1厘米，黑色；果托狭长倒锥形，长约1厘米，基部宽约1毫米，顶部宽达6毫米，边缘波状，红色，有纵长条纹。花期3—5月，果期7—9月。

生态环境：海拔1 500～2 500（3 000）米的山地常绿阔叶林中。

药用部位：根、树皮或叶。

性味功效：祛风，散寒。

主　　治：感冒，中暑，支气管炎，食滞气胀，胃痛，腹泻胀痛，风湿关节痛。

柴桂

拉丁学名：*Cinnamomum tamala*（Bauch.-Ham.）Nees et Eberm

药 材 名：柴桂。

别　　名：桂皮、三股筋、肉桂、桂皮。

形态特征：乔木；树皮灰褐色，有芳香气。枝条圆柱形，茶褐色，无毛。叶互生或在幼枝上部者有时近对生，卵圆形、长圆形或披针形，先端长渐尖，基部锐尖或宽楔形，薄革质，上面绿色，光亮，下面绿白色，晦暗，两面无毛，离基三出脉，中脉直贯叶端，侧脉自叶基5～10毫米处生出，斜向上弧曲，在叶端之下消失，与侧脉在上面稍突，下面却明显突起，横脉波状，细脉网状，均在两面多少明显；叶柄长0.5～1.3厘米，腹面略具沟槽，无毛。圆锥花序腋生及顶生，长5～10厘米，多花，分枝，分枝末端为3～5花的聚伞花序，总梗长1～4厘米，与各级序轴疏被灰白细小微柔毛。花白绿色，长达6毫米；花梗长4～6毫米，纤细，被灰白细小微柔毛。子房卵球形，长1.2毫米，被柔毛，花柱细长，长3.6毫米，柱头小，不明显。成熟果未见。花期4—5月。

生态环境：生于山坡或谷地的常绿阔叶林中或水边，海拔1 180～1 930米。

药用部位：树皮，叶。

性味功效：辛，甘，温，温通经脉，行气止痛。

主　　治：寒湿痹痛，脘腹疼痛，痛经，跌打损伤。

山鸡椒

拉丁学名：*Litsea cubeba*（Lour.）Pers.

药 材 名：山苍子。

别　　名：荜澄茄、山鸡椒、山香椒、山香根、豆豉姜、木姜子。

形态特征：落叶灌木或小乔木，高达8～10米；幼树树皮黄绿色，光滑，老树树皮灰褐色。小枝细长，绿色，无毛，枝、叶具芳香味。顶芽圆锥形，外面具柔毛。叶互生，披针形或长圆形，长4～11厘米，宽1.1～2.4厘米，先端渐尖，基部楔形，纸质，上面深绿色，下面粉绿色，两面均无毛，羽状脉，侧脉每边6～10条，纤细，中脉、侧脉在两面均突起；叶柄长6～20毫米，纤细，无毛。伞形花序单生或簇生，总梗细长，长6～10毫米；苞片边缘有睫毛；每一花序有花4～6朵，先叶开放或与叶同时开放，花被裂片6，宽卵形；能育雄蕊9，花丝中下部有毛，第3轮基部的腺体具短柄；退化雌蕊无毛；雌花中退化雄蕊中下部具柔毛；子房卵形，花柱短，柱头头状。果近球形，直径约5毫米，无毛，幼时绿色，成熟时黑色，果梗长 2～4 毫米，先端稍增粗。花期 2—3 月，果期 7—8 月。

生态环境： 生于向阳的山地、灌丛、疏林或林中路旁、水边，海拔 500～3 200 米。

药用部位： 果实（荜澄茄）、根及叶。

性味功效： 辛、味苦，温。祛风散寒，理气止痛。

主　　治： 根：胃寒呕逆，脘腹冷痛，寒疝腹痛，寒湿瘀滞，小便浑浊。叶：外用治痈疖肿痛，乳腺炎，虫蛇咬伤，预防蚊虫叮咬。籽：感冒头痛，消化不良，胃痛。

贡山木姜子

拉丁学名： *Litsea gongshanensis* H. W. Li

别　　名： 木姜子。

形态特征： 常绿灌木或小乔木；树皮灰棕黄色。小枝黄褐色或灰褐色，有极细微柔毛或近无毛。顶芽圆锥形，外面被黄褐色短柔毛。叶互生，披针形、倒披针形或长圆形，先端短渐尖，基部楔形，薄革质，上面绿色，无毛，下面灰绿色，幼时除脉上有稀疏微柔毛外，均无毛，羽状脉，侧脉每边 8～10 条，弧曲状至近叶缘处网结，中脉、侧脉在叶上面下陷，下面突起，横脉在下面显著，上面略显著或不显著；叶柄长 5～8 毫米，初时略有微柔毛，毛很快脱落变无毛。伞形花序生于枝梢叶腋长 0～1 毫米的短枝上，单独或 2～3 个簇生；雄花序梗长 5～10 毫米，纤细，被稀疏微柔毛；每一雄花序有雄花 3～4 朵，花梗短，长 1.5～2 毫米，密被灰黄色丝状短柔毛；花被裂片 6，卵形，长 2 毫米，宽 1 毫米，外面基部及中肋有丝状短柔毛；能育雄蕊 9，长 1.8 毫米，花丝有稀疏灰黄色丝状柔毛；腺体圆形，具长柄；退化雌蕊棒状，均无毛；雌花序梗较短，长约 3 毫米；子房卵圆形，长约 1 毫米，无毛，花柱柱头头状。果椭圆形。花期 11 月，果期翌年 6—7 月。

生态环境： 生于斜坡疏林或江边阔叶林下。

药用部位： 果实。

性味功效： 祛风行气，健脾利湿。

主　　治： 感冒，消化不良。

假柿木姜子

拉丁学名： *Litsea monopetala*（Roxb.）Pers.

药 材 名： 假柿木姜子。

别　　名： 接口木、毛蜡树、毛黄木、大叶楠木。

形态特征： 常绿乔木；树皮灰色或灰褐色。小枝淡绿色，密被锈色短柔毛。顶芽圆锥形，外面密被锈色短柔毛。叶互生，宽卵形、倒卵形至卵状长圆形，长 8～20 厘米，宽 4～12 厘米，先端钝或圆，偶有急尖，基部圆或急尖，薄革质，幼叶上面沿中脉有锈色短柔毛，老时渐脱落变无毛，下面密被锈色短柔毛，羽状，侧脉每边 8～12 条，有近平行的横脉相连，侧脉较直，中脉、侧脉在叶上面均下陷，在下面突起；叶柄长 1～3 厘米，密被锈色短柔毛。伞形花序簇生叶腋，总梗极短；每一花序有花 4～6 朵或更多；花序总梗长4～6毫米；苞片膜质；花梗长6～7毫米，有锈色柔毛；雄花花被片5～6，披针形，长2.5毫米，黄白色；能育雄蕊9，花丝纤细，有柔毛，腺体有柄；雌花较小；花被裂片长圆形，长1.5毫米，退化雄蕊有柔毛；子房卵形，无毛。果长卵形，长约7毫米，直径5毫米；果托浅碟状，果梗长1厘米。花期11月至翌年5—6月，果期6—7月。

生态环境：海拔600～1 600米的阳坡灌丛或疏林中。

药用部位：叶。

主　　治：关节脱臼。

木姜子

拉丁学名：*Litsea pungens* Hemsl.

药 材 名：木姜子。

别　　名：山胡椒、木香子、木樟子、山姜子。

形态特征：落叶小乔木，高3～10米；树皮灰白色。幼枝黄绿色，被柔毛，老枝黑褐色，无毛。顶芽圆锥形，鳞片无毛。叶互生，常聚生于枝顶，披针形或倒卵状披针形，长4～15厘米，宽2～5.5厘米，先端短尖，基部楔形，膜质，幼叶下面具绢状柔毛，后脱落渐变无毛或沿中脉有稀疏毛，羽状脉，侧脉每边5～7条，叶脉在两面均突起；叶柄纤细，长1～2厘米，初时有柔毛，后脱落渐变无毛。伞形花序腋生；总花梗长5～8毫米，无毛；每一花序有雄花8～12朵，先叶开放；花梗长5～6毫米，被丝状柔毛；花被裂片6，黄色，倒卵形，长2.5毫米，外面有稀疏柔毛；能育雄蕊9，花丝仅基部有柔毛，第3轮基部有黄色腺体，圆形；退化雌蕊细小，无毛。果球形，直径7～10毫米，成熟时蓝黑色；果梗长1～2.5厘米，先端略增粗。花期3—5月，果期7—9月。

生态环境：生长于溪旁、坡地或杂木林缘。

药用部位：果实、叶。

性味功效：辛、苦，温。祛风行气，健脾利湿，外用解毒。

主　　治：胸腹胀痛，消化不良，腹泻，中暑吐泻；外用治疮疡肿毒。

新樟

拉丁学名：*Neocinnamomum delavayi*（Lec.）Liou

药 材 名：三股筋。

别　　名：香叶，楠木香、梅叶香、羊角香、香叶子。

形态特征：灌木或小乔木；树皮黑褐色。芽小，芽鳞厚而密被锈色或白色绢状短柔毛。枝条纤细，圆柱形，具条纹，幼时被锈色或白色细绢毛，老时毛被渐脱落。叶互生，椭圆状披针形至卵圆形或宽卵圆形，先端渐尖，基部锐尖至楔形，两侧常不相等，近革质，幼时两面密被锈色或白色细绢毛，老时上面变无毛但下面毛被明显可见，上面绿色，稍光亮，下面苍白色，晦暗，三出脉，中脉及基生侧脉在上面常凹陷，下面突起，基生侧脉弧状上升至叶片1/2～3/4，与中脉连接处有时呈不明显的窝穴而在上面微隆起，其余侧脉均细小，与小脉呈细网状。团伞花序腋生，具（1）4～6（10）花，苞片三角状钻形，长约0.5毫米，密被锈色绢质短柔毛。花小，黄绿色；花梗纤细，长5～8毫米，密被锈色绢质短柔毛。子房椭圆状卵珠形，无柄无毛，长约1毫米，向上渐狭，花柱短，柱头盘状。花期4—9月，果期9月至翌年1月。

生态环境：生于灌丛、林缘、疏林或密林中。

药用部位：叶。

性味功效：辛；涩；温。

主　　治：祛风湿；舒筋络；散寒止痛；外用止血。主风湿感冒；风湿痹痛；胃寒疼痛；跌打伤痛，刀伤出血。

毛茛科 Ranunculaceae

滇西乌头

拉丁学名：*Aconitum bulleyanum* Diels.

药 材 名：乌头。

别　　名：草乌。

形态特征：块根倒圆锥形，长约3.5厘米。茎高约1.2米，上部有时扭曲，下部疏被短柔毛，变无毛，其他部分无毛，等距地生叶，上部分枝。茎中部叶具长柄；叶片五角形，长9～11厘米，宽13～18厘米，三深裂至距基部约1.5厘米处，中央深裂片宽菱形，侧深裂片斜扇形，不等二裂稍超过中部，表面疏被短毛，变无毛，背面无毛；叶柄无毛，与叶片近等长或稍短，无鞘。顶生总状花序约有10花，稀疏；轴及花梗均无毛；下部苞片叶状，上部苞片披针形；花梗长3～7厘米；最下部花梗的小苞片披针形，长1.5～1.8厘米，其他的线状长圆形至线形，长6～14毫米，宽0.6～2.5毫米，无毛；萼片紫色，外面无毛，上萼片盔形，高1.6～2厘米，下缘长1.7～2.1厘米，近直，向上斜展，外缘近直立，喙长约3毫米；花瓣无毛，瓣片长约8毫米，唇长约3毫米，距长约1.8毫米，向后弯曲；雄蕊无毛，花丝全缘；心皮5，无毛。7—9月开花。

生态环境：生于山地林边或溪边，海拔3 200～3 500米。

药用部位：块根。

性味功效：散寒止痛，大毒。

主　　治：风湿、类风湿性关节炎等。

乌头

拉丁学名：*Aconitum carmichaelii* Debx.

药 材 名：乌头。

别　　名：草乌。

形态特征：块根倒圆锥形，长2～4厘米，粗1～1.6厘米。茎高60～150（200）厘米，中部之上疏被反曲的短柔毛，等距离生叶，分枝。茎下部叶在开花时枯萎。茎中部叶有长柄；叶片薄革质或纸质，五角形，长6～11厘米，宽9～15厘米，基部浅心形三裂达或近基部，中央全裂片宽菱形，有时倒卵状菱形或菱形，急尖，有时短渐尖近羽状分裂，二回裂片约 2 对，斜三角形，生 1～3 枚牙齿，间或全缘，侧全裂片不等二深裂，表面疏被短伏毛，背面通常只沿脉疏被短柔毛；叶柄长 1～2.5 厘米，疏被短柔毛。顶生总状花序长 6～10（25）厘米；轴及花梗多少密被反曲而紧贴的短柔毛；下部苞片三裂，其他的狭卵形至披针形；花梗长 1.5～3（5.5）厘米；小苞片生花梗中部或下部，长 3～5（10）毫米，宽 0.5～0.8（2）毫米；萼片蓝紫色，外面被短柔毛，上萼片高盔形，高 2～2.6 厘米，自基部至喙长 1.7～2.2 厘米，下缘稍凹，喙不明显，侧萼片长1.5～2 厘米；花瓣无毛，瓣片长约 1.1 厘米，唇长约 6 毫米，微凹，距长（1）2～2.5 毫米，通常拳卷；雄蕊无毛或疏被短毛，花丝有 2 小齿或全缘；心皮 3～5，子房疏或密被短柔毛，稀无毛。蓇葖长 1.5～1.8 厘米；种子长 3～3.2 毫米，三棱形，只在二面密生横膜翅。花期 9—10 月。

生态环境：山地草坡或灌丛中。

药用部位：块根。

性味功效：清热解毒，消肿止痛。

主　　治：跌打损伤、无名肿毒。

黄草乌

拉丁学名：*Aconitum vilmorinianum* Kom.

药 材 名：大草乌。

别　　名：大草乌。

形态特征：块根椭圆球形或胡萝卜形，长 2.5～7 厘米，粗约 1 厘米。茎缠绕，长达 4 米，疏被反曲的短柔毛或几无毛，分枝。叶片坚纸质，五角形，长 5～10 厘米，宽 8～15.5 厘米，基部宽心形，三全裂达或近基部，中央全裂片宽菱形，急尖或短渐尖，侧全裂片斜扇形，不等二裂稍超过中部，表面疏被紧贴的短柔毛，背面只沿脉疏被短柔毛；叶柄与叶片近等长。花序有 3～6 花；轴和花梗密被淡黄色反曲短柔毛；苞片线形；花梗长 2～4 厘米；小苞片生花梗中部或下部，狭线形，长 3～5 毫米，宽 0.3～0.5 毫米，密被短柔毛；萼片紫蓝色，外面密被短柔毛，上萼片高盔形，高 1.7～2 厘米，中部粗 7～11 毫米，下缘长 1.5～1.6 厘米，与外缘形成向下展的喙，侧萼片长 1.3～1.4 厘米，花瓣无毛，唇长约 6 毫米，微凹，距长约 3 毫米，向后弯曲；雄蕊无毛，花丝全缘或有 2 枚小齿；心皮 5，无毛或子房上部疏生短毛。蓇葖直，无毛，长 1.6～1.8 厘米；种子长约 3 毫米，三棱形，只在一面密生横膜翅。8—10 月开花。

生态环境：海拔 2 100～2 500 米的山地灌丛中。

药用部位：块根。

性味功效：清热解毒，消肿止痛。根有剧毒。

主　　治：跌打损伤，风湿等。

草玉梅

拉丁学名：*Anemone rivularis* Buch.-Ham.

药 材 名：虎掌草。

别　　名：虎掌草、白花舌头草、汉虎掌。

形态特征：植株高（10）15～65 厘米。根状茎木质，垂直或稍斜，粗 0.8～1.4 厘米。基生叶 3～5，有长柄；叶片肾状五角形，长（1.6）2.5～7.5 厘米，宽（2）4.5～14 厘米，三全裂，中全裂片宽菱形或菱状卵形，有时宽卵形，宽（0.7）2.2～7 厘米，三深裂，深裂片上部有少数小裂片和牙齿，侧全裂片不等二深裂，两面都有糙伏毛；叶柄长（3）5～22 厘米，有白色柔毛，基部有短鞘。花葶 1（3），直立；聚伞花序长（4）10～30 厘米，（1）2～3 回分枝；苞片 3（4），有柄，近等大，长（2.2）3.2～9 厘米，似基生叶，宽菱形，三裂近基部，一回裂片多少细裂，柄扁平，膜质，长 0.7～1.5 厘米，宽4～6 毫米；花直径（1.3）2～3 厘米；萼片（6）7～8（10），白色，倒卵形或椭圆状倒卵形，长（0.6）0.9～1.4 厘米，宽（3.5）5～10 毫米，外面有疏柔毛，顶端密被短柔毛；雄蕊长约为萼片之半，花药椭圆形，花丝丝形；心皮 30～60，无毛，子房狭长圆形，有拳卷的花柱。瘦果狭卵球形，稍扁，长 7～8 毫米，宿存花柱钩状弯曲。5—8 月开花。

生态环境：山地草坡、小溪边或湖边。

药用部位：块根、叶。

性味功效：辛、苦，寒。有小毒。清热利湿，消肿止痛。

主　　治：喉炎，扁桃腺炎，肝炎，痢疾，跌打损伤。

野棉花

拉丁学名：*Anemone vitifolia* Buch. -Ham

药 材 名：野棉花。

别　　名：满天星、野牡丹、接骨莲、铁蒿、水棉花、土白头翁。

形态特征：植株高 60～100 厘米。根状茎斜，木质，粗 0.8～1.5 厘米。基生叶 2～5，有长柄；叶片心状卵形或心状宽卵形，长（5.2）11～22 厘米，宽（6）12～26 厘米，顶端急尖 3～5 浅裂，边缘有小牙齿，表面疏被短糙毛，背面密被白色短绒毛；叶柄长（6.5）25～60 厘米，有柔毛。花葶粗壮，有密或疏的柔毛；聚伞花序长 20～60 厘米，2～4 回分枝；苞片 3，形状似基生叶，但较小，有柄（长 1.4～7 厘米）；花梗长 3.5～5.5 厘米，密被短茸毛；萼片 5，白色或带粉红色，倒卵形，长 1.4～1.8 厘米，宽 8～13 毫米，外面有白色茸毛；雄蕊长约为萼片长度的 1/4，花丝丝状；心皮约 400，子房密被绵毛。聚合果球形，直径约 1.5 厘米；瘦果有细柄，长约 3.5 毫米，密被绵毛。7—10 月开花。

生态环境：山地草坡、沟边或疏林中。

药用部位：根。

性味功效：苦，寒。有小毒。祛风，散瘀，利湿，驱虫。

主　　治：跌打损伤，风湿关节痛，肠炎，痢疾，蛔虫病，钩虫病；捣烂敷大椎穴治疟疾；灭蝇蛆。

粗齿铁线莲

拉丁学名：*Clematis argentilucida*（Levl. et Vant.）W. T. Wang

药 材 名：粗齿铁线莲。

别　　名：大木通、银叶铁线莲、大蓑衣藤、白头公公、小木通、线木通。

形态特征：落叶藤本。小枝密生白色短柔毛，老时外皮剥落。一回羽状复叶，有5小叶，有时茎端为三出叶；小叶片卵形或椭圆状卵形，长5～10厘米，宽3.5～6.5厘米，顶端渐尖，基部圆形、宽楔形或微心形，常有不明显3裂，边缘有粗大锯齿状牙齿，上面疏生短柔毛，下面、密生白色短柔毛至较疏，或近无毛。腋生聚伞花序常有3～7花，或成顶生圆锥状聚伞花序多花，较叶短；花直径2～3.5厘米；萼片4，开展，白色，近长圆形，长1～1.8厘米，宽约5毫米，顶端钝，两面有短柔毛，内面较疏至近无毛；雄蕊无毛。瘦果扁卵圆形，长约4毫米，有柔毛，宿存花柱长达3厘米。花期5—7月，果期7—10月。

生态环境：生于山坡或山沟灌丛中。

药用部位：根。

性味功效：味辛，性温。行气活血，祛风湿，止痛。

主　　治：跌打损伤，瘀血疼痛，风湿性筋骨痛，肢体麻木。

毛木通

拉丁学名：*Clematis buchananiana* DC.

药 材 名：毛木通。

形态特征：木质藤本。茎圆柱形，棕黑色或淡紫黑色，有浅的纵沟纹，被黄色开展的长柔毛或茸毛。一回羽状复叶，小叶常5枚，每对小叶相距5～8厘米；小叶片卵圆形或宽卵形，长6～10厘米，宽4～8厘米，顶端短尖，基部心形，边缘3浅裂或有粗的圆锯齿，上面被稀疏紧贴的柔毛，下面被微开展的黄色柔毛，沿主脉上较密，叶脉在上面下陷，在背面突起；小叶柄长1～3厘米，叶柄长5～9厘米，基部微膨大，密被黄色柔毛。聚伞圆锥花序腋生，连花序梗长12～32厘米，花序梗长5～15厘米，有披针形的叶状苞片，长1.5～2.5厘米，边缘全缘或有波状齿；花管状，顶端向外反卷，直径2.5厘米；萼片4枚，黄色，长方椭圆形或窄卵形，长2～3厘米，宽8～10毫米，顶端圆形，内面常在反卷的顶部被稀疏曲柔毛，其余近于无毛，外面密被淡黄色短柔毛；雄蕊较萼片短或仅为其长的1/2，花丝细瘦，被稀疏开展的长柔毛，花药线形，侧生，长约3毫米；心皮被白色绢状长柔毛，花柱丝状被短柔毛。瘦果卵圆形，扁平，长5毫米，宽3毫米，宿存花柱长达4厘米。花期10月至翌年1月，果期2—3月。

生态环境：海拔1 400～2 100米的沟谷林缘、灌丛中。

药用部位：茎叶。

性味功效：涩，平，无毒。解毒杀虫。

主　　治：毒疮，虫疮久烂。

毛果绣球藤

拉丁学名：*Clematis montana* Buch.-Ham. ex DC. var. *trichogyna* M. C. Chang

药 材 名：绣球藤。

别　　名： 疏金毛铁线莲。

形态特征： 木质藤本。茎圆柱形，有纵条纹；小枝有短柔毛，后变无毛；老时外皮剥落。三出复叶，数叶与花簇生，或对生；小叶片为长椭圆状卵形、卵形或披针状卵形，边缘疏生粗大钝锯齿；花大，直径5～12厘米，萼片顶端常尾尖或突尖；子房、瘦果密生贴伏柔毛。子房、瘦果密生贴伏柔毛。花期5—9月，果期9月。

生态环境： 生山坡、山谷灌丛中、林边或沟旁。

药用部位： 藤茎。

性味功效： 利水通淋，活血通经，通关顺气。

主　　治： 肾炎水肿，小便涩痛，月经不调，脚气湿肿，乳汁不通等。心火旺，心烦失眠，口舌生疮等。

钝萼铁线莲

拉丁学名： *Clematis peterae* Hand. -Mazz.

药 材 名： 风藤根草。

别　　名： 木通藤、小木通、风藤草。

形态特征： 藤本。一回羽状复叶，有5小叶，偶尔基部一对为3小叶；小叶片卵形或长卵形，少数卵状披针形，长（2）3～9厘米，宽（1）2～4.5厘米，顶端常锐尖或短渐尖，少数长渐尖，基部圆形或浅心形，边缘疏生一至数个以至多个锯齿状牙齿或全缘，两面疏生短柔毛至近无毛。圆锥状聚伞花序多花；花序梗、花梗密生短柔毛，花序梗基部常有1对叶状苞片；花直径1.5～2厘米，萼片4，开展，白色，倒卵形至椭圆形，长0.7～1.1厘米，顶端钝，两面有短柔毛，外面边缘密生短绒毛；雄蕊无毛；子房无毛。瘦果卵形，稍扁平，无毛或近花柱处稍有柔毛，长约4毫米，宿存花柱长达3厘米。花期6—8月，果期9—12月。

生态环境： 山坡、沟边树林中。

药用部位： 根。

主　　治： 风湿痹病，小便不利，水肿，淋浊癃闭，闭经，跌打损伤。

性味功效： 味淡，性平。祛风湿，利小便，活血止痛。

美花铁线莲

拉丁学名： *Clematis potaninii* Maxim.

药 材 名： 美花铁线莲。

形态特征： 藤本。茎、枝有纵沟，紫褐色，有短柔毛，幼时较密，老时外皮剥落。一至二回羽状复对生，或数叶与新枝簇生，基部有三角状宿存芽鳞，有5～15小叶，茎上部有时为三出叶，基部二对常2～3深裂、全裂至3小叶，顶生小叶片常不等3浅裂至深裂；小叶片薄纸质，倒卵状椭圆形、卵形至宽卵形，长1～7厘米，宽0.8～5厘米，顶端渐尖，基部楔形、圆形或微心形，有时偏斜，边缘有缺刻状锯齿，两面有贴伏短柔毛。花单生或聚伞花序有3花，腋生；花直径3.5～5厘米；萼片5～7，开展，白色，楔状倒卵形或长圆状倒卵形，长1.8～3厘米，宽0.8～2.5厘米，外面有短柔毛，中间带褐色部分呈长椭圆状，内面无毛；雄蕊无毛。瘦果无毛，扁平，倒卵形或卵圆形，长4～5毫米，宿存花柱长达3厘米。花期6—8月，果期8—10月。

生态环境：山坡或山谷林下或林边。

药用部位：茎。

性味功效：辛，温。

主　　治：祛风湿，清肺热，止痢，消食等。

云南铁线莲

拉丁学名：*Clematis yunnanensis* Franch.

药 材 名：辣木通。

别　　名：山木通、大叶木通、小木通。

形态特征：木质藤本。茎褐色，有细纵沟纹，幼时表面被柔毛，以后无毛。三出复叶；小叶片卵状披针形或宽披针形，长5～10厘米，宽1.5～4厘米，顶端尾状渐尖，基部圆形，边缘有整齐的锯齿，齿尖有细尖头或有时全缘，表面有稀疏柔毛或仅主脉上有毛，背面毛稀疏或近于无毛，基出主脉三条，在表面平坦，在背面隆起；顶生小叶柄长1～3厘米，侧生小叶柄长不到1厘米，微被柔毛或近于无毛；叶柄长3～5厘米，被疏柔毛。聚伞花序腋生，比叶短，常3～7花，花序梗长1～3厘米，被紧贴的短柔毛；在花序的分枝处有一对披针形的苞片，长1～2厘米；花梗长1～3厘米；花钟状，直立，直径1.5厘米；萼片4枚，白色或淡黄色，卵圆形或狭卵形，长1.2～1.5厘米，宽4～5毫米，顶端钝尖，内面无毛，外面及边缘被茸毛；雄蕊与萼片等长，花丝线形，两侧生长柔毛，基部被短柔毛；心皮被绢状毛。瘦果卵形，长2～3毫米，被短柔毛，宿存花柱长2.2厘米，生长柔毛。花期11—12月，果期翌年4—5月。

生态环境：生于海拔2 000～3 000米的山谷、江边及山坡林边灌丛中，攀缘于树枝上。

药用部位：藤茎或全株。

性味功效：味辛，性温，祛风除湿，利尿。

主　　治：风湿痹痛，腰痛，小便不利。

云南黄连

拉丁学名：*Coptis teeta* Wall.

药 材 名：云连。

别　　名：云连。

形态特征：根状茎黄色，节间密，生多数须根。叶有长柄；叶片卵状三角形，长6～12厘米，宽5～9厘米，三全裂，中央全裂片卵状菱形，宽3～6厘米，基部有长达1.4厘米的细柄，顶端长渐尖，3～6对羽状深裂，深裂片斜长椭圆状卵形，顶端急尖，彼此的距离稀疏，相距最宽可达1.5厘米，边缘具带细刺尖的锐锯齿，侧全裂片无柄或具长1～6毫米的细柄，斜卵形，比中央全裂片短，长3.3～7厘米，二深裂至距基部约4毫米处，两面的叶脉隆起，除表面沿脉被短柔毛外，其余均无毛；叶柄长8～19厘米，无毛。

花葶1～2条，在果期时高15～25厘米；多歧聚伞花序具3～4（5）朵花；苞片椭圆形，三深裂或羽状深裂；萼片黄绿色，椭圆形，长7.5～8毫米，宽2.5～3毫米；花瓣匙形，长5.4～5.9毫米，宽0.8～1毫米，顶端圆或钝，中部以下变狭成为细长的爪，中央有蜜槽；花药长约0.8毫米，花丝长2～2.5毫米；心皮11～14，花柱外弯。蓇葖长7～9毫米，宽3～4毫米。

生态环境：海拔1 500～2 300米的高山寒湿的林荫下。

药用部位：全株。

性味功效：泻火，燥湿，解毒，驱虫。

主　　治：百日咳，急性肠炎，痢疾，伤寒，热盛心烦，肺结核，疳积，蛔虫病，咽喉肿痛，失眠，口疮，痈疽疮毒，湿疹，烫火伤，酒毒，胎毒等。

角萼翠雀花

拉丁学名：*Delphinium ceratophorum* Franch.

药 材 名：角花翠雀。

别　　名：虎耳兰。

形态特征：茎高30～65厘米，下部有开展的白色糙毛，中部以上无毛，常自下部分枝。基生叶约5，有长柄；叶片五角形或五角状肾形，长3～6.5厘米，宽3.2～10厘米，三深裂至本身长度的3/4～5/6处，中深裂片菱形，狭菱形或菱状楔形，三浅裂，侧深裂片斜扇形，不等二深裂，两面均有糙伏毛；叶柄长10～33厘米。茎生叶1～2（3）。总状花序有5～10花；轴无毛；下部苞片三裂，其他苞片长圆形至线形，长1～2.2厘米；花梗长1.7～8厘米，无毛，偶尔上部有短糙毛；小苞片距花1～2毫米或与花邻接，披针形或披针状线形，长5～10毫米，宽0.8～2毫米；萼片蓝紫色，倒卵形或椭圆状倒卵形，长1.6～1.8厘米，外面疏被短糙毛（长约0.4毫米），内面无毛，外面顶端之下有长1.5～2毫米的角，距圆筒状钻形，长2.2～2.2厘米，下部稍向下弯曲至成U形弯曲；花瓣无毛；退化雄蕊紫色，瓣片倒卵形，二浅裂或有时达中部，腹面有黄色髯毛；雄蕊无毛；心皮3，子房有淡黄色柔毛。蓇葖长1～1.2厘米；种子倒金字塔状四面体形，长2.5～3毫米，沿棱有翅状边缘。花期8—10月。

生态环境：生于海拔2 800～3 600米的山地草坡或林边草地。

药用部位：根。

性味功效：辛，热，有毒。镇痛。

主　　治：跌打损伤。

云南翠雀花

拉丁学名：*Delphinium yunnanense* Franch.

药 材 名：小草乌。

别　　名：云南飞燕草、倒捉壶、鸡脚草乌、细草乌。

形态特征：茎高（40）60～90厘米，下部被反曲的短柔毛，上部无毛，自中部或下部有少数分枝，疏生4～6叶。茎最下部叶在开花时枯萎，下部叶有长柄；叶片五角形，长 3.6～5.8 厘米，宽 5.5～10 厘米，三深裂至距基部 3～5 毫米处，中央深裂片菱状楔形，三深裂，二回裂片狭三角形至狭披针形，全缘或有 1～2 个小裂片，侧深裂片不等二深裂，表面被贴伏的短柔毛，背面疏被糙毛；叶柄长 8.8～13 厘米。上部茎生叶变小，深裂片常全缘，披针状线形。总状花序狭长，疏生 3～10 花；基部苞片叶状，有时披针状线形，其他苞片小，钻形；花梗长 1.2～5.5 厘米，无毛或近无毛；小苞片生花梗上部，钻形，长 3.5～4.5 厘米；萼片蓝紫色，椭圆状倒卵形，长 0.9～1.4 厘米，外面疏被短柔毛，距钻形，长 1.7～2.4 厘米，直或稍向下弯曲；花瓣无毛；退化雄蕊紫色，瓣片倒卵形，二裂至中部，腹面有黄色髯毛；花丝无毛或疏被短毛；心皮 3，子房密被短伏毛。蓇葖长约 1.8 厘米；种子小，金字塔形，沿棱有狭翅。花期 8—10 月。

生态环境：海拔 1 000～2 400 米的山地草坡或灌丛边。

药用部位：块根。

性味功效：苦、微辛，温。有毒。祛风湿，止痛。

主　　治：风湿关节疼痛，胃痛，外伤疼痛。

牡丹

拉丁学名：*Paeonia suffruticosa* Andr.

药 材 名：牡丹花。

别　　名：木芍药、百雨金、洛阳花、富贵花。

形态特征：落叶灌木。茎高达 2 米；分枝短而粗。叶通常为二回三出复叶，偶尔近枝顶的叶为 3 小叶；顶生小叶宽卵形，长 7～8 厘米，宽 5.5～7 厘米，3 裂至中部，裂片不裂或 2～3 浅裂，表面绿色，无毛，背面淡绿色，有时具白粉，沿叶脉疏生短柔毛或近无毛，小叶柄长 1.2～3 厘米；侧生小叶狭卵形或长圆状卵形，长 4.5～6.5 厘米，宽 2.5～4 厘米，不等 2 裂至 3 浅裂或不裂，近无柄；叶柄长 5～11 厘米，和叶轴均无毛。花单生枝顶，直径 10～17 厘米；花梗长 4～6 厘米；苞片 5，长椭圆形，大小不等；萼片 5，绿色，宽卵形，大小不等；花瓣 5，或为重瓣，玫瑰色、红紫色、粉红色至白色，通常变异很大，倒卵形，长 5～8 厘米，宽 4.2～6 厘米，顶端呈不规则的波状；雄蕊长 1～1.7 厘米，花丝紫红色、粉红色，上部白色，长约 1.3 厘米，花药长圆形，长 4 毫米；花盘革质，杯状，紫红色，顶端有数个锐齿或裂片，完全包住心皮，在心皮成熟时开裂；心皮 5，稀更多，密生柔毛。蓇葖长圆形，密生黄褐色硬毛。花期 5 月，果期 6 月。

生态环境：栽培。

药用部位：花，根。

性味功效：苦，淡，活血调经。

主　　治：月经不调，经行腹痛。

芍药

拉丁学名：*Paeonia lactiflora* Pall.

药 材 名：白芍。

别　　名：将离、红芍药、殿春、赤芍。

形态特征：多年生草本。根粗壮，分枝黑褐色。茎高 40～70 厘米，无毛。下部茎生叶为二回三出复叶，上部茎生叶为三出复叶；小叶狭卵形，椭圆形或披针形，顶端渐尖，基部楔形或偏斜，边缘具白色骨质细齿，两面无毛，背面沿叶脉疏生短柔毛。花数朵，生茎顶和叶腋，有时仅顶端一朵开放，而近顶端叶腋处有发育不好的花芽，直径 8～11.5 厘米；苞片 4～5，披针形，大小不等；萼片 4，宽卵形或近圆形，长 1～1.5 厘米，宽1～1.7 厘米；花瓣 9～13，倒卵形，长 3.5～6 厘米，宽 1.5～4.5 厘米，白色，有时基部具深紫色斑块；花丝长 0.7～1.2 厘米，黄色；花盘浅杯状，包裹心皮基部，顶端裂片钝圆；心皮 4～5（2），无毛。蓇葖长 2.5～3 厘米，直径 1.2～1.5 厘米，顶端具喙。花期 5—6 月，果期 8 月。

生态环境：栽培。

药用部位：根。

性味功效：镇痛，镇痉，祛瘀，通经。

主　　治：妇女的腹痛，胃痉挛，眩晕，痛风，利尿等病症。

棱喙毛茛

拉丁学名：*Ranunculus trigonus* Hand.-Mazz.

形态特征：多年生草本。须根簇生。茎膝曲上升，高 10～30 厘米，下部节上生根，有多数分枝，密生开展的疣基柔毛，有时毛较少或带黄色。基生叶和下部叶为 3 出复叶；叶片宽卵形至圆肾形，长及宽为 1～4 厘米，小叶倒卵状楔形，2～3 深裂或中裂，末回裂片窄长圆形，宽 3～8 毫米，上部有少数齿，背面和边缘有时表面均生硬柔毛，小叶柄长 0.5～3 毫米不等，有时无柄；叶柄与叶片等长或较长，密生开展柔毛，基部有褐膜质宽鞘抱茎；上部叶 3 全裂或 3 深裂，裂片披针形或线形，无柄。花单生茎顶和分枝顶端或与叶对生，直径约 1 厘米；花梗长 1～4 厘米，果期伸长，被柔毛；萼片圆卵形，长 3～4 毫米，有少数脉，外面疏生黄色长柔毛，边缘宽膜质，花期向下反折；花瓣 5，黄色或上面变白色，狭圆形，长 4～5（6）毫米，背面可见 5～9 脉，基部狭窄成长约 0.7 毫米的爪，蜜槽鳞片位于爪上端；花药长约 1 毫米，花丝等长或稍长于花药；花托肥厚，果期增长达 6～8 毫米，约为宽的 2 倍，生短柔毛。聚合果近球形，直径约 8 毫米；瘦果扁平，长约 3 毫米，宽约 2 毫米，无毛，边缘有较宽的棱，喙短，三棱形，长约 0.3 毫米。花果期 5—8 月。

生态环境：生于海拔 2 000～2 900 米的林缘沟旁湿草地中。

药用部位：全草。

性味功效：辛、微苦，温。

偏翅唐松草

拉丁学名：*Thalictrum delavayi* Franch.

药 材 名：偏翅唐松草。

别　　名：马尾黄连。

形态特征：植株全部无毛。茎高 60～200 厘米，分枝。基生叶在开花时枯萎。茎下部和中部叶为三至四回羽状复叶；叶片长达 40 厘米；小叶草质，大小变异很大，顶生小叶圆卵形、倒卵形或椭圆形，长 0.5～3 厘米，宽 0.3～2（2.5）厘米，基部圆形或楔形，三浅裂或不分裂，裂片全缘或有 1～3 齿，脉平或在背面稍隆起，脉网不明显；叶柄长 1.4～8 厘米，基部有鞘；托叶半圆形，边缘分裂或不裂。圆锥花序长 15～40 厘米；花梗细，长 0.8～2.5 厘米；萼片 4（5），淡紫色，卵形或狭卵形，长 5.5～9（12）毫米，宽 2.2～4.5（5）毫米，顶端急尖或微钝；雄蕊多数，长 5～7 毫米，花药长圆形，长约 1.5 毫米，顶端短尖头长 0.1～0.2（0.4）毫米，花丝近丝形，上部稍宽；心皮 15～22，子房基部变狭成短柄，花柱短，柱头生花柱腹面。瘦果扁，斜倒卵形，有时稍镰刀形弯曲，长 5～8 毫米，宽 2.5～3.2 毫米，约有 8 条纵肋，沿腹棱和背棱有狭翅，柄长1～3 毫米，宿存花柱长约 1 毫米。6—9 月开花。

生态环境： 生于海拔 1 900～3 400 米的山地林边、沟边、灌丛或疏林中。

药用部位： 根及根茎。

性味功效： 味苦，性寒。清热燥湿，泻火解毒。

主　　治： 湿热泻痢，黄疸，白带，风火牙痛，目赤肿痛，疮疡肿毒。

小喙唐松草

拉丁学名： *Thalictrum rostellatum* Hook. f. et Thoms.

别　　名： 马尾黄连、土黄连。

形态特征： 植株全部无毛或叶背面有稀疏短柔毛。茎高 40～60 厘米，上部有少数长分枝。基生叶和茎最下部叶在开花时枯萎。茎下部和中部叶有短柄，为三回三出复叶；叶片长 6～12 厘米；小叶草质，顶生小叶宽卵形或近圆形，长和宽均为 0.8～1.7 厘米，顶端圆形或钝，有短尖，基部浅心形，或圆截形，三浅裂，有少数圆齿，脉平，脉网不明显，小叶柄细，长 0.6～1.8 厘米；叶柄长 1～3.3 厘米，基部有短鞘，托叶不分裂。复单歧聚伞花序有少数稀疏的花；花梗细，长 3～12 毫米，结果时稍增长；萼片白色，卵形或狭卵形，长 2～3 毫米，有脉纹；雄蕊 8～12，花药长圆形，长约 1 毫米，顶端钝，花丝丝形，上部稍变宽；心皮 4～7，有短子房柄和长花柱。瘦果两侧扁，斜狭卵形或长圆形，长约 7 毫米，宽约 1.2 毫米，两端渐狭，有 8 条细纵肋，心皮柄长 0.8～1 毫米，宿存花柱长约 3 毫米，上部钩状弯曲。花期 5 月。

生态环境： 生于海拔 2 500～3 200 米的山地林中或沟边。

药用部位： 根。

性味功效： 清热，治湿，发汗，止痢。

主　　治： 痢疾。

小檗科 Berberidaceae

壮刺小檗

拉丁学名： *Berberis deinacantha* Schneid.

别　　名：三颗针。

形态特征：常绿灌木，高1～2米。老枝棕灰色，具条棱和黑色疣点，无毛，幼枝棕黄色，光滑无毛；茎刺粗壮，三分叉，长2.5～5厘米，腹面具槽。叶革质，长圆状椭圆形，长3～12厘米，宽1.5～3厘米，先端钝尖，基部楔形，上面暗栗色；中脉明显凹陷，侧脉通常12～15对，斜上至边缘网结，背面黄绿色，中脉明显隆起，侧脉微隆起，网脉两面显著，不被白粉，叶缘有时微向背面反卷，每边具20～30刺齿；叶柄长2～4毫米。花6～15（20）朵簇生；花梗长12～15（20）毫米；花深黄色；萼片2轮，外萼片卵形，长约4毫米，宽约3.5毫米，先端圆钝，内萼片倒卵形或倒卵状圆形，长5.5毫米，宽5毫米；花瓣长圆状倒卵形，长约4.5毫米，宽约3毫米，先端微凹，基部不缢缩呈爪，具2枚分离腺体；雄蕊长约3毫米，药隔先端延伸，微凹；胚珠单生。浆果椭圆形，长6～7毫米，直径约4毫米，紫黑色，顶端无宿存花柱，微被霜粉。花期5月，果期11月。

生态环境：生于山坡灌丛中、云杉林下或疏林中，海拔1 700～3 100米。

药用部位：根和茎。

性味功效：苦，寒；清热燥湿。

主　　治：腹泻，痢疾等症。

粉叶小檗

拉丁学名：*Berberis pruinosa* Franch.

别　　名：三颗针。

形态特征：常绿灌木，高1～2米。枝圆柱形，棕灰色或棕黄色，被黑色疣点；茎刺粗壮，三分叉，长2～3.5厘米，腹面具槽或扁平，与枝同色。叶硬革质，椭圆形，倒卵形，少有椭圆状披针形，长2～6厘米，宽1～2.5厘米，先端钝尖或短渐尖，基部楔形，上面亮黄绿色或灰绿色，中脉扁平，侧脉微隆起，背面被白粉或无白粉，中脉明显隆起，侧脉微显，两面网脉不显，叶缘微向背面反卷或平展，通常具1～6刺锯齿或刺齿，偶有全缘或多达8～9刺齿；近无柄。花（8）10～20朵簇生；花梗长10～20毫米，纤细；小苞片披针形，长约2毫米，先端渐尖；萼片2轮，外萼片长圆状椭圆形，长约4毫米，宽约2毫米，先端钝圆，内萼片倒卵形，长约6.5毫米，宽约5毫米，先端圆形；花瓣倒卵形，长约7毫米，宽4～5毫米，先端深缺裂，基部缢缩呈爪，具2枚分离腺体；雄蕊长约6毫米，药隔先端近平截；胚珠2～3枚。浆果椭圆形或近球形，长6～7毫米，直径4～5毫米，顶端通常无宿存花柱，有时具短宿存花柱，密被或微被白粉；含种子2枚。花期3—4月，果期6—8月。

生态环境：生于灌丛中，高山栎林、云杉林缘、路边或针叶林下。海拔1 800～4 000米。

药用部位：根。

性味功效：清热解毒，消炎止痢。

主　　治：腹泻，痢疾等症。

独龙小檗

拉丁学名： *Berberis taronensis* Ahrendt

别　　名： 三颗针。

形态特征： 常绿灌木，高 1～2 米。花枝近圆柱形，暗灰色，无疣点，幼枝淡黄色，有时具条棱；茎刺三分叉，腹面具浅槽，长 5～15 毫米，淡黄色。叶革质，狭长圆状椭圆形或长圆状披针形，长 2.5～6 厘米，宽 6～15 毫米，先端急尖，基部楔形，上面亮深绿色，中脉凹陷，侧脉微显，背面淡黄绿色，微被白粉，具乳突，中脉明显隆起，侧脉微隆起，两面网脉不显，叶缘平展或稍向背面反卷，每边具 2～7 刺齿或刺锯齿；近无柄。花 2～12 朵簇生；花梗长 1～2.5 厘米，暗红色，细弱；花黄色；小苞片卵形，红色，长约 1 毫米，先端急尖；萼片 2 轮，外萼片长约 4 毫米，宽约 2.5 毫米，内萼片长约 6 毫米，宽约 4 毫米，均为倒卵形；花瓣卵形，长约 5.5 毫米，宽约 3 毫米，先端全缘，基部稍缢缩呈阔爪，具 2 枚紧靠的腺体；雄蕊长约 4 毫米，药隔明显延伸，先端钝形；胚珠 3 枚。浆果倒卵形，幼时黄绿色，熟后红色，长 7～8 毫米，直径 4～5 毫米，顶端具明显宿存花柱，被白粉。花期 5 月，果期 6—8 月。

生态环境： 生于山坡灌丛中、林缘或林下。

药用部位： 根。

性味功效： 苦，寒。

主　　治： 腹泻、痢疾等症。

尼泊尔十大功劳

拉丁学名： *Mahonia napaulensis* DC.

别　　名： 土黄连、十大功劳。

形态特征： 灌木或小乔木，高 1～7 米。叶椭圆形至卵形，长 17～61 厘米，宽 7～19 厘米，具 5～12 对小叶，最下一对小叶距叶柄基部 5～2（4）厘米，上面暗绿色，有光泽，中脉凹陷，侧脉和细脉微隆起或凹陷，背面淡黄绿色，稍有光泽，网脉隆起，叶轴粗 2～4 毫米，节间长（1）2～5（8.3）厘米；小叶长圆形、长圆状卵形、卵形至卵状披针形，最下一对小叶长 1.3～3.7 厘米，宽 1.2～2.4 毫米，第二对以上小叶长 2～9.5 厘米，宽 1.5～5 厘米，基部阔楔形，圆形或有时近心形，边缘每边具 3～10 牙齿，先端急尖、渐尖或骤尖，顶生小叶较大，长 6～10 厘米，宽 2～3 厘米，无柄或具柄，长达 2.5 厘米。总状花序 3～18 个簇生，长 7～23 厘米；芽鳞长圆形至卵形或卵状披针形，长 1～3.5 厘米，宽 0.5～1.5 厘米；花梗长 3～9 毫米；苞片披针形、卵形或长圆形，长 2～6 毫米，宽 1～3 毫米；花黄色至深黄色，醇香；外萼片三角状卵形、卵形至近圆形，长2～3.2 毫米，宽 1～2.4 毫米，中萼片卵形至长圆形，长 3.2～5.2 毫米，宽 2～3.3 毫米，内萼片椭圆形至长圆状椭圆形，长 5～7 毫米，宽 2.6～3.5 毫米；花瓣椭圆形至长圆状椭圆形，长 3.6～7 毫米，宽 1.6～3.2 毫米，基部腺体显著，有时不明显，先端微缺至狭锐裂；雄蕊长 3.5～7 毫米，药隔延伸，顶端突尖至圆形；子房长 3.2～4 毫米，花柱长 0.7～1.5 毫米，胚珠 2～6 枚。浆果长圆形，长 9～10 毫米，直径 5～7 毫米，蓝黑色，被白粉。$2n=28$。花期 6 月至翌年 1 月，果期 1—7 月。

生态环境：生于常绿落叶阔叶混交林中、林缘或灌丛中，海拔 1 200～3 000 米。

药用部位：根和茎。

性味功效：苦，寒；清热解毒，止咳化痰。

主　　治：细菌性痢疾，胃肠炎，传染性肝炎，支气管炎，咽喉肿痛，结膜炎，烧伤，烫伤等症。

独龙十大功劳

拉丁学名：*Mahonia taronensis* Hand. -Mazz.

别　　名：土黄连、十大功劳。

形态特征：灌木，高 1～1.5 米。叶狭倒卵形至倒披针形，长 18～40（65）厘米，宽 7～17（30）厘米，具小叶 5～10 对，最下-对小叶较其以上小叶小，距叶柄基部约 1 厘米，上面深绿色，中脉明显凹陷，侧脉不显，背面黄绿色，中脉和侧脉明显隆起；小叶稀疏，披针形至卵状披针形，长 4～13（20）厘米，宽 1.5～3（6）厘米，基部阔楔形或近圆形，叶缘每边具 9～23 粗刺齿，先端渐尖或尾状渐尖。总状花序 3～5 个簇生，长5～8 厘米，芽鳞卵形至卵状长圆形，长 1～2 厘米，宽约 7 毫米；花梗长 2～2.5 毫米；苞片披针形，长 4～5 毫米，宽 0.7～1 毫米；花淡绿黄色；外萼片卵形，长约 1.9 毫米，宽约 1 毫米，中萼片长圆状椭圆形，长约 2.3 毫米，宽约 1.5 毫米，内萼片长圆形，长约 3.5 毫米，宽约 2 毫米；花瓣长圆状倒卵形，长约 3 毫米，宽约 1.5 毫米，基部具 2 枚显著的腺体，先端全缘；雄蕊长约 2 毫米，药隔不延伸，先端平截；子房长约 2.5 毫米，花柱长约 0.3 毫米，胚珠 2～4 枚。浆果球形，直径约 6 毫米，蓝黑色，被白粉，宿存花柱长约 0.3 毫米。花期 10 月至翌年 1 月，果期 2—7 月。

生态环境：生于林下或林缘，海拔 1 500～3 000 米。

药用部位：根和茎。

性味功效：苦，寒。清热解毒，止咳化痰。

主　　治：细菌性痢疾，胃肠炎，传染性肝炎，支气管炎，咽喉肿痛，结膜炎，烧伤，烫伤等症。

木通科 Lardizabalaceae

白木通

拉丁学名：*Akebia trifoliata*（Thunb.）Koidz. subsp. *australis*（Diels）T. Shimizu.

药 材 名：木通根。

别　　名：八月瓜根。

形态特征：小叶革质，卵状长圆形或卵形，长 4～7 厘米，宽 1.5～3（5）厘米，先端狭圆，顶微凹入而具小突尖，基部圆、阔楔形、截平或心形，边通常全缘；有时略具少数不规则的浅缺刻。总状花序长 7～9 厘米，腋生或生于短枝上。雄花：萼片长 2～3 毫米，紫色；雄蕊 6，离生，长约 2.5 毫米，红色或紫红色，干后褐色或淡褐色。雌花：直径约 2 厘米；萼片长 9～12 毫米，宽 7～10 毫米，暗紫色；心皮 5～7，紫色。果长圆形，长 6～8 厘米，直径 3～5 厘米，熟时黄褐色；种子卵形，黑褐色。花期 4—5 月，果期 6—9 月。

生态环境：生于海拔 300～2 100 米的山坡灌丛或沟谷疏林中。

药用部位：茎、根。

性味功效：苦，性平，归膀胱经、肝经，祛风通络，利水消肿，行气，活血，补肝肾，强筋骨。

主　　治：风湿痹痛，跌打损伤，经闭，疝气，睾丸肿痛，脘腹胀闷，小便不利，带下，虫蛇咬伤。

防己科 Menispermaceae

木防己

拉丁学名：*Cocculus orbiculatus*（L.）DC. var. *orbiculatus*

药 材 名：木防己。

别　　名：广防己、土防己、土木香、白木香。

形态特征：木质藤本；小枝被绒毛至疏柔毛，或有时近无毛，有条纹。叶片纸质至近革质，形状变异极大，自线状披针形至阔卵状近圆形、狭椭圆形至近圆形、倒披针形至倒心形，有时卵状心形，顶端短尖或钝而有小突尖，有时微缺或 2 裂，边全缘或 3 裂，有时掌状 5 裂，长通常 3～8 厘米，很少超过 10 厘米，宽不等，两面被密柔毛至疏柔毛，有时除下面中脉外两面近无毛；掌状脉 3 条，很少 5 条，在下面微突起；叶柄长 1～3 厘米，很少超过 5 厘米，被稍密的白色柔毛。聚伞花序少花，腋生，或排成多花，狭窄聚伞圆锥花序，顶生或腋生，长可达 10 厘米或更长，被柔毛；雄花：小苞片 2 或 1，长约 0.5 毫米，紧贴花萼，被柔毛；萼片 6，外轮卵形或椭圆状卵形，长 1～1.8 毫米，内轮阔椭圆形至近圆形，有时阔倒卵形，长达 2.5 毫米或稍过之；花瓣 6，长 1～2 毫米，下部边缘内折，抱着花丝，顶端 2 裂，裂片叉开，渐尖或短尖；雄蕊 6，比花瓣短；雌花：萼片和花瓣与雄花相同；退化雄蕊 6，微小；心皮 6，无毛。核果近球形，红色至紫红色，径通常 7～8 毫米；果核骨质，径 5～6 毫米，背部有小横肋状雕纹。

生态环境：生于丘陵、山坡、路边、灌丛及疏林中。主产华东、中南、西南。

药用部位：根。

性味功效：性寒，味苦、辛。祛风止痛，行水清肿，解毒，降血压。

主　　治：风湿痹痛，神经痛，肾炎水肿，尿路感染；外用治跌打损伤，蛇咬伤。

地不容

拉丁学名：*Stephania epigaea* Lo

药 材 名：地不容。

别　　名：山乌龟、地乌龟、白地胆。

形态特征：草质、落叶藤本，全株无毛；块根硕大，通常扁球状，暗灰褐色。嫩枝稍肉质，紫红色，有白霜，干时现条纹。叶干时膜质，扁圆形，很少近圆形，长 3～5 厘米，宽 5～6.5 厘米，极少达长 7.5 厘米，宽 9 厘米，顶端圆或偶有骤尖，基部通常圆，下面稍粉白；掌状脉向上的有 3 条，向下的有 5～6 条，纤细；叶柄长通常 4～6 厘米，有时达 11 厘米，盾状着生于叶片近基部 1～2 厘米处。单伞形聚伞花序腋生，稍肉质，常紫红色而有白粉，雄花序梗长 1～4 厘米，有时仅 5 毫米，簇生几个至 10 多个小聚伞花序，每个小聚伞花序有花 2～3 朵，很少 5～7 朵；雄花：萼片 6，常紫色，卵形或椭圆状卵形，长 1.3～1.6 毫米；花瓣 3 或偶有 5～6，紫色或橙黄而具紫色斑纹，稍肉质，阔楔形或近三角形，长 0.4～0.7 毫米；聚药雄蕊长 0.4～0.5 毫米；雌花序与雄花序相似，但较紧密，总花梗长通常 1～3 厘米；雌花：萼片 1，倒卵形或楔状倒卵形，长不及 1 毫米；花瓣 2 或 1，倒卵状圆形或阔倒卵形，长与萼片近相等。果梗短而肉质，核果红色；果核倒卵圆形，长 6～7 毫米，宽 5 毫米，背部二倒各有小横肋 16～20 条，胎座迹不穿孔。花期春季，果期夏季。

生态环境：海拔 1 700～2 700 米的常绿阔叶林中。

药用部位：块根。

性味功效：苦，寒。清热解毒，截疟，镇静，止痛。

主　　治：疟疾，胃痛，腹痛，风湿关节痛，痈疽肿毒。

千金藤

拉丁学名：*Stephania japonica*（Thunb.）Miers

药 材 名：千金藤。

别　　名：小青藤、铁板膏药。

形态特征：稍木质藤本，全株无毛；根条状，褐黄色；小枝纤细，有直线纹。叶纸质或坚纸质，通常三角状近圆形或三角状阔卵形，长 6～15 厘米，通常不超过 10 厘米，长度与宽度近相等或略小，顶端有小突尖，基部通常微圆，下面粉白；掌状脉 10～11 条，下面突起；叶柄长 3～12 厘米，明显盾状着生。复伞形聚伞花序腋生，通常有伞梗 4～8 条，小聚伞花序近无柄，密集呈头状；花近无梗，雄花：萼片 6 或 8，膜质，倒卵状椭圆形至匙形，长 1.2～1.5 毫米，无毛；花瓣 3 或 4，黄色，稍肉质，阔倒卵形，长 0.8～1 毫米；聚药雄蕊长 0.5～1 毫米，伸出或不伸出；雌花：萼片和花瓣各 3～4 片，形状和大小与雄花的近似或较小；心皮卵状。果倒卵形至近圆形，长约 8 毫米，成熟时红色；果核背部有 2 行小横肋状雕纹，每行 8～10 条，小横肋常断裂，胎座迹不穿孔或偶有一小孔。

生态环境：生于村边或旷野灌丛中。

药用部位：根、藤茎。

性味功效：苦、辛，寒。

主　　治：咽喉肿痛，牙痛，胃痛，水肿，脚气，尿急尿痛，小便不利，外阴湿疹，风湿关节痛；外用治跌打损伤，毒蛇咬伤，痈肿疮疖。

睡莲科 Nymphaeaceae

莲

拉丁学名： *Nelumbo nucifera*

药 材 名： 莲子、莲花。

别　　名： 莲花、菡萏、荷花。

形态特征： 多年生水生草本；根状茎横生，肥厚，节间膨大，内有多数纵行通气孔道，节部缢缩，上生黑色鳞叶，下生须状不定根。叶圆形，盾状，直径25～90厘米，全缘稍呈波状，上面光滑，具白粉，下面叶脉从中央射出，有1～2次叉状分枝；叶柄粗壮，圆柱形，长1～2米，中空，外面散生小刺。花梗和叶柄等长或稍长，也散生小刺；花直径10～20厘米，美丽，芳香；花瓣红色、粉红色或白色，矩圆状椭圆形至倒卵形，长5～10厘米，宽3～5厘米，由外向内渐小，有时变成雄蕊，先端圆钝或微尖；花药条形，花丝细长，着生在花托之下；花柱极短，柱头顶生；花托（莲房）直径5～10厘米。坚果椭圆形或卵形，长1.8～2.5厘米，果皮革质，坚硬，熟时黑褐色；种子（莲子）卵形或椭圆形，长1.2～1.7厘米，种皮红色或白色。花期6—8月，果期8—10月。

生态环境： 自生或栽培在池塘或水田内。

药用部位： 叶、叶柄、花托、花、雄蕊、果实、种子及根状茎。

性味功效： 叶（荷叶）及叶柄（荷梗）煎水喝可清暑热，藕节、荷叶、荷梗、莲房、雄蕊及莲子都富有鞣质，作收敛止血药。

主　　治： 种子：脾虚久泻，遗精带下，心悸失眠。花：损伤呕血，血淋，崩漏下血，天泡湿疮，疥疮瘙痒。

三白草科 Saururaceae

蕺菜

拉丁学名： *Houttuynia cordata* Thunb.

药 材 名： 鱼腥草。

别　　名： 侧耳根、壁虱草。

形态特征： 腥臭草本，高30～60厘米；茎下部伏地，节上轮生小根，上部直立，无毛或节上被毛，有时带紫红色。叶薄纸质，有腺点，背面尤甚，卵形或阔卵形，长4～10厘米，宽2.5～6厘米，顶端短渐尖，基部心形，两面有时除叶脉被毛外余均无毛，背面常呈紫红色；叶脉5～7条，全部基出或最内1对离基约5毫米从中脉发出，如为7脉时，则最外1对很纤细或不明显；叶柄长1～3.5厘米，无毛；托叶膜质，长1～2.5厘米，顶端钝，下部与叶柄合生而成长8～20毫米的鞘，且常有缘毛，基部扩大，略抱茎。花序长约2厘米，宽5～6毫米；总花梗长1.5～3厘米，无毛；总苞片长圆形或倒卵形，长10～

15 毫米，宽 5～7 毫米，顶端钝圆；雄蕊长于子房，花丝长为花药的 3 倍。蒴果长 2～3 毫米，顶端有宿存的花柱。花期 4—7 月。

生态环境：海拔 1 200～1 500 米的沟谷、田地、溪边草丛中，有栽培。

药用部位：带根全草。

性味功效：辛，寒。清热解毒，排脓消痈，利尿通淋。

主　　治：肺痈吐脓，痰热喘咳，热痢，痈肿疮毒，热淋。

胡椒科 Piperaceae

石蝉草

拉丁学名：*Peperomia dindygulensis* Miq.

药 材 名：石蝉草。

别　　名：火伤叶、胡椒草、散血胆、豆瓣七、散血丹、石马菜。

形态特征：肉质草本，高 10～45 厘米；茎直立或基部匍匐，分枝，被短柔毛，下部节上常生不定根。叶对生或 3～4 片轮生，膜质或薄纸质，有腺点，椭圆形、倒卵形或倒卵状菱形，下部的有时近圆形，长 2～4 厘米，宽 1～2 厘米，顶端圆或钝，稀短尖，基部渐狭或楔形，两面被短柔毛；叶脉 5 条，基出，最外 1 对细弱而短或有时不明显；叶柄长 6～18 毫米，被毛。穗状花序腋生和顶生，单生或 2～3 丛生，长 5～8 厘米，直径 1.3～2 毫米；总花梗被疏柔毛，长 5～15 毫米；花疏离；苞片圆形，盾状，有腺点，直径约 0.8 毫米；雄蕊与苞片同着生于子房基部，花药长椭圆形，有短花丝；子房倒卵形，顶端钝，柱头顶生，被短柔毛。浆果球形，顶端稍尖，直径 0.5～0.7 毫米。花期 4—7 月及 10—12 月。

生态环境：山谷、溪边或林下石缝内。

药用部位：全草。

性味功效：辛，凉。祛瘀散结，抗癌。

主　　治：胃癌，食道癌，肝癌，乳腺癌，肺癌。

豆瓣绿

拉丁学名：*Peperomia tetraphylla*（G. Forst.）Hook. et Arn.

药 材 名：豆瓣绿。

别　　名：如意草、豆瓣鹿衔草。

形态特征：肉质、丛生草本；茎匍匐，多分枝，长 10～30 厘米，下部节上生根，节间有粗纵棱。叶密集，大小近相等，4 片或 3 片轮生，带肉质，有透明腺点，干时变淡黄色，常有皱纹，略背卷，阔椭圆形或近圆形，长 9～12 毫米，宽 5～9 毫米，两端钝或圆，无毛或稀被疏毛；叶脉 3 条，细弱，通常不明显；叶柄短，长 1～2 毫米，无毛或被短柔毛。穗状花序单生，顶生和腋生，长 2～4.5 厘米；总花梗被疏毛或近无毛，花序轴密被毛；苞片近圆形，有短柄，盾状；花药近椭圆形，花丝短；子房卵形，着生于花序轴的凹陷处，柱头顶生，近头状，被短柔毛。浆果近卵形，长近 1 毫米，顶端尖。花期 2—4 月及 9—12 月。

生态环境： 海拔 1 300～2 400 米的背阴山坡、溪边、岩石、树上。

药用部位： 全草。

性味功效： 淡，寒。祛风除湿，舒筋活络，清热解毒，润肺止咳。

主　　治： 劳伤咳嗽，哮喘，风湿痹痛，跌打损伤，小儿疳积。

卵叶胡椒

拉丁学名： *Piper attenuatum* Buch. -Ham. ex Miq.

形态特征： 攀缘藤本；枝干时具明显的纵棱和沟纹，无毛。叶膜质，有腺点，卵状圆形、阔卵形或卵形，长 8～11 厘米，宽 5～8 厘米，顶端骤然紧缩具短尖头，基部通常截平，有时钝圆或浅心形，枝端的稀有近短狭，两侧相等，腹面无毛，背面疏被微硬毛，脉上尤著；叶脉 7～9 条，基出或近基出，最上 1 对有时离基约 5 毫米从中脉发出，并达叶片顶部，如为 9 脉时，则最外 1 对极柔弱或不明显；叶柄长 3～3.5 厘米，下部叶柄更长，被疏微硬毛；叶鞘短，长 3～7 毫米。花单性，雌雄异株，聚集成与叶对生的穗状花序。雄花序长 8～14 厘米，纤细，密花；苞片与雌花序的相同，但较小，长约 2 毫米，宽 0.6～1 毫米；雄蕊 2～4 枚，花药卵形，与花丝近等长。雌花序长 7～9 厘米，于果期延长可达 18 厘米；总花梗短，长 5～8 毫米，无毛；苞片长圆形，两端均钝，腹面贴生于花序轴上，仅边缘和顶部分离，呈浅杯状，长约 3 毫米，于果期延长达 4 毫米，宽约 1 毫米，无毛；花序轴仅在子房着生处的浅穴周围被疏毛；子房卵形，离生，柱头 4～5，线形。浆果球形，干时变黑色，无毛，直径约 3.5 毫米。花期 10—12 月。

生态环境： 生于林中沟边湿地，攀缘于树上。

药用部位： 茎。

性味功效： 辛，热。

主　　治： 跌打损伤，风湿骨痛。

蒌叶

拉丁学名： *Piper betle* L.

药 材 名： 蒌叶。

别　　名： 蒟酱、青蒟、芦子、大芦子。

形态特征： 攀缘藤本；枝稍带木质，直径 2.5～5 毫米，节上生根。叶纸质至近革质，背面及嫩叶脉上有密细腺点，阔卵形至卵状长圆形，上部的有时为椭圆形，长 7～15 厘米，宽 5～11 厘米，顶端渐尖，基部心形、浅心形或上部的有时钝圆，两侧相等至稍不等，腹面无毛，背面沿脉上被极细的粉状短柔毛；叶脉 7 条，最上 1 对通常对生，少有互生，离基 0.7～2 厘米从中脉发出，余者均基出，网状脉明显；叶柄长 2～5 厘米，被极细的粉状短柔毛；叶鞘长约为叶柄的 1/3。花单性，雌雄异株，聚集成与叶对生的穗状花序。雄花序开花时几与叶片等长；总花梗与叶柄近等长，花序轴被短柔毛；苞片圆形或近圆形，稀倒卵形，近无柄，盾状，直径 1～1.3 毫米；雄蕊 2 枚，花药肾形，2 裂，花丝粗，与花药等长或较长。雌花序长 3～5 厘米，于果期延长，直径约 10 毫米；花序轴密被毛；苞片与雄花序的相同；子房下部嵌生于肉质花序轴中并与其合生，顶端被绒毛；柱头通常 4～5，披针形，长约 0.6 毫米，被茸毛。浆果顶端稍突，有茸毛，下部与花序轴合生成一柱状、肉质、带红色的果穗。花期 5—7 月。

生态环境：山谷、溪边或林下。

药用部位：茎、叶。

性味功效：辛，凉。

主　　治：胃寒痛、风寒咳嗽、疮疖、湿疹等。

黄花胡椒

拉丁学名：*Piper flaviflorum* C. DC.

形态特征：攀缘藤本，高达 10 米许，除花序轴外全部无毛；枝有细纵棱，干时变褐色，直径 2～3 毫米。叶硬纸质，干时变苍黄色，有细腺点（放大镜下始见），椭圆形或卵状长圆形，长 13～18 厘米，宽 4～8.5 厘米，顶端渐尖，基部钝，两侧不等，枝端的叶基部两侧短狭而近相等，叶脉 7 条，最上 1 对互生，在叶片 1/3 处从中脉发出，弯拱上升，余者每边 2 条侧脉基出或近基出，网状脉明显；叶柄长 10～22 毫米，通常长约 13 毫米，基部不等侧时其两侧差距 2～4 毫米；叶鞘延长，常超过叶柄之半。花黄色，单性，雌雄异株，聚集成与叶对生的穗状花序。雄花序纤细，于花期长 14～21 厘米，直径约 2 毫米，顶端狭；总花梗略长于叶柄；花序轴被硬毛，有蜂巢状窝孔；苞片倒卵形，干膜质，盾状，长和顶部宽度近相等约 1 毫米，腹面具粗短柄着生于窝孔的边缘上；雄蕊 2 枚，着生在窝孔内，花药肾形，花丝极短。雌花序长 10～14 厘米，近果成熟期长可达 18 厘米；总花梗和花序轴与雄花序的相同；苞片较厚，长约 1.2 毫米，直径约 1 毫米，苞片柄肉质，粗，几与苞片等大；子房卵形，着生于花序轴的窝孔内，但与花序轴分离，柱头通常 3，少有 4，线形。浆果球形，黄色，干后常皱缩，直径达 4 毫米。花期 11 月至翌年 4 月。

生态环境：生于寨旁或山谷、沟边密林中，攀缘于大树上，海拔 540～1 800 米。

药用部位：全株。

性味功效：辛，温。祛风散寒，散瘀止痛，消肿解毒。

主　　治：胃痛，皮癣。

石南藤

拉丁学名：*Piper wallichii*（Miq.）Hand. -Mazz.

药 材 名：石南藤。

别　　名：爬岩香、毛山蒟。

形态特征：攀缘藤本；枝被疏毛或脱落变无毛，干时呈淡黄色，有纵棱。叶硬纸质，干时变淡黄色，无明显腺点，椭圆形，或向下渐次为狭卵形至卵形，长 7～14 厘米，宽 4～6.5 厘米，顶端长渐尖，有小尖头，基部短狭或钝圆，两侧近相等，有时下部的叶呈微心形，如为微心形时，则其凹缺之宽度狭于叶柄之宽度，腹面无毛，背面被长短不一的疏粗毛；叶脉 5～7 条，最上 1 对互生或近对生，离基 1～2.5 厘米从中脉发出，弧形上升至叶片 3/4 处弯拱连接，余者均基出，如为 7 脉时，则最外 1 对细弱而短，网状脉明显；叶柄长 1～2.5 厘米，无毛或被疏毛；叶鞘长 8～10 毫米。花单性，雌雄异株，聚集成与叶对生的穗状花序。雄花序于花期几与叶片等长，稀有略长于叶片者；总花梗与叶柄近等长或略长，无毛或被疏毛；花序轴被毛；苞片圆形，稀倒卵状圆形，边缘不整齐，近无柄或具被毛的短柄，盾状，直径约 1 毫米；雄蕊 2 枚，间有 3 枚，花药肾形，2 裂，比花丝短。雌花序比叶片短；总花梗远长于叶柄，长达 2～4 厘米；花序轴和苞片与雄花序的相同，但苞片柄于果期延长可达 2 毫米，密被白色长毛；子房离生，柱头 3～4，稀有 5，披针形。浆果球形，直径 3～3.5 毫米，无毛，有疣状突起。花期 5—6 月。

生态环境： 生于林荫处或湿润地，爬登于石壁上或树上。

药用部位： 茎。

性味功效： 祛风寒，强腰膝，补肾壮阳。

主　　治： 风湿痹痛，腰腿痛等。

蒟子

拉丁学名： *Piper yunnanense* Tseng

药 材 名： 蒟子。

别　　名： 大麻疙瘩。

形态特征： 直立亚灌木，高 1～3 米；枝有细纵棱，其与叶柄、总花梗均被毛。叶薄纸质，背面有密细腺点，卵圆形、阔卵形或枝端的为椭圆形，长 10～15 厘米，宽 6～10 厘米，顶端短尖，基部心形，两侧不等，上部的叶基部通常偏斜，一侧钝圆，另一侧较狭，腹面无毛，背面沿脉上被微硬毛，脉愈粗被毛愈密；叶脉 9 条，最上 1 对互生，离基 1.2～3 厘米从中脉发出，余者均基出，最外 1 对通常细弱而短，网状脉明显；叶柄长 8～14 毫米，仅基部具鞘。花单性，雌雄异株，聚集成与叶对生的穗状花序。雄花序长 4～6 厘米；总花梗略长于叶柄；花序轴被短柔毛；苞片圆形，盾状，直径约 1.1 毫米，中央具短柄；雄蕊 3 枚，花药卵形，2 裂，花丝粗，远短于花药。雌花序于果期长 4～8 厘米，直径 4～6 毫米；总花梗和花序轴与雄花序的相同；苞片较小，直径 0.8～1 毫米；子房基部嵌生于花序轴中，柱头 3，早落。浆果球形，成熟时红色，直径约 2 毫米，基部嵌生于花序轴中并与其合生，表面多疣状突起。花期 4—6 月。

生态环境： 生于林中或湿润地，海拔 1 100～2 000 米。

药用部位： 茎、叶。

性味功效： 祛风散寒，舒筋活络，散瘀止痛。

主　　治： 流感，胃痛，经痛，跌打损伤，风湿骨痛等。

马兜铃科 Aristolochiaceae

葫芦叶马兜铃

拉丁学名： *Aristolochia cucurbitoides* C. F. Liang

形态特征：草质藤本，具圆柱状肉质根；茎细长，纵棱不明显。叶厚纸质，葫芦状披针形、卵状披针形或披针形，长12～22厘米，中部宽2.5～4.5厘米，下部宽3.5～7厘米，顶端长渐尖，基部耳形，两侧裂片长圆形，向外扩展或下垂，弯缺深1～2厘米，边全缘，上面绿色，疏被长柔毛或无毛，下面灰绿色或浅绿色，疏被长柔毛；基出脉5～7条，侧脉每边7～10条，网脉网状，最末级网脉树枝状，但不明显；叶柄长3～5厘米，上面具深槽，疏被长柔毛；花单生于叶腋；花梗纤细，长5～7厘米，常向下弯垂，中部以下有小苞片；小苞片卵形，长约3毫米，密被黄褐色长柔毛；花被管中部急遽弯曲，下部长约2厘米，直径约8毫米，管的上部与下部近等长或稍短，有明显纵脉和网脉，稍被毛或以后无毛；檐部圆筒状，长约2厘米，宽约8毫米，上部稍狭，有时稍偏向一侧，边缘3深裂；裂片披针形，长5～7毫米，宽2～3毫米，顶端渐尖；花药长圆形，成对贴生于合蕊柱基部，并与其裂片对生，子房圆柱形，长约1厘米，6棱，密被褐色长柔毛；合蕊柱顶端3裂，裂片边缘向下延伸，常具疣状突起。嫩果长圆形，黄绿色，6棱，棱常紫红色，无毛。花期5—6月。

生态环境：生于海拔800～2 400米的疏林中。

药用部位：根。

性味功效：止痛。

主　　治：肺热喘咳。

宝兴马兜铃

拉丁学名：*Aristolochia moupinensis* Franch.

别　　名：藤藤黄、准通、南木香、大内消。

形态特征：木质藤本，长3～4米或更长；根长圆柱形；嫩枝和芽密被黄棕色或灰色长柔毛，老枝无毛；茎有纵棱，老茎基部有纵裂、增厚的木栓层。叶膜质或纸质，卵形或卵状心形，长6～16厘米，宽5～12厘米，顶端短尖或短渐尖，基部深心形；基出脉5～7条，侧脉每边3～4条，网脉两面均明显；叶柄长3～8厘米，柔弱，密被灰色或黄棕色长柔毛。花单生或二朵聚生于叶腋；花梗长3～8厘米，花后常伸长，近基部向下弯垂，密被长柔毛，中部以下具小苞片；小苞片卵形，长1～1.5厘米，无柄，下面密被长柔毛；花被管中部急遽弯曲而略扁，下部长2～3厘米，直径8～10毫米，弯曲处至檐部与下部近等长而稍狭，外面疏被黄棕色长柔毛，内面仅近子房处被微柔毛，其余无毛，具纵脉纹；檐部盘状，近圆形，直径3～3.5厘米，内面黄色，有紫红色斑点，边缘绿色，具网状脉纹，边缘浅3裂；裂片常稍外翻，顶端具突尖；喉部圆形，稍具领状环，直径约8毫米；花药长圆形，成对贴生于合蕊柱近基部，并与其裂片对生；子房圆柱形，长约8毫米，具6棱，密被长柔毛；合蕊柱顶端3裂；裂片顶端有时2裂，常钝圆，边缘向下延伸呈皱波状。蒴果长圆形；种子长卵形，灰褐色。花期5—6月，果期8—10月。

生态环境：生于海拔2 000～3 200米的林中、沟边、灌丛中。

药用部位：根。

性味功效：苦、寒、无毒。

主　　治：水肿喘急。

猕猴桃科 Actinidiaceae

尼泊尔水东哥

拉丁学名： *Saurauia napaulensis* DC.

药 材 名： 鼻涕果。

别　　名： 黏心果。

形态特征： 乔木，小枝被爪甲状或钻状鳞片，有褐色短柔毛或无毛。叶薄革质，椭圆形或倒卵状矩圆形，长13～36厘米，宽7～15厘米，顶端短渐尖或锐尖，基部钝或近圆形，稀楔形，叶缘具细锯齿，齿端内弯，有或无尖头，叶腹面无毛，中、侧脉无鳞片，或仅中脉基部具鳞片，背面被薄层糠秕状短茸毛，不脱落或老叶上变秃净，中、侧脉上疏生鳞片，侧脉30～40对，稀达46对。叶柄长2.5～5厘米，疏被鳞片，有毛或无毛。花序圆锥式，于叶腋单生，长12～33厘米，疏生鳞片，有短柔毛，中部以上分枝，分枝处具苞片；花柄长1.7～2.5厘米，中部以下具近对生的苞片2枚，苞片披针形，长2～4毫米，早落；花粉红色至淡紫色，直径8～15毫米；萼片5，不等大，外3枚稍小，椭圆形或阔椭圆形，内2枚较大，阔椭圆形或近圆形，长5～7毫米；花瓣5，矩圆形，长约8毫米，顶部反卷，基部合生，雄蕊50～90枚，药孔裂，花丝不等长，着生于花瓣基部；子房球形或扁球形，花柱4～5，中部以下合生。果扁球形或近球形，径7～12毫米，绿色或淡黄色，具明显或不明显5棱。

生态环境： 海拔600～1 500米的山地及沟谷疏林、灌丛中。

药用部位： 根、果实。

性味功效： 苦，凉。有毒。散瘀消肿，止血。

主　　治： 骨折，跌打损伤，创伤出血，疮疖。

山茶科 Theaceae

普洱茶

拉丁学名： *Camellia assamica*（Mast.）H. T. Chang

药 材 名： 普洱茶。

别　　名： 普雨茶、普茶、大叶茶。

形态特征： 大乔木，高达16米，胸径90厘米，嫩枝有微毛，顶芽有白柔毛。叶薄革质，椭圆形，长8～14厘米，宽3.5～7.5厘米，先端锐尖，基部楔形，上面干后褐绿色，略有光泽，下面浅绿色，中肋上有柔毛，其余被短柔毛，老叶变秃；侧脉8～9对，在上面明显，在下面突起，网脉在上下两面均能见，边缘有细锯齿，叶柄5～7毫米，被柔毛。花腋生，直径2.5～3厘米，花柄长6～8毫米，被柔毛。苞片2，早落。萼片5，近圆形，长3～4毫米，外面无毛。花瓣6～7片，倒卵形，长1～1.8厘米，无毛。雄蕊长8～10

毫米，离生，无毛。子房3室，被茸毛；花柱长8毫米，先端3裂。蒴果扁三角球形，直径约2厘米，3片裂开，果片厚1～1.5毫米。种子每室1个，近圆形，直径1厘米。

生态环境：海拔1 600米的向阳肥沃坡地，多栽培。

药用部位：嫩叶。

性味功效：苦、甘，寒。清热生津，辟秽解毒，消食解酒，醒神透疹。

主　　治：暑热口渴，头痛目昏，痧气腹痛，痢疾，肉食积滞，酒毒，神疲多眠，麻疹透发不畅。

木荷

拉丁学名：*Schima superba* Gardn. et Champ.

药 材 名：木荷叶。

别　　名：荷树、荷木。

形态特征：大乔木，高25米，嫩枝通常无毛。叶革质或薄革质，椭圆形，长7～12厘米，宽4～6.5厘米，先端尖锐，有时略钝，基部楔形，上面干后发亮，下面无毛，侧脉7～9对，在两面明显，边缘有钝齿；叶柄长1～2厘米。花生于枝顶叶腋，常多朵排成总状花序，直径3厘米，白色，花柄长1～2.5厘米，纤细，无毛；苞片2，贴近萼片，长4～6毫米，早落；萼片半圆形，长2～3毫米，外面无毛，内面有绢毛；花瓣长1～1.5厘米，最外1片风帽状，边缘多少有毛；子房有毛。蒴果直径1.5～2厘米。花期6—8月。

生态环境：海拔150～1 500米的向阳山地杂木林中。

药用部位：叶。

性味功效：辛；温；有毒。

主　　治：解毒疗疮。治臁疮、疮毒。

细枝柃

拉丁学名：*Eurya loquaiana* Dunn var. *loquaiana*

药 材 名：细枝柃。

别　　名：尖尾锐叶柃。

形态特征：灌木或小乔木，高2～5米。顶芽披针形，密生微毛和黄褐色短柔毛；枝条纤细，嫩枝圆柱形，被微毛。叶互生，薄革质；叶柄长3～4毫米，幼时微被毛；叶片狭窄椭圆形，卵状披针形至椭圆形，先端尾状渐尖或渐尖，基部楔形，边缘具细锯齿，表面无毛，背面淡绿色，幼时被柔毛，中脉在表面凹下，背面隆起，侧脉7～12对。花单性，雌雄异株，花1～3朵腋生，花梗长1～1.5毫米；花瓣倒卵形，较萼片长，雄蕊10～15；雌花苞片及萼片与花瓣同形，子房卵形，无毛，花柱长2～3毫米，先端3浅裂。果球形。

生态环境：海拔400～2 000米的山坡沟谷、溪边林中或林缘以及山坡路旁阴湿灌丛中。

药用部位：茎叶。

性味功效：祛风通络，活血止痛。

主　　治：风湿痹痛，跌打损伤。

藤黄科 Guttiferae

西南金丝梅

拉丁学名：*Hypericum henryi* Levl. et fan. subsp. *henryi*

别　　名：云南连翘、芒种花。

形态特征：灌木，高 0.5～3 米，丛状，有直立至拱形或叉开的茎，有时多叶。茎淡红至淡黄色，多少持久地具 4 纵线棱及两侧压扁，最后具 2 纵线棱或圆柱形；叶片卵状披针形或稀为椭圆形至宽卵形，先端锐尖或稀具小尖突至圆形，基部楔形至圆形，边缘平坦，坚纸质。花序具 1～7 花，自茎顶端第 1～2 节生出，近伞房状，通常顶端第一节间短，有时在茎的中部有一些具 1～2 花的枝条；花梗长 4～7 毫米；苞片狭长圆形至披针形，凋落。花直径 2～3.5 厘米，盃状。花瓣金黄色或暗黄色，有时有红晕，多少开张或内弯，宽卵形。蒴果宽卵珠形。种子深褐色，圆柱形。花期 5—7 月，果期 8—10 月。

生态环境：生于山坡山谷的疏林下或灌丛中，海拔 1 300～2 440 米。

药用部位：全株。

性味功效：苦，寒。清热利湿，解毒，疏肝通络，祛瘀止痛。

主　　治：湿热淋病，肝炎，感冒，扁桃体炎，疝气偏坠，筋骨疼痛，跌打损伤。

地耳草

拉丁学名：*Hypericum japonicum* Thunb. ex Murray

药 材 名：田基黄。

别　　名：小元宝草、黄花仔、耳挖草、八金刚草。

形态特征：一年生或多年生草本。茎单一或多少簇生，直立或外倾或匍地而在基部生根，在花序下部不分枝或各式分枝，具 4 纵线棱，散布淡色腺点。叶无柄，叶片通常卵形或卵状三角形至长圆形或椭圆形，边缘全缘，坚纸质。花序具 1～30 花，两歧状或多少呈单歧状，有或无侧生的小花枝；苞片及小苞片线形、披针形至叶状，微小至与叶等长。花直径 4～8 毫米，多少平展；花蕾圆柱状椭圆形，先端多少钝形；花梗长 2～5 毫米。花瓣白色、淡黄至橙黄色，椭圆形或长圆形，长 2～5 毫米，宽 0.8～1.8 毫米，先端钝形，无腺点，宿存。子房 1 室，长 1.5～2 毫米；花柱（2）3，长 0.4～1 毫米，自基部离生，开展。蒴果短圆柱形至圆球形，长 2.5～6 毫米，宽 1.3～2.8 毫米，无腺条纹。种子淡黄色，圆柱形。花期 3 月，果期 6—10 月。

生态环境：田边、沟边、草地以及撂荒地上，海拔 0～2 800 米。

药用部位：全草。

性味功效：清热解毒，止血消肿。

主　　治：肝炎、跌打损伤以及疮毒。

罂粟科 Papaveraceae

紫堇

拉丁学名： *Corydalis edulis* Maxim.

药 材 名： 紫堇。

别　　名： 麦黄草、闷头花、蝎子花。

形态特征： 一年生灰绿色草本植物，高可达50厘米，茎分枝，叶片近三角形，上面绿色，下面苍白色，羽状全裂，裂片狭卵圆形，顶端钝，茎生叶与基生叶同形。总状花序，有花。花粉红色至紫红色，平展。苞片狭卵圆形至披针形，萼片小，近圆形，蒴果线形，下垂，种子密生环状小凹点；种阜小，紧贴种子。3—4月开花，4—5月结果。

生态环境： 生于海拔400～1 200米的丘陵、沟边或多石地。

药用部位： 全草。

性味功效： 性寒，味苦、辛。清热解毒，止痒，收敛，固精，润肺，止咳。

主　　治： 咳嗽。

紫金龙

拉丁学名： *Dactylicapnos scandens*（D. Don）Hutch.

药 材 名： 紫金龙。

别　　名： 串枝莲、豌豆七、豌豆跌打。

形态特征： 多年生草质藤本。根粗壮，木质，圆柱形，多分枝，干时外皮茶褐色，有纵沟。茎长约4米，无毛，折断有黄红色汁液流出；攀缘向上，绿色，有时微紫色，多分枝。叶对生；叶柄长4～5厘米；三回三出复叶，长4～12厘米，羽片多为3，互生，中央或最下部一羽片常成卷须，小叶卵形，不对称，下面有白粉，基出脉5～7，全缘。伞房状总状花序与叶对生，具（2）7～10（14）朵花；苞片干膜质，线状披针形，全缘；花小，淡黄色至白色，先端粉红色或淡紫红色；蒴果卵形或窄卵形。种多数，黑色，圆形至肾形，外种皮具乳突。花期1—7月，果期8—9月。

生态环境： 阴湿的水沟边、低洼草地、竹林及杂木林下。

药用部位： 根。

性味功效： 辛、微苦，凉。消炎，镇痛，止血，降压。

主　　治： 各种疼痛，跌打损伤，高血压；外用治外伤出血。

山柑科 Capparidaceae

野香橼花

拉丁学名： *Capparis bodinieri* Levl.

药 材 名：野香橼花。

别　　名：小毛毛花、青刺尖、刺珠、猫胡子花。

形态特征：灌木或小乔木；新生枝密被淡褐色或灰色极细不规则星状毛，后变无毛，最后还能在叶腋附近见有残存被毛；叶柄粗壮，长5～7毫米；叶卵形或披针形，幼时膜质被毛，长成时革质无毛，基部圆形或急尖，从不下延，顶端短渐尖或渐尖，中脉宽阔，表面微突至微凹，背面突起，侧脉（5）7～8（10）对。花蕾球形，直径5～6毫米；花（1）2～6（7）朵排成一列，腋上生；花瓣白色，长10～11毫米，被绒毛；花盘小，顶端微凹入成2浅裂，干后黑色坚硬；雄蕊（18）20～37；药室正面有先呈紫红后转蓝色线条；雌蕊柄长1.5～2.5厘米，无毛，果时不显著增粗；子房卵球形。果球形，直径7～12毫米，成熟时黑色；种子1至数个，直径5～6毫米。花期3—4月，果期8—10月。

生态环境：生于石灰岩山坡灌丛或疏林中。

药用部位：全株。

性味功效：清热解毒，祛风活络。

主　　治：咽喉疼痛，扁桃体炎，牙痛，痈疖疮毒，毒蛇咬伤，痔疮，风湿痹痛，跌打损伤，亦供避孕之用。

十字花科 Cruciferae

弯曲碎米荠

拉丁学名：*Cardamine flexuosa* With. var. *flexuosa*

药 材 名：白带草。

别　　名：雀儿菜、米花香荠菜。

形态特征：一年或二年生草本，高达30厘米。茎自基部多分枝，斜升呈铺散状，表面疏生柔毛。基生叶有叶柄，小叶3～7对，顶生小叶卵形，倒卵形或长圆形，长与宽各为2～5毫米、顶端3齿裂，基部宽楔形，有小叶柄，侧生小叶卵形，较顶生的小，1～3齿裂，有小叶柄；茎生叶有小叶3～5对，小叶多为长卵形或线形，1～3裂或全缘，小叶柄有或无，全部小叶近于无毛。总状花序多数，生于枝顶，花小，花梗纤细，长2～4毫米；萼片长椭圆形，长约2.5毫米，边缘膜质；花瓣白色，倒卵状楔形，长约3.5毫米；花丝不扩大；雌蕊柱状，花柱极短，柱头扁球状。长角果线形，扁平，长12～20毫米，宽约1毫米，与果序轴近于平行排列，果序轴左右弯曲，果梗直立开展，长3～9毫米。种子长圆形而扁，长约1毫米，黄绿色，顶端有极窄的翅。花期3—5月，果期4—6月。

生态环境：生于田边、路旁及草地。

药用部位：全草。

性味功效：清热，利湿，健胃，止泻。

主　　治：湿热泻痢，热淋，白带，心悸，失眠，虚火牙痛，小儿疳积，吐血，便血，疔疮。

菘蓝

拉丁学名： *Isatis indigotica* Fortune

药 材 名： 板蓝根、大青叶。

别　　名： 大青、大青叶。

形态特征： 二年生草本。主根深长，直径5～8毫米，外皮灰黄色。茎直立，高40～90厘米。叶互生；基生叶较大，具柄，叶片长圆状椭圆形；茎生叶长圆形至长圆状倒披针形，在下部的叶较大，渐上渐小，长3.5～11厘米，宽0.5～3厘米，先端钝尖，基部箭形，半抱茎，全缘或有不明显的细锯齿。阔总状花序：花小，直径3～4毫米，无苞，花梗细长；花萼4，绿色；花瓣4，黄色，倒卵形；雄蕊6，4强；雌蕊1，长圆形。长角果长圆形，扁平翅状，具中肋。种子1枚。花期5月，果期6月。

生态环境： 栽培。

药用部位： 叶、根。

性味功效： 苦，寒。清热解毒，凉血，消斑，利咽。

主　　治： 温病发热，发斑，风热感冒，咽喉肿痛。丹毒，流行性乙型脑炎、肝炎和腮腺炎。

景天科 Crassulaceae

落地生根

拉丁学名： *Bryophyllum pinnatum*（Lam.）Oken

药 材 名： 落地生根。

别　　名： 打不死、接骨草、叶生根。

形态特征： 多年生草本，高40～150厘米；茎有分枝。羽状复叶，长10～30厘米，小叶长圆形至椭圆形，长6～8厘米，宽3～5厘米，先端钝，边缘有圆齿，圆齿底部容易生芽，芽长大后落地即成一新植物；小叶柄长2～4厘米。圆锥花序顶生，长10～40厘米；花下垂，花萼圆柱形，长2～4厘米；花冠高脚碟形，长达5厘米，基部稍膨大，向上成管状，裂片4，卵状披针形，淡红色或紫红色；雄蕊8，着生花冠基部，花丝长；鳞片近长方形；心皮4。蓇葖包在花萼及花冠内；种子小，有条纹。花期1—3月。

生态环境： 海拔600～2 300米的向阳、湿润河畔。

药用部位： 全草。

性味功效： 微酸、涩，凉。消肿，活血止痛，拔毒生肌。

主　　治： 外用于痈肿疮毒，乳痈，丹毒，中耳炎，痄腮，外伤出血，跌打损伤，骨折，烧、烫伤。

长鞭红景天

拉丁学名： *Rhodiola fastigiata*（Hook. f. et Thoms.）S. H. Fu

别　　名： 宽叶红景天、竖枝景天。

形态特征：多年生草本。根颈长达 50 厘米以上，不分枝或少分枝，每年伸出达 1.5 厘米，直径 1～1.5 厘米，老的花茎脱落，或有少数宿存的，基部鳞片三角形。花茎 4～10，着生主轴顶端，长 8～20 厘米，粗 1.2～2 毫米，叶密生。叶互生，线状长圆形、线状披针形、椭圆形至倒披针形，长 8～12 毫米，宽 1～4 毫米，先端钝，基部无柄，全缘，或有微乳头状突起。花序伞房状，长 1 厘米，宽 2 厘米；雌雄异株；花密生；萼片 5，线形或长三角形，长 3 毫米，钝；花瓣 5，红色，长圆状披针形，长 5 毫米，宽 1.3 毫米，钝；雄蕊 10，长达 5 毫米，对瓣的着生基部上 1 毫米处；鳞片 5，横长方形，长 0.5 毫米，宽 1 毫米，先端有微缺；心皮 5，披针形，直立，花柱长。蓇葖长 7～8 毫米，直立，先端稍向外弯。花期 6—8 月，果期 9 月。

生态环境：生于海拔 2 500～5 400 米的山坡石上。

药用部位：全草。

性味功效：微苦、平、无毒。

主　　治：大热火疮，身烦热邪恶气。

优秀红景天

拉丁学名：*Rhodiola nobilis*（Franch.）S. H. Fu

别　　名：贵景天。

形态特征：多年生草本。主根长。根颈直立，不分枝或分枝，直径 1.5～2 厘米，长达 20 厘米以上，先端被鳞片。老的花茎自主轴下部宿存。花茎多数，直立，不分枝，密着叶，多少粗糙，高 3～4 厘米，直径 1 毫米，新茎红褐色，老枝变褐色。叶长圆状披针形至长圆状倒披针形，长 7～10 毫米，宽 1.7～2 毫米，先端钝，基部无柄，表面多少粗糙，干后有微乳头状突起。花单生茎顶，或 2～4 花着生；苞片与叶相似而较小，雌雄异株，花梗短；萼片 4～5，披针状三角形，长 2.3～2.5 毫米，宽 1.3～1.5 毫米，钝；花瓣 4～5，红色，近长圆形，长 4～6 毫米，宽 1.5～1.7 毫米，钝，基部稍狭，雄蕊 8 或 10，长 4 毫米，对瓣的着生基部上 1 毫米处；鳞片 4～5，近半圆形，长宽各 0.7 毫米，先端圆或有微缺。蓇葖 4～5，直立，长 10～14 毫米，基部 2 毫米处合生，花柱短，稍向外弯。花期 7 月，果期 8—10 月。

生态环境：生于海拔 3 700～4 500 米的草坡。

药用部位：全草。

性味功效：微苦、涩，平。接筋骨，除风湿，解毒消肿。

主　　治：外用治骨折，风湿关节痛，乳腺炎，疔疮。

佛甲草

拉丁学名：*Sedum lineare* Thunb.

药 材 名：佛甲草。

别　　名：火烧草、火焰草。

形态特征：多年生草本，无毛。茎高 10～20 厘米。3 叶轮生，少有 4 叶轮或对生的，叶线形，长 20～25 毫米，宽约 2 毫米，先端钝尖，基部无柄，有短距。花序聚伞状，顶生，疏生花，宽 4～8 厘米，中央有一朵有短梗的花，另有 2～3 分枝，分枝常再 2 分枝，着生花无梗；萼片 5，线状披针形，长 1.5～7 毫米，不等长，不具距，有时有短距，先端钝；花瓣 5，黄色，披针形，长 4～6 毫米，先端急尖，基部稍狭；雄蕊 10，较花瓣短；鳞片 5，宽楔形至近四方形，长 0.5 毫米，宽 0.5～0.6 毫米。蓇葖略叉开，长 4～5 毫米，花柱短；种子小。花期 4—5 月，果期 6—7 月。

生态环境：生于山野水湿地及岩石上。

药用部位：全草。

性味功效：甘，寒。清热，消肿，解毒。

主　　治：咽喉肿痛，痈肿，疔疮，丹毒，烫伤，蛇咬伤，黄疸，痢疾。

多茎景天

拉丁学名：*Sedum multicaule* Wall. ex Lindl.

药 材 名：佛指甲。

别　　名：瓦松、瓦花、滇瓦花、石花、石根、九头狮子草。

形态特征：多年生草本。茎下部分枝，高 5～15 厘米，无毛。叶互生，覆瓦状排列，线形至狭长圆形，长 10～15 毫米，宽 1～2 毫米，先端渐尖，有细尖头，基部有短距。聚伞花序有数个蝎尾状分枝，分枝中央有 1 花；花无梗；萼片 5，线形至线状披针形，不等长，长 5～6.5 毫米，先端渐尖，有细尖头，基部无距；花瓣 5，黄色，长圆状卵形，长 5～6 毫米，先端有长的尖头；雄蕊 10，稍短于花瓣；鳞片 5，细小，匙状四方形，长宽各 0.5 毫米，先端有微缺；心皮 5，幼时近直立，果时横展。蓇葖长 4～6 毫米；种子卵圆形，长 0.5～0.7 毫米。花期 7—8 月，果期 8—9 月。

生态环境：生于海拔 1 300～3 500 米的山坡岩石上或灌木丛。

药用部位：茎、叶。

性味功效：性微寒，味甘微辛。清热解毒，止血，祛风湿。

主　　治：咽喉肿痛，鼻衄，风热头昏，风湿关节痛，鼻疳，湿疹，疮毒。

石莲

拉丁学名：*Sinocrassula indica*（Decne.）Berger

药 材 名：石莲。

别　　名：原叶石莲、东美人。

形态特征：二年生草本，无毛。根须状。花茎高 15～60 厘米，直立，常被微乳头状突起。基生叶莲座状，匙状长圆形，长 3.5～6 厘米，宽 1～1.5 厘米；茎生叶互生，宽倒披针状线形至近倒卵形，上部的渐缩小，长 2.5～3 厘米，宽 4～10 毫米，渐尖。花序圆锥状或近伞房状，总梗长 5～6 厘米；苞片似叶而小；萼片 5，宽三角形，长 2 毫米，宽 1 毫米，先端稍急尖，花瓣 5，红色，披针形至卵形，长 4～5 毫米，宽 2 毫米，先端常反折；雄蕊 5，长 3～4 毫米；鳞片 5，正方形，长 0.5 毫米，先端有微缺；心皮 5，基部 0.5～1 毫米合生，卵形，长 2.5～3 毫米，先端急狭，花柱长不及 1 毫米。蓇葖的喙反曲；种子平滑。花期 7—10 月。

生态环境：生于海拔 1 000～3 000 米的石上。

药用部位：全草。

性味功效：活血散瘀，清热、消炎。

主　　治：跌打损伤，外伤肿痛。

虎耳草科 Saxifragaceae

溪畔落新妇

拉丁学名：*Astilbe rivularis* Buch. -Ham. ex D. Don

药 材 名：野高粱。

别　　名：假升麻、假淫羊藿、红升麻、野泽兰。

形态特征：多年生草本，高 0.6～2.5 米。茎被褐色长腺柔毛。二至三回羽状复叶；叶轴与小叶柄均被褐色长柔毛；小叶片，顶生者菱状椭圆形至倒卵形，侧生者卵形，长 4～14.5 厘米，宽 1.7～8.4 厘米。基部偏斜状心形、圆形至楔形，边缘有重锯齿，先端渐尖，腹面疏生褐色腺糙伏毛，背面沿脉具褐色长柔毛和腺毛。圆锥花序长 41～42 厘米，多花；花序分枝长 1～18 厘米；苞片 3，近椭圆形，长 1.1～1.4 毫米，宽 0.2～0.6 毫米，全缘或具齿牙，边缘疏生褐色柔毛；花梗长 0.6～1.8 毫米，与花序轴均被褐色卷曲腺柔毛；萼片 4～5，近膜质，绿色，卵形、椭圆形至长圆形，长 1.2～1.5 毫米，宽约 1 毫米，内面稍凹陷，外面略弓突，无毛，单脉；无花瓣；雄蕊 5～10（12），长 0.5～2.4 毫米；雌蕊长约 2 毫米，心皮 2，基部合生，子房近上位，花柱叉开。花果期 7—11 月。

生态环境：生于海拔 920～3 200 米的林下、林缘、灌丛和草丛中。

药用部位：根状茎。

性味功效：辛、苦，温。活血散瘀，祛风除湿，止痛。

主　　治：跌打损伤，风湿痛，慢性胃炎。

岩白菜

拉丁学名：*Bergenia purpurascens*（Hook. f. et Thoms.）Engl.

药 材 名：岩白菜。

别　　名：滇岩白菜、岩菖蒲、蓝花岩陀、岩七。

形态特征：多年生草本，高 13～52 厘米。根状茎粗壮，被鳞片。叶均基生；叶片革质，倒卵形、狭倒卵形至近椭圆形，稀阔倒卵形至近长圆形，长 5.5～16 厘米，宽 3～9 厘米，先端钝圆，边缘具波状齿至近全缘，基部楔形，两面具小腺窝，无毛；叶柄长 2～7 厘米，托叶鞘边缘无毛。花葶疏生腺毛。聚伞花序圆锥状，长 3～23 厘米；花梗长 8～13 毫米，与花序分枝均密被具长柄之腺毛；托杯外面被具长柄之腺毛；萼片革质，近狭卵形，长 6.5～7 毫米，宽 2～4 毫米，先端钝，腹面和边缘无毛，背面密被具长柄之腺毛；花瓣紫红色，阔卵形，长 10～16.5 毫米，宽 7～7.8 毫米，先端钝或微凹，基部变狭，呈长 2～2.5 毫米的爪，多脉；雄蕊长 6～11 毫米；子房卵球形，长 6.7～7.5 毫米，花柱 2，长 5.3～7.5 毫米。花果期 5—10 月。

生态环境： 生于海拔 2 700～4 800 米的林下、灌丛、高山草甸和高山碎石隙。

药用部位： 根状茎或全草。

性味功效： 甘、微涩，凉。清热解毒，止血，调经。

主　　治： 虚弱头晕，劳伤咳嗽，肺结核咳嗽，咯血，吐血，衄血，便血，肠炎，痢疾，功能性子宫出血，淋浊、白带，月经不调及肿毒等；外用治黄水疮。

马桑绣球

拉丁学名： *Hydrangea aspera* D. Don

别　　名： 八仙马桑绣球。

形态特征： 灌木或小乔木；枝圆柱状，略具四钝棱，密被黄白色短糙伏毛和颗粒状鳞秕，树皮褐色。叶纸质，长卵形、卵状披针形或长椭圆形，长 11～25 厘米，宽 3.5～8 厘米，先端长渐尖，基部阔楔形或圆形，边缘有具短尖头的不规则锯形小齿；叶柄长 1.5～4 厘米，密被糙伏毛。伞房状聚伞花序；不育花萼片 4，阔卵形、圆形或倒卵圆形，长 1.5～2.6 厘米，宽 1.5～2.5 厘米，边缘具锐尖粗齿，极少全缘，绿白色；孕性花萼筒钟状，长约 1.5 毫米，萼齿阔三角形，先端尖，长不及 1 毫米；花瓣长卵形，长 2～2.5 毫米，先端急尖，基部截平；雄蕊不等长，长的长约 4.5 毫米，短的稍短于花瓣，花药近圆形，长约 0.5 毫米；子房下位，花柱多数 3，少有 2，结果时长约 2 毫米，外弯，柱头略增大。蒴果坛状，不连花柱长和宽 3～3.5 毫米，顶端截平，基部略尖，具棱；种子褐色，阔椭圆形或近圆形。花期 8—9 月，果期 10—11 月。

生态环境： 生于山谷密林或山坡灌丛中，海拔 1 400～4 000 米。

药用部位： 根。

性味功效： 消食积，清热解毒。

主　　治： 外用于癣疥。

蜡莲绣球

拉丁学名： *Hydrangea strigosa* Rehd.

药 材 名： 土常山。

别　　名： 腊莲、羊耳朵树。

形态特征： 灌木。叶纸质，长圆形、卵状披针形或倒卵状倒披针形，长 8～28 厘米，宽 2～10 厘米，先端渐尖，基部楔形、钝或圆形，边缘有具硬尖头的小齿或小锯齿；叶柄长 1～7 厘米，被糙伏毛。伞房状聚伞花序大，直径达 28 厘米，顶端稍拱，分枝扩展，密被灰白色糙伏毛；不育花萼片 4--5，阔卵形、阔椭圆形或近圆形，结果时长 1.3～2.7 厘米，宽 1.1～2.5 厘米，先端钝头渐尖或近截平，基部具爪，边全缘或具数齿，白色或淡紫红色；孕性花淡紫红色，萼筒钟状，长约 2 毫米，萼齿三角形，长约 0.5 毫米；花瓣长卵形，长 2～2.5 毫米，初时顶端稍连合，后分离，早落；雄蕊不等长，较长的长约 6 毫米，较短的长约 3 毫米，花药长圆形，长约 0.5 毫米；子房下位，花柱 2，结果时长约 2

毫米，近棒状，直立或外弯。蒴果坛状，不连花柱长和宽 3～3.5 毫米，顶端截平，基部圆；种子褐色，阔椭圆形。花期 7—8 月，果期 11—12 月。

生态环境： 生于山谷密林或山坡路旁疏林或灌丛中，海拔 500～1 800 米。

药用部位： 根。

性味功效： 辛、酸，凉。有小毒。截疟退热，消积和中。

主　　治： 疟疾，食积不化，胸腹胀满。

西南绣球

拉丁学名： *Hydrangea davidii* Franch.

药 材 名： 马边绣球。

别　　名： 大卫绣球、云南绣球、滇绣球花。

形态特征： 灌木，高 1～2.5 米。叶纸质，长圆形或狭椭圆形，长 7～15 厘米，宽2～4.5 厘米，先端渐尖，具尾状长尖头，基部楔形或略钝，边缘于基部以上具粗齿或小锯齿；侧脉 7～11 对，弯拱，下面稍突起，小脉稀疏网状，下面明显；叶柄长 1～1.5 厘米，被微弯的短柔毛或扩展的疏长毛。伞房状聚伞花序顶生；不育花萼片 3～4，阔卵形、三角状卵形或扁卵圆形，不等大，较大的长 1.3～2.3 厘米，宽 1.1～3 厘米，先端略尖或浑圆，全缘或具数小齿；孕性花深蓝色，萼筒杯状，长 0.7～1 毫米，宽 1.5～2 毫米，萼齿狭披针形或三角状卵形，长 0.5～1.5 毫米；花瓣狭椭圆形或倒卵形，长 2.5～4 毫米，宽 1～1.1 毫米，先端渐尖或钝，基部具长 0.5～1 毫米的爪；雄蕊 8～10 枚，近等长，长 1.5～2.5 毫米，花药阔长圆形或近圆形，长 0.5～0.8 毫米；子房近半上位或半上位，花柱 3～4。蒴果近球形；种子淡褐色，倒卵形或椭圆形，长 0.5～0.6 毫米。花期 4—6 月，果期 9—10 月。

生态环境： 山谷密林、山坡路旁疏林或林缘，海拔 1 400～2 400 米。

药用部位： 根、叶及茎的髓心。

性味功效： 性平，味淡。利尿渗湿。

主　　治： 根、叶：疟疾。茎的髓心：麻疹，小便不通。

海桐花科 Pittosporaceae

短萼海桐

拉丁学名： *Pittosporum brevicalyx*（Oliv.）Gagnep.

药 材 名： 山桂花。

别　　名： 山桂花、万里香。

形态特征： 常绿灌木或小乔木，高达 10 米，小枝无毛，或幼嫩时有微毛。叶簇生于枝顶，二年生，薄革质，倒卵状披针形，稀为倒卵形或矩圆形，长 5～12 厘米，宽 2～4 厘米；先端渐尖，或急剧收窄而长尖，基部楔形；上面深绿色，发亮，下面幼时有微毛，不久变秃净；侧脉 9～11 对，在上面明显，在下面略突起；边缘平展；叶柄长 1～1.5 厘米，有时更长。伞房花序3～5条生于枝顶叶腋内，长3～4厘米，被微毛，花序柄长1～1.5厘米，花梗长约1厘米，苞片狭窄披针形，长4～6毫米，有微毛；萼片长约2毫米，卵状披针形，有微毛；花瓣长6～8毫米，分离；雄蕊比花瓣略短，有时仅为花瓣的一半；子房卵形，被毛，花柱往往有微毛，侧膜胎座2个，胚珠7～10个。蒴果近圆球形，压扁，直径7～8毫米，2片裂开，果片薄，胎座位于果片下半部；种子7～10个，长约3毫米，种柄极短。

生态环境：我国的中部和东南部。

药用部位：根皮。

性味功效：微甘涩，温。止咳。

主　　治：慢性支气管炎。

蔷薇科 Rosaceae

龙芽草

拉丁学名：*Agrimonia pilosa* Ledeb.

药 材 名：仙鹤草。

别　　名：龙芽草根。

形态特征：多年生草本。根多呈块茎状，周围长出若干侧根，根茎短，基部常有1至数个地下芽。茎高30～120厘米，被疏柔毛及短柔毛，稀下部被稀疏长硬毛。叶为间断奇数羽状复叶，通常有小叶3～4对，稀2对，向上减少至3小叶，叶柄被稀疏柔毛或短柔毛；小叶片无柄或有短柄，倒卵形，倒卵椭圆形或倒卵披针形，长1.5～5厘米，宽1～2.5厘米，顶端急尖至圆钝，稀渐尖，基部楔形至宽楔形，边缘有急尖到圆钝锯齿，上面被疏柔毛，稀脱落几无毛，下面通常脉上伏生疏柔毛，稀脱落几无毛，有显著腺点；托叶草质，绿色，镰形，稀卵形，顶端急尖或渐尖，边缘有尖锐锯齿或裂片，稀全缘，茎下部托叶有时卵状披针形，常全缘。花序穗状总状顶生，分枝或不分枝，花序轴被柔毛，花梗长1～5毫米，被柔毛；苞片通常深3裂，裂片带形，小苞片对生，卵形，全缘或边缘分裂；花直径6～9毫米；萼片5，三角卵形；花瓣黄色，长圆形；雄蕊5～8（15）枚；花柱2，丝状，柱头头状。果实倒卵圆锥形，外面有10条肋，被疏柔毛，顶端有数层钩刺，幼时直立，成熟时靠合，连钩刺长7～8毫米，最宽处直径3～4毫米。花果期5—12月。

生态环境：海拔600～1 800米的溪边、路旁、草地、灌丛、林缘及疏林下。

药用部位：全草。

性味功效：苦、辛，平。止血，健胃。

主　　治：咯血，吐血，尿血，便血，赤白痢疾，崩漏带下，劳伤脱力，痈肿，创伤出血。

桃

拉丁学名：*Amygdalus persica* L.

药 材 名： 桃仁。

别　　名： 桃子、桃实。

形态特征： 乔木，高3～8米；叶片长圆披针形、椭圆披针形或倒卵状披针形，长7～15厘米，宽2～3.5厘米，先端渐尖，基部宽楔形，上面无毛，下面在脉腋间具少数短柔毛或无毛，叶边具细锯齿或粗锯齿，齿端具腺体或无腺体；叶柄粗壮，长1～2厘米，常具1至数枚腺体，有时无腺体。花单生，先于叶开放，直径2.5～3.5厘米；花梗极短或几无梗；萼筒钟形，被短柔毛，稀几无毛，绿色而具红色斑点；萼片卵形至长圆形，顶端圆钝，外被短柔毛；花瓣长圆状椭圆形至宽倒卵形，粉红色，罕为白色；雄蕊约20～30，花药绯红色；花柱几与雄蕊等长或稍短；子房被短柔毛。果实形状和大小均有变异，卵形、宽椭圆形或扁圆形，直径（3）5～7（12）厘米，长几与宽相等，色泽变化由淡绿白色至橙黄色，常在向阳面具红晕，外面密被短柔毛，稀无毛，腹缝明显，果梗短而深入果洼；果肉白色、浅绿白色、黄色、橙黄色或红色，多汁有香味，甜或酸甜；核大，离核或粘核，椭圆形或近圆形，两侧扁平，顶端渐尖，表面具纵、横沟纹和孔穴；种仁味苦，稀味甜。花期3—4月，果实成熟期因品种而异，通常为8—9月。

生态环境： 海拔1 100～2 200米，栽培或野生。

药用部位： 果实。

性味功效： 甘、酸，温。生津，润肠，活血，消积。

主　　治： 津少口渴，肠燥便秘，闭经，积聚。

梅

拉丁学名： *Armeniaca mume* Sieb.

药 材 名： 梅。

别　　名： 酸梅、乌梅。

形态特征： 小乔木，稀灌木，高4～10米；树皮浅灰色或带绿色，平滑；小枝绿色，光滑无毛。叶片卵形或椭圆形，长4～8厘米，宽2.5～5厘米，先端尾尖，基部宽楔形至圆形，叶边常具小锐锯齿，灰绿色，幼嫩时两面被短柔毛，成长时逐渐脱落，或仅下面脉腋间具短柔毛；叶柄长1～2厘米，幼时具毛，老时脱落，常有腺体。花单生或有时2朵同生于1芽内，直径2～2.5厘米，香味浓，先于叶开放；花梗短，长1～3毫米，常无毛；花萼通常红褐色，但有些品种的花萼为绿色或绿紫色；萼筒宽钟形，无毛或有时被短柔毛；萼片卵形或近圆形，先端圆钝；花瓣倒卵形，白色至粉红色；雄蕊短或稍长于花瓣；子房密被柔毛，花柱短或稍长于雄蕊。果实近球形，直径2～3厘米，黄色或绿白色，被柔毛，味酸；果肉与核粘贴；核椭圆形，顶端圆形而有小突尖头，基部渐狭成楔形，两侧微扁，腹棱稍钝，腹面和背棱上均有明显纵沟，表面具蜂窝状孔穴。花期冬春季，果期5—6月。

生态环境： 栽培。

药用部位： 花、叶、根和种仁。

性味功效： 生梅、青梅：酸、平、无毒。乌梅（即青梅熏黑者）：酸、温、平、涩、无毒。白梅、盐梅、霜梅（即青梅用盐汁渍者，久则上霜）：酸、咸、平、无毒。

主　　治：盐梅：痈疽疮肿，霍乱吐泻。乌梅：泄痢口渴，大便下血及久痢不止，小便尿血，血崩。

皱皮木瓜

拉丁学名：*Chaenomeles speciosa*（Sweet）Nakai

药 材 名：酸木瓜。

别　　名：酸木瓜、贴梗海棠、秋木瓜。

形态特征：落叶灌木，高达 2 米，枝条直立开展，有刺；小枝圆柱形，微屈曲，无毛，紫褐色或黑褐色，有疏生浅褐色皮孔；冬芽三角卵形，先端急尖，近于无毛或在鳞片边缘具短柔毛，紫褐色。叶片卵形至椭圆形，稀长椭圆形，长 3～9 厘米，宽 1.5～5 厘米，先端急尖稀圆钝，基部楔形至宽楔形，边缘具有尖锐锯齿，齿尖开展，无毛或在萌蘖上沿下面叶脉有短柔毛；叶柄长约 1 厘米；托叶大形，草质，肾形或半圆形，稀卵形，长 5～10 毫米，宽 12～20 毫米，边缘有尖锐重锯齿，无毛。花先叶开放，3～5 朵簇生于二年生老枝上；花梗短粗，长约 3 毫米或近于无柄；花直径 3～5 厘米；萼筒钟状，外面无毛；萼片直立，半圆形稀卵形，长 3～4 毫米。宽 4～5 毫米，长约萼筒之半，先端圆钝，全缘或有波状齿，及黄褐色睫毛；花瓣倒卵形或近圆形，基部延伸成短爪，长 10～15 毫米，宽 8～13 毫米，猩红色，稀淡红色或白色；雄蕊 45～50，长约花瓣之半；花柱 5，基部合生，无毛或稍有毛，柱头头状，有不明显分裂，约与雄蕊等长。果实球形或卵球形，直径 4～6 厘米，黄色或带黄绿色，有稀疏不明显斑点，味芳香；萼片脱落，果梗短或近于无梗。花期 3—5 月，果期 9—10 月。

生态环境：栽培。

药用部位：果实。

性味功效：温，酸。平肝舒筋，祛湿和胃。

主　　治：湿痹拘挛，腰膝关节酸重疼痛，吐泻转筋，脚气水肿。

厚叶栒子

拉丁学名：*Cotoneaster coriaceus* Franch.

药 材 名：野苦梨根。

别　　名：野苦梨、野苦梨根皮、美丽栒子。

形态特征：常绿灌木，高 1～3 米；枝开展，小枝圆柱形，灰褐色，幼时密被黄色茸毛，逐渐脱落，老时无毛。叶片厚革质，倒卵形至椭圆形，长 2～4.5 厘米，宽 1.2～2.8 厘米，先端圆钝或急尖，具小突尖，基部楔形，全缘，上面光亮，无毛，叶脉下陷，下面密被黄色茸毛，叶脉突起，侧脉 7～10 对；叶柄长 4～8 毫米，幼时密被黄色茸毛，老时毛渐稀疏；托叶线状披针形，具稀疏茸毛，宿存。花序为复聚伞花序，直径 4～7 厘米，长 2.5～4.5 厘米，具多数（20 朵以上）小形而密集花朵，总花梗和花梗密被黄色茸毛；花梗长 1～2 毫米；花直径 4～5 毫米；萼筒钟状，外面密生茸毛，内面无毛；萼片三角形，先端急尖，外面有茸毛，内面无毛；花瓣平展，宽卵形，先端圆钝，基部有短爪，内面基部稍具细柔毛，白色；雄蕊 20，比花瓣稍短；花柱 2，与雄蕊近等长，离生；子房先端有柔毛。果实倒卵形，长 4～5 毫米，红色，表面有少数茸毛残留，具 2 小核。花期 5—6 月，果期 9—10 月。

生态环境：生于沟边草坡或丛林中，海拔 1 800～2 700 米。

药用部位：根。

性味功效：苦，凉。消肿，解毒。

主　　治：红肿恶疮。

西南栒子

拉丁学名：*Cotoneaster franchetii* Bois

药 材 名：马蝗果。

别　　名：马蛇果。

形态特征：半常绿灌木，高 1～3 米；枝开张，呈弓形弯曲，暗灰褐色或灰黑色，嫩枝密被糙伏毛，老时逐渐脱落。叶片厚，椭圆形至卵形，长 2～3 厘米，宽 1～1.5 厘米，先端急尖或渐尖，基部楔形，全缘，上面幼时具伏生柔毛，老时脱落，下面密被带黄色或白色茸毛；叶柄长 2～3 毫米，具茸毛；托叶线状披针形，有毛，成长时脱落。花 5～11 朵，成聚伞花序，生于短侧枝顶端，总花梗和花梗密被短柔毛；苞片线形，具柔毛；花梗长 2～4 毫米；花直径 6～7 毫米；萼筒钟状，外面密被柔毛，内面无毛；萼片三角形，先端急尖或短渐尖，外面密生柔毛，内面先端微具柔毛；花瓣直立，宽倒卵形或椭圆形，长 4 毫米，宽 3 毫米，先端圆钝，粉红色；雄蕊 20，比花瓣短；花柱 2～3，离生，短于雄蕊；子房先端有柔毛。果实卵球形，直径 6～7 毫米，橘红色，初时微具柔毛，最后无毛，常具 3 小核，有时多至 5 核。花期 6—7 月，果期 9—10 月。

生态环境：生于海拔 2 000～2 900 米的多石向阳山地灌木丛中。

药用部位：根。

性味功效：苦、涩，凉。清热解毒，消肿止痛。

主　　治：痄腮，淋巴结炎，麻疹。

野山楂

拉丁学名：*Crataegus cuneata* Sieb. et Zucc.

药 材 名：野山楂。

别　　名：南山楂、小叶山楂、红果子。

形态特征：落叶灌木，高达 15 米，分枝密，通常具细刺，刺长 5～8 毫米；小枝细弱，圆柱形，有棱，幼时被柔毛，一年生枝紫褐色，无毛，老枝灰褐色，散生长圆形皮孔；冬芽三角卵形，先端圆钝，无毛，紫褐色。叶片宽倒卵形至倒卵状长圆形，长 2～6 厘米，宽 1～4.5 厘米，先端急尖，基部楔形，下延连于叶柄，边缘有不规则重锯齿，顶端常有 3 或稀 5～7 浅裂片，上面无毛，有光泽，下面具稀疏柔毛，沿叶脉较密，以后脱落，叶脉显著；叶柄两侧有叶翼，长 4～15 毫米；托叶大形，草质，镰刀状，边缘有齿。伞房花序，直径 2～2.5 厘米，具花 5～7 朵，总花梗和花梗均被柔毛。花梗长约 1 厘米；苞片草质，披针形，条裂或有锯齿，长 8～12 毫米，脱落很迟；花直径约 1.5 厘米；萼筒钟状，外被长柔毛，萼片三角卵形，长约4毫米，约与萼筒等长，先端尾状渐尖，全缘或有齿，内外两面均具柔毛；花瓣近圆形或倒卵形，长6～7毫米，白色，基部有短爪；雄蕊20；花药红色；花柱4～5，基部被绒毛。果实近球形或扁球形，直径1～1.2厘米，红色或黄色，常具有宿存反折萼片或1苞片；小核4～5，内面两侧平滑。花期5—6月，果期9—11月。

生态环境： 山谷、多石湿地或山地灌木丛中，海拔250～2 000米。

药用部位： 果实。

性味功效： 酸、甘、微温。健胃、消积化滞。

主　　治： 肉食积滞，胃脘胀满，泻痢腹痛，瘀血经闭，产后瘀阻，心腹刺痛，疝气疼痛，高脂血症。

蛇莓

拉丁学名： *Duchesnea indica*（Andrews）Focke

药 材 名： 蛇莓。

别　　名： 蛇泡草、三叶莓。

形态特征： 多年生草本；根茎短，粗壮；匍匐茎多数，长30～100厘米，有柔毛。小叶片倒卵形至菱状长圆形，长2～3.5（5）厘米，宽1～3厘米，先端圆钝，边缘有钝锯齿，两面皆有柔毛，或上面无毛，具小叶柄；叶柄长1～5厘米，有柔毛；托叶窄卵形至宽披针形，长5～8毫米。花单生于叶腋；直径1.5～2.5厘米；花梗长3～6厘米，有柔毛；萼片卵形，长4～6毫米，先端锐尖，外面有散生柔毛；副萼片倒卵形，长5～8毫米，比萼片长，先端常具3～5锯齿；花瓣倒卵形，长5～10毫米，黄色，先端圆钝；雄蕊20～30；心皮多数，离生；花托在果期膨大，海绵质，鲜红色，有光泽，直径10～20毫米，外面有长柔毛。瘦果卵形，长约1.5毫米，光滑或具不显明突起，鲜时有光泽。花期6—8月，果期8—10月。

生态环境： 海拔1 800～2 400米的平坝、低山沟谷溪边、河边草丛中。

药用部位： 全草。

性味功效： 甘、苦，寒。清热解毒，散瘀消肿，凉血止血。

主　　治： 热病，惊痫，咳嗽，吐血，咽喉肿痛，痢疾，痈肿，疔疮，蛇虫咬伤，烫火伤，感冒，黄疸，目赤，口疮，痄腮，疖肿，崩漏，月经不调，跌打肿痛。

枇杷

拉丁学名： *Eriobotrya japonica*（Thunb.）Lindl.

药 材 名： 枇杷。

别　　名： 卢橘、金丸。

形态特征： 常绿小乔木，高可达10米；小枝粗壮，黄褐色，密生锈色或灰棕色茸毛。叶片革质，披针形、倒披针形、倒卵形或椭圆长圆形，长12～30厘米，宽3～9厘米，先端急尖或渐尖，基部楔形或渐狭成叶柄，上部边缘有疏锯齿，基部全缘，上面光亮，多皱，下面密生灰棕色茸毛，侧脉11～21对；叶柄短或几无柄，长6～10毫米，有灰棕色茸毛；托叶钻形，长1～1.5厘米，先端急尖，有毛。圆锥花序顶生，长10～19厘米，具多花；总花梗和花梗密生锈色茸毛；花梗长2～8毫米；苞片钻形，长2～5毫米，密生锈色茸毛；花直径12～20毫米；萼筒浅杯状，长4～5毫米，萼片三角卵形，长2～3毫米，先端急尖，萼筒及萼片外面有锈色茸毛；花瓣白色，长圆形或卵形，长5～9毫米，宽4～6毫米，基部具爪，有锈色茸毛；雄蕊20，远短于花瓣，花丝基部扩展；花柱5，离生，柱头头状，无毛，子房顶端有锈色柔毛，5室，每室有2胚珠。果实球形或长圆形，直径2～5厘米，黄色或橘黄色，外有锈色柔毛，不久脱落；种子1～5，球形或扁球形，直径1～1.5厘米，褐色，光亮，种皮纸质。花期10—12月，果期5—6月。

生态环境： 栽培。

药用部位： 果实、叶片。

性味功效： 甘酸，凉。润肺，止渴，下气。

主　　治： 肺痿咳嗽吐血，衄血，燥渴，呕逆。

黄毛草莓

拉丁学名： *Fragaria nilgerrensis* Schlecht. ex Gay

药 材 名： 白草莓。

别　　名： 野杨莓、草莓、白泡儿。

形态特征： 多年生草本，粗壮，密集成丛，高5～25厘米，茎密被黄棕色绢状柔毛，几与叶等长；叶三出，小叶具短柄，质地较厚，小叶片倒卵形或椭圆形，长1～4.5厘米，宽0.8～3厘米，顶端圆钝，顶生小叶基部楔形，侧生小叶基部偏斜，边缘具缺刻状锯齿，锯齿顶端急尖或圆钝，上面深绿色，被疏柔毛，下面淡绿色，被黄棕色绢状柔毛，沿叶脉上毛长而密；叶柄长4～18厘米，密被黄棕色绢状柔毛。聚伞花序（1）2～5（6）朵，花序下部具一或三出有柄的小叶；花两性，直径1～2厘米；萼片卵状披针形，比副萼片宽或近相等，副萼片披针形，全缘或2裂，果时增大；花瓣白色，圆形，基部有短爪；雄蕊20枚，不等长。聚合果圆形，白色、淡白黄色或红色，宿存萼片直立，紧贴果实；瘦果卵形，光滑。染色体n＝14。花期4—7月，果期6—8月。

生态环境： 生于山坡草地或沟边林下，海拔700～3 000米。

药用部位： 全草。

性味功效： 甘、苦，凉。清肺止咳，解毒消肿。

主　　治： 肺热咳嗽，百日咳，口舌生疮，疔疮，蛇咬伤，烫火伤。

路边青

拉丁学名： *Geum aleppicum* Jacq.

药 材 名： 草本水杨梅。

别　　名： 追风七、老五叶、海棠菜。

形态特征： 多年生草本。须根簇生。茎直立，高30～100厘米，被开展粗硬毛稀几无毛。基生叶为大头羽状复叶，通常有小叶2～6对，连叶柄长10～25厘米，叶柄被粗硬毛，小叶大小极不相等，顶生小叶最大，菱状广卵形或宽扁圆形，长4～8厘米，宽5～

10 厘米，顶端急尖或圆钝，基部宽心形至宽楔形，边缘常浅裂，有不规则粗大锯齿，锯齿急尖或圆钝，两面绿色，疏生粗硬毛；茎生叶羽状复叶，有时重复分裂，向上小叶逐渐减少，顶生小叶披针形或倒卵披针形，顶端常渐尖或短渐尖，基部楔形；茎生叶托叶大，绿色，叶状，卵形，边缘有不规则粗大锯齿。花序顶生，疏散排列，花梗被短柔毛或微硬毛；花直径 1～1.7 厘米；花瓣黄色，几圆形，比萼片长；萼片卵状三角形，顶端渐尖，副萼片狭小，披针形，顶端渐尖稀 2 裂，比萼片短 1 倍多，外面被短柔毛及长柔毛；花柱顶生，在上部 1/4 处扭曲，成熟后自扭曲处脱落，脱落部分下部被疏柔毛。聚合果倒卵球形，瘦果被长硬毛，花柱宿存部分无毛，顶端有小钩；果托被短硬毛，长约 1 毫米。花果期 7—10 月。

生态环境： 生于山坡草地、沟边、地边、河滩、林间隙地及林缘，海拔 200～3 500 米。

药用部位： 全草、根。

性味功效： 辛、甘，平。清热解毒，消肿止痛。

主　　治： 肠炎，痢疾，小儿惊风，腰腿痛，跌打损伤，月经不调，白带；外用治疗疮，痈肿。

西南委陵菜

拉丁学名： *Potentilla fulgens* Wall. ex Hook.

药 材 名： 管仲。

别　　名： 马屎根、翻白叶。

形态特征： 多年生草本。根粗壮，圆柱形。花茎直立或上升，高 10～60 厘米，密被开展长柔毛及短柔毛。基生叶为间断羽状复叶，有小叶 6～13（15）对，连叶柄长 6～30 厘米，叶柄密被开展长柔毛及短柔毛，小叶片无柄或有时顶生小叶片有柄，倒卵长圆形或倒卵椭圆形，长 16.5 厘米，宽 0.5～3.5 厘米，顶端圆钝。基部楔形或宽楔形，边缘有多数尖锐锯齿，上面绿色或暗绿色，伏生疏柔毛，下面密被白色绢毛及绒毛；茎生叶与基生叶相似，唯向上部小叶对数逐渐减少；基生叶托叶膜质，褐色，外被长柔毛；茎生叶托叶草质，下面被白色绢毛，上面绿色，被长柔毛，边缘有锐锯齿。伞房状聚伞花序顶生；花直径 1.2～1.5 厘米；萼片三角卵圆形，顶端急尖，外面绿色，被长柔毛，副萼片椭圆形，顶端急尖，全缘，稀有齿，外面密生白色绢毛，与萼片近等长；花瓣黄色，顶端圆钝，比萼片稍长；花柱近基生，两端渐狭，中间粗，子房无毛。瘦果光滑。花果期 6—10 月。

生态环境： 海拔 1 100～3 600 米的山坡草地、灌丛、林缘及林中。

药用部位： 根或带根全草。

性味功效： 寒，苦涩。清热解毒，涩肠止泻，凉血止血。

主　　治： 赤白下痢，肠炎腹泻，肠风下血，肺痨咯血，吐血，崩漏带下，外伤出血，疔疮，烫烧伤。

蛇含委陵菜

拉丁学名： *Potentilla kleiniana* Wight et Arn.

药 材 名：蛇含。

别　　名：五皮风、五皮草。

形态特征：一年生、二年生或多年生宿根草本。多须根。花茎上升或匍匐，常于节处生根并发育出新植株，长10～50厘米，被疏柔毛或开展长柔毛。基生叶为近于鸟足状5小叶，连叶柄长3～20厘米，叶柄被疏柔毛或开展长柔毛；小叶几无柄稀有短柄，小叶片倒卵形或长圆倒卵形，长0.5～4厘米，宽0.4～2厘米，顶端圆钝，基部楔形，边缘有多数急尖或圆钝锯齿，两面绿色，被疏柔毛，有时上面脱落几无毛，或下面沿脉密被伏生长柔毛，下部茎生叶有5小叶，上部茎生叶有3小叶，小叶与基生小叶相似，唯叶柄较短；基生叶托叶膜质，淡褐色，外面被疏柔毛或脱落几无毛，茎生叶托叶草质，绿色，卵形至卵状披针形，全缘，稀有1～2齿，顶端急尖或渐尖，外被稀疏长柔毛。聚伞花序密集枝顶如假伞形，花梗长1～1.5厘米，密被开展长柔毛，下有茎生叶如苞片状；花直径0.8～1厘米；萼片三角卵圆形，顶端急尖或渐尖，副萼片披针形或椭圆披针形，顶端急尖或渐尖，花时比萼片短，果时略长或近等长，外被稀疏长柔毛；花瓣黄色，倒卵形，顶端微凹，长于萼片；花柱近顶生，圆锥形，基部膨大，柱头扩大。瘦果近圆形，一面稍平，直径约0.5毫米，具皱纹。花果期4—9月。

生态环境：生于田边、水旁、草甸及山坡草地，海拔400～3 000米。

药用部位：全草。

性味功效：清热，解毒，止咳，化痰。

主　　治：疮毒，痈肿，蛇虫咬伤。

月季花

拉丁学名：*Potentilla fulgens* Wall. ex Hook.

药 材 名：月季花。

别　　名：月月红。

形态特征：直立灌木，高1～2米；小枝粗壮，圆柱形，近无毛，有短粗的钩状皮刺或无刺。小叶3～5，稀7，连叶柄长5～11厘米，小叶片宽卵形至卵状长圆形，长2.5～6厘米，宽1～3厘米，先端长渐尖或渐尖，基部近圆形或宽楔形，边缘有锐锯齿，两面近无毛，上面暗绿色，常带光泽，下面颜色较浅，顶生小叶片有柄，侧生小叶片近无柄，总叶柄较长，有散生皮刺和腺毛；托叶大部贴生于叶柄，仅顶端分离部分成耳状，边缘常有腺毛。花几朵集生，稀单生，直径4～5厘米；花梗长2.5～6厘米，近无毛或有腺毛，萼片卵形，先端尾状渐尖，有时呈叶状，边缘常有羽状裂片，稀全缘，外面无毛，内面密被长柔毛；花瓣重瓣至半重瓣，红色、粉红色至白色，倒卵形，先端有凹缺，基部楔形；花柱离生，伸出萼筒口外，约与雄蕊等长。果卵球形或梨形，长1～2厘米，红色，萼片脱落。花期4—9月，果期6—11月。

生态环境：栽培。

药用部位：花、根、叶。

性味功效：甘，温。

主　　治：花：月经不调，痛经，痈疖肿毒。叶：淋巴结结核，跌打损伤。根：跌打损伤，白带，遗精。

栽秧泡

拉丁学名： *Rubus ellipticus* Smith var. *obcordatus*（Franch.）Focke

药 材 名： 黄锁梅。

别　　名： 锁梅根、钻地风、黄泡刺根、黄泡。

形态特征： 灌木，高1～3米；小枝紫褐色，被较密的紫褐色刺毛或有腺毛，并具柔毛和稀疏钩状皮刺。小叶3枚，长2～5.5厘米，宽1.5～4（5）厘米，倒卵形，顶端浅心形或近截形；叶柄长2～6厘米，顶生小叶柄长2～3厘米，侧生小叶近无柄，均被紫红色刺毛、柔毛和小皮刺；托叶线形，具柔毛和腺毛。花数朵至十几朵，密集成顶生短总状花序，或腋生成束，稀单生；花梗短，长4～6毫米，具柔毛，无刺毛；苞片线形，有柔毛；花直径1～1.5厘米；花萼外面被带黄色茸毛和柔毛；萼片卵形，顶端急尖而具短尖头，外面密被黄灰色茸毛，在花果期均直立；花瓣匙形，边缘啮蚀状，具较密柔毛，基部具爪，白色或浅红色；花丝宽扁，短于花柱；花柱无毛，子房具柔毛。果实近球形，直径约1厘米，金黄色，无毛或小核果顶端具柔毛；核三角卵球形，密被皱纹。花期3—4月，果期4—5月。

生态环境： 生于山坡、路旁或灌丛中，海拔300～2 000米。

药用部位： 根、叶。

性味功效： 酸苦，平。清火解毒，消肿止痛，收敛止泻，利胆退黄。

主　　治： 赤白痢，筋骨疼痛，痿软麻木。

豆科 Leguminosae

羽叶金合欢

拉丁学名： *Acacia pennata*（L.）Willd.

药 材 名： 蛇藤。

别　　名： 帕哈（傣语）、臭菜。

形态特征： 攀缘、多刺藤本；小枝和叶轴均被锈色短柔毛。总叶柄基部及叶轴上部羽片着生处稍下均有突起的腺体1枚；羽片8～22对；小叶30～54对，线形，长5～10毫米，宽0.5～1.5毫米，彼此紧靠，先端稍钝，基部截平，具缘毛，中脉靠近上边缘。头状花序圆球形，直径约1厘米，具1～2厘米长的总花梗，单生或2～3个聚生，排成腋生或顶生的圆锥花序，被暗褐色柔毛；花萼近钟状，长约1.5毫米，5齿裂；花冠长约2毫米；子房被微柔毛。果带状，长9～20厘米，宽2～3.5厘米，无毛或幼时有极细柔毛，边缘稍隆起，呈浅波状；种子8～12颗，长椭圆形而扁。花期3—10月；果期7月至翌年4月。

生态环境： 生于海拔1 000～2 000米的疏林、灌木丛中，或村寨栽培。

药用部位： 根、叶及果实。

性味功效：酸、苦，寒。清火解毒，消肿止痛，祛风除湿。

主　　治：腮腺，颌下淋巴结核，乳痈，疔疮，疱疹，风湿关节疼痛。

白花羊蹄甲

拉丁学名：*Bauhinia variegata* L. var. *variegate*

药 材 名：老白花。

别　　名：弯叶树。

形态特征：小乔木或灌木；小枝“之”字曲折，无毛。叶近革质，卵圆形，有时近圆形，长 9～12 厘米，宽 8～12.5 厘米，基部通常心形，先端 2 裂达叶长的 1/3～2/5，裂片先端急尖或稍渐尖，很少呈圆形，上面无毛，下面被灰色短柔毛；基出脉 9～11 条，与支脉及网脉在叶下面均极明显突起；叶柄长 2.5～4 厘米，具沟，被短柔毛。总状花序腋生，呈伞房花序式，密集，少花（3～15 朵）；总花梗短，与花序轴均略被短柔毛；苞片与小苞片线形，具线纹，被柔毛；花蕾纺锤形，长约 2.5 厘米，略被毛或无毛，先端渐尖，顶冠以 5 条长约 3 毫米，锥尖、被毛的萼齿；萼佛焰状，一边开裂，顶端有 5 枚短的细齿；花瓣白色，倒卵状长圆形，无瓣柄；能育雄蕊 10 枚，2 轮，花丝长短不一，长 1.5～2.5 厘米，下部 1/3 被毛，花药长圆形，黄色；子房具长柄，略被柔毛或近无毛，花柱长15～20 毫米，柱头盾状，直径 3 毫米。荚果线状倒披针形，扁平，直或稍弯，先端急尖，具直的喙（宿存花柱），长 6～12 厘米，宽 1.5 厘米，内有隔膜，果颈长 1 厘米，果瓣革质，无毛，近腹缝处有 1 条隆起、锐尖的纵棱；种子 5～12 颗，直径 8～10 毫米，扁平。花期 4—6 月或全年，果期 6—8 月。

生态环境：丛林。

药用部位：根、树皮，叶及花。

性味功效：根：微涩，微凉。止血，健脾。树皮：苦、涩，平。健脾燥湿。叶：淡，平，润肺止咳。花：淡，凉。消炎。

主　　治：根：出血。树皮：消化不良，急性胃肠炎。叶：咳嗽，便秘。花：肺炎，支气管炎。

云实

拉丁学名：*Caesalpinia decapetala*（Roth）Alston

药 材 名：云实。

别　　名：老虎刺尖、到钩刺、黄牛刺、马豆、牛王刺、药王子。

形态特征：藤本；树皮暗红色；枝、叶轴和花序均被柔毛和钩刺。二回羽状复叶长 20～30 厘米；羽片 3～10 对，对生，具柄，基部有刺 1 对；小叶 8～12 对，膜质，长圆形，长 10～25 毫米，宽 6～12 毫米，两端近圆钝，两面均被短柔毛，老时渐无毛；托叶小，斜卵形，先端渐尖，早落。总状花序顶生，直立，长 15～30 厘米，具多花；总花梗多刺；花梗长 3～4 厘米，被毛，在花萼下具关节，故花易脱落；萼片 5，长圆形，被短柔毛；花瓣黄色，膜质，圆形或倒卵形，长 10～12 毫米，盛开时反卷，基部具短柄；雄蕊与花瓣近等长，花丝基部扁平，下部被绵毛；子房无毛。荚果长圆状舌形，长 6～12 厘米，宽 2.5～3 厘米，脆革质，栗褐色，无毛，有光泽，沿腹缝线膨胀成狭翅，成熟时沿腹缝线开裂，先端具尖喙；种子 6～9 颗，椭圆状，长约 11 毫米，宽约 6 毫米，种皮棕色。花果期 4—10 月。

生态环境：山坡灌丛中及平原、丘陵、河旁等地。

药用部位：根、茎及果。

性味功效：性温，味苦，涩；发表散寒，活血通经，解毒杀虫。

主　　治：筋骨疼痛、跌打损伤。

双荚决明

拉丁学名：*Cassia bicapsularis* L.

药 材 名：双荚决明。

别　　名：金边黄槐、双荚黄槐、腊肠仔树。

形态特征：直立灌木，多分枝，无毛。叶长 7～12 厘米，有小叶 3～4 对；叶柄长 2.5～4 厘米；小叶倒卵形或倒卵状长圆形，膜质，长 2.5～3.5 厘米，宽约 1.5 厘米，顶端圆钝，基部渐狭，偏斜，下面粉绿色，侧脉纤细，在近边缘处呈网结；在最下方的一对小叶间有黑褐色线形而钝头的腺体 1 枚。总状花序生于枝条顶端的叶腋间，常集成伞房花序状，长度约与叶相等，花鲜黄色，直径约 2 厘米；雄蕊 10 枚，7 枚能育，3 枚退化而无花药，能育雄蕊中有 3 枚特大，高出于花瓣，4 枚较小，短于花瓣。荚果圆柱状，膜质，直或微曲，长 13～17 厘米，直径 1.6 厘米，缝线狭窄；种子二列。花期 10—11 月；果期 11 月至翌年 3 月。

生态环境：海拔 1 400 米的山坡、旷野及河滩沙地上。栽培。

药用部位：种子。

性味功效：苦，寒。泻下导滞。

主　　治：便秘。

腊肠树

拉丁学名：*Cassia fistula* L.

药 材 名：婆罗门皂荚。

别　　名：猪肠豆、阿勃勒、波斯皂荚、牛角树、阿里勃勒、大斛树。

形态特征：落叶小乔木或中等乔木，高可达 15 米；枝细长；树皮幼时光滑，灰色，老时粗糙，暗褐色。叶长 30～40 厘米，有小叶 3～4 对，在叶轴和叶柄上无翅亦无腺体；小叶对生，薄革质，阔卵形，卵形或长圆形，长 8～13 厘米，宽 3.5～7 厘米，顶端短渐尖而钝，基部楔形，边全缘，幼嫩时两面被微柔毛，老时无毛；叶脉纤细，两面均明显；叶柄短。总状花序长达 30 厘米或更长，疏散，下垂；花与叶同时开放，直径约 4 厘米；花梗柔弱，长 3～5 厘米，下无苞片；萼片长卵形，薄，长 1～1.5 厘米，开花时向后反折；花瓣黄色，倒卵形，近等大，长 2～2.5 厘米，具明显的脉；雄蕊 10 枚，其中 3 枚具长而弯曲的花丝，高出于花瓣，4 枚短而直，具阔大的花药，其余 3 枚很小，不育，花药纵裂。荚果圆柱形，长 30～60 厘米，直径 2～2.5 厘米，黑褐色，不开裂，有 3 条槽纹；

种子40～100颗，为横膈膜所分开。花期6—8月；果期10月。

生态环境： 栽培。

药用部位： 根、树皮、果瓤和种子。

性味功效： 苦，大寒，无毒。清热通便，化滞止痛。

主　　治： 便秘，胃脘痛，疳积。

铁刀木

拉丁学名： *Cassia siamea* Lam.

药 材 名： 黑心树。

别　　名： 黑心树、挨刀树。

形态特征： 乔木，高约10米；树皮灰色，近光滑，稍纵裂；嫩枝有棱条，疏被短柔毛。叶长20～30厘米；叶轴与叶柄无腺体，被微柔毛；小叶对生，6～10对，革质，长圆形或长圆状椭圆形，长3～6.5厘米，宽1.5～2.5厘米，顶端圆钝，常微凹，有短尖头，基部圆形，上面光滑无毛，下面粉白色，边全缘；小叶柄长2～3毫米；托叶线形，早落。总状花序生于枝条顶端的叶腋，并排成伞房花序状；苞片线形，长5～6毫米；萼片近圆形，不等大，外生的较小，内生的较大，外被细毛；花瓣黄色，阔倒卵形，长12～14毫米，具短柄；雄蕊10枚，其中7枚发育，3枚退化，花药顶孔开裂；子房无柄，被白色柔毛。荚果扁平，长15～30厘米，宽1～1.5厘米，边缘加厚，被柔毛，熟时带紫褐色；种子10～20颗。花期10—11月；果期12月至翌年1月。

生态环境： 生于低海拔山坡，村边亦有栽培。

药用部位： 叶、果实。

性味功效： 味苦，性寒。祛风除湿，浮肿止痛，杀虫止痒。

主　　治： 痞满腹胀，头晕，脚转筋。

假地蓝

拉丁学名： *Crotalaria ferruginea* Grah. ex Benth.

药 材 名： 假地蓝。

别　　名： 大响铃豆、野花生。

形态特征： 草本，基部常木质，高60～120厘米；茎直立或铺地蔓延，具多分枝，被棕黄色伸展的长柔毛。托叶披针形或三角状披针形，长5～8毫米；单叶，叶片椭圆形，长2～6厘米，宽1～3厘米，两面被毛，尤以叶下面叶脉上的毛更密，先端钝或渐尖，基部略楔形，侧脉隐见。总状花序顶生或腋生，有花2～6朵；苞片披针形，长2～4毫米，小苞片与苞片同型，生萼筒基部；花梗长3～5毫米；花萼二唇形，长10～12毫米，密被粗糙的长柔毛，深裂，几达基部，萼齿披针形；花冠黄色，旗瓣长椭圆形，长8～10毫米，翼瓣长圆形，长约8毫米，龙骨瓣与翼瓣等长，中部以上变狭形成长喙，包被萼内或与之等长；子房无柄。荚果长圆形，无毛，长2～3厘米；种子20～30颗。花果期6—12月。

生态环境： 生于山坡疏林及荒山草地。海拔400～1 000米。

药用部位： 全草。

性味功效： 消炎，平喘，止咳。

主　　治： 目眩耳鸣，遗精，慢性肾炎，膀胱炎，慢性支气管炎等。

线叶猪屎豆

拉丁学名： *Crotalaria linifolia* L. f.

药 材 名： 线叶猪屎豆。

别　　名： 密叶猪屎豆、线叶野百合。

形态特征： 多年生草本，基部常呈木质，高 50～100 厘米；茎圆柱形，密被丝质短柔毛。托叶小，通常早落；单叶，倒披针形或长圆形，长 2～5 厘米，宽 0.5～1.5 厘米，先端渐尖或钝尖，具细小的短尖头，基部渐狭，但非楔形，两面被丝质柔毛；叶柄短。总状花序顶生或腋生，有花多朵，花序长 10～20 厘米；苞片披针形，长 2～3 毫米，小苞片与苞片相似，生萼筒基部；花萼二唇形，长 6～7 毫米，深裂，上唇二萼齿阔披针形或阔楔形，合生，下唇三萼齿披针形，密被锈色柔毛；花冠黄色，旗瓣圆形或长圆形，先端圆或凹，长 5～7 毫米，基部边缘被毛，胼胝体垫状，翼瓣长圆形，长 6～7 毫米，龙骨瓣长约 8 毫米，近直生，中部以上变狭，具长喙；子房无柄。荚果四角菱形，长 5～6 毫米，无毛，成熟后果皮黑色；种子 8～10 颗。花期 5—10 月，果期 8—12 月。

生态环境： 生于山坡路旁。海拔 500～2 500 米。

药用部位： 全草。

性味功效： 清热解毒、消肿止痛。

主　　治： 治耳鸣、遗精、妇女血痨，外用治疮痛、癣疥等症。

凤凰木

拉丁学名： *Delonix regia* (Boj.) Raf.

药 材 名： 凤凰木。

别　　名： 火凤凰、红楹、火树、红花楹、凤凰花。

形态特征： 高大落叶乔木。叶为二回偶数羽状复叶，长 20～60 厘米，具托叶；下部的托叶明显地羽状分裂，上部的成刚毛状；叶柄长 7～12 厘米，光滑至被短柔毛，上面具槽，基部膨大呈垫状；羽片对生，15～20 对，长达 5～10 厘米；小叶 25 对，密集对生，长圆形，长 4～8 毫米，宽 3～4 毫米，两面被绢毛，先端钝，基部偏斜，边全缘；中脉明显；小叶柄短。伞房状总状花序顶生或腋生；花大而美丽，直径 7～10 厘米，鲜红至橙红色，具 4～10 厘米长的花梗；花托盘状或短陀螺状；萼片 5，里面红色，边缘绿黄色；花瓣 5，匙形，红色，具黄色白色花斑，长 5～7 厘米，宽 3.7～4 厘米，开花后向花萼反卷，瓣柄细长，长约 2 厘米；荚果带形，扁平，长 30～60 厘米，宽 3.5～5 厘米，稍弯曲，暗红褐色，成熟时黑褐色，顶端有宿存花柱；种子 20～40 颗，横长圆形，平滑，坚硬，黄色染有褐斑。花期 6—7 月，果期 8—10 月。

生态环境： 栽培。

药用部位： 树皮、根。

性味功效：甘，淡，寒。树皮：平阳潜阳，清热。

主　　治：树皮：眩晕，心烦不宁。根：风湿痛。

假地豆

拉丁学名：*Desmodium heterocarpon*（L.）DC.

药 材 名：山地豆。

别　　名：假花生、大叶青、异果山绿豆、稗豆。

形态特征：小灌木或亚灌木。茎直立或平卧。叶为羽状三出复叶，小叶 3；托叶宿存，狭三角形，长 5～15 毫米，先端长尖，基部宽，叶柄长 1～2 厘米，略被柔毛；小叶纸质，顶生小叶椭圆形，长椭圆形或宽倒卵形，长 2.5～6 厘米，宽 1.3～3 厘米，侧生小叶通常较小，先端圆或钝，微凹，具短尖，基部钝，上面无毛，无光泽，下面被贴伏白色短柔毛，全缘，侧脉每边 5～10 条，不达叶缘；小托叶丝状，长约 5 毫米；小叶柄长 1～2 毫米，密被糙伏毛。总状花序顶生或腋生，长 2.5～7 厘米，总花梗密被淡黄色开展的钩状毛；花极密，每 2 朵生于花序的节上；苞片卵状披针形，被缘毛，在花未开放时呈覆瓦状排列；花梗长 3～4 毫米，近无毛或疏被毛；花萼长 1.5～2 毫米，钟形，4 裂，疏被柔毛，裂片三角开，较萼筒稍短，上部裂片先端微 2 裂；花冠紫红色，紫色或白色；雄蕊二体，长约 5 毫米；雌蕊长约 6 毫米，子房无毛或被毛，花柱无毛。荚果密集，狭长圆形，长 12～20 毫米，宽 2.5～3 毫米，腹缝线浅波状，腹背两缝线被钩状毛，有荚节 4～7，荚节近方形。花期 7—10 月，果期 10—11 月。

生态环境：海拔 600～1 800 米的山坡草地、水旁、灌丛或林中。

药用部位：全株。

性味功效：苦、甘，寒。清热解毒，消肿止痛。

主　　治：跌打损伤，流行性乙型脑炎，痄腮，咳嗽，小儿疳积。

广东金钱草

拉丁学名：*Desmodium styracifolium*（Osbeck）Merr.

药 材 名：广东金钱草。

别　　名：金钱草、铜钱射草、广金钱草。

形态特征：直立亚灌木状草本，高 30～100 厘米。多分枝，幼枝密被白色或淡黄色毛。叶通常具单小叶，有时具 3 小叶；叶柄长 1～2 厘米，密被贴伏或开展的丝状毛；托叶披针形，长 7～8 毫米，宽 1.5～2 毫米，先端尖，基部偏斜，被毛；小叶厚纸质至近革质，圆形或近圆形至宽倒卵形；小托叶钻形或狭三角形，长 2.5～5 毫米，疏生柔毛；小叶柄长 5～8 毫米，密被贴伏或开展的丝状毛。总状花序短，顶生或腋生，长 1～3 厘米，总花梗密被绢毛；花密生，每 2 朵生于节上；花梗长 2～3 毫米，无毛或疏生开展的柔毛，果时下弯；苞片密集，覆瓦状排列，宽卵形，长 3～4 毫米，被毛；花萼长约 3.5 毫米，密被小钩状毛和混生丝状毛，萼筒长约 1.5 毫米，顶端 4 裂，裂片近等长，上部裂片又 2 裂；花冠紫红色；雄蕊二体，长 4～6 毫米；雌蕊长约 6 毫米，子房线形，被毛。荚果长 10～20 毫米，宽约 2.5 毫米，被短柔毛和小钩状毛，腹缝线直，背缝线波状，有荚节 3～

6，荚节近方形，扁平，具网纹。花果期6—9月。

生态环境：生于山坡、草地或灌木丛中，海拔1 000米以下。

药用部位：全株。

性味功效：平肝火，清湿热，利尿通淋。

主　　治：肾炎浮肿，尿路感染，尿路结石，胆囊结石，黄疸肝炎，小儿疳积，荨麻疹等。

刺桐

拉丁学名：*Erythrina variegata* Linn.

药 材 名：海桐皮。

别　　名：海桐。

形态特征：大乔木，高可达20米。树皮灰褐色，枝有明显叶痕及短圆锥形的黑色直刺，髓部疏松，颓废部分成空腔。羽状复叶具3小叶，常密集枝端；托叶披针形，早落；叶柄长10～15厘米，通常无刺；小叶膜质，宽卵形或菱状卵形，先端渐尖而钝，基部宽楔形或截形；基脉3条，侧脉5对；小叶柄基部有一对腺体状的托叶。总状花序顶生，长10～16厘米，上有密集、成对着生的花；总花梗木质，粗壮，长7～10厘米，花梗长约1厘米，具短茸毛；花萼佛焰苞状；花冠红色。荚果黑色，种子1～8颗，肾形，暗红色。花期3月，果期8月。

生态环境：栽培。

药用部位：树皮。

性味功效：辛、苦，平。除湿利痹，清热化湿。

主　　治：风湿麻木，腰腿筋骨疼痛，跌打损伤。

大叶千斤拔

拉丁学名：*Flemingia macrophylla*（Willd.）Prain

药 材 名：大叶千斤拔根。

别　　名：假乌豆草、皱面树。

形态特征：直立灌木。叶具指状3小叶：托叶大，披针形，长可达2厘米，先端长尖，被短柔毛，具腺纹，常早落；叶柄长3～6厘米，具狭翅，被毛与幼枝同；小叶纸质或薄革质，顶生小叶宽披针形至椭圆形，长8～15厘米，宽4～7厘米，先端渐尖，基部楔形；小叶柄长2～5毫米，密被毛。总状花序常数个聚生于叶腋，长3～8厘米，常无总梗；花多而密集；花梗极短；花萼钟状，花序轴、苞片、花梗均密被灰色至灰褐色柔毛；花冠紫红色，稍长于萼，旗瓣长椭圆形，具短瓣柄及2耳，翼瓣狭椭圆形，一侧略具耳，瓣柄纤细，龙骨瓣长椭圆形，先端微弯，基部具长瓣柄和一侧具耳；雄蕊二体；子房椭圆形，被丝质毛，花柱纤细。荚果椭圆形，褐色；种子1～2颗，球形光亮黑色。花期6—9月，果期10—12月。

生态环境：旷野草地上或灌丛中，山谷路旁和疏林阴处亦有生长，海拔200～1 500米。

药用部位：根。

性味功效：祛风活血，强腰壮骨。

主　　治：风湿骨痛。

茸毛木蓝

拉丁学名：*Indigofera stachyodes* Lindl.

药 材 名：茸毛木蓝。

别　　名：山红花、血人参、红苦刺。

形态特征：灌木。羽状复叶长 10～20 厘米；叶柄极短，叶轴上面有槽，密生软毛；托叶线形，长 5～6 毫米，被长软毛；小叶（9）15～20（25）对，互生或近对生，长圆状披针形，顶生小叶倒卵状长圆形。总状花序长达 12 厘米，多花；总花梗长于叶柄，与花序轴均密被长软毛；苞片线形，长达 7 毫米，被毛；花梗长约 1.5 毫米，被毛；花萼长约 3.5 毫米，被棕色长软毛，萼筒长 1.5 毫米，萼齿披针形，不等长，最下萼齿长约 2 毫米；花冠深红色或紫红色，旗瓣椭圆形，长 1～1.1 厘米，宽约 5 毫米，外面有长软毛，翼瓣长约 9.5 毫米，无毛，龙骨瓣长约 1 厘米，上部及边缘具毛，余部无毛；花药卵形，两端无毛；子房仅缝线上有疏短柔毛。荚果圆柱形，长 3～4 厘米，密生长柔毛，内果皮有紫红色斑点，有种子 10 余粒；果梗粗短，长约 1 毫米，下弯或平展；种子赤褐色，方形。花期 4—7 月，果期 8—11 月。

生态环境：海拔 700～2 400 米处的山坡阳处或灌丛中。

药用部位：根。

性味功效：微苦、涩，温。活血止痛，舒筋活络，滋阴补肾，补气摄血。

主　　治：崩漏，跌打风湿，肝硬化，疳积，痢疾；溃疡日久气血两虚。

扁豆

拉丁学名：*Lablab purpureus*（L.）Sweet Hort.

药 材 名：扁豆。

别　　名：膨皮豆，藤豆，沿篱豆，鹊豆。

形态特征：多年生、缠绕藤本。全株几无毛，茎长可达 6 米，常呈淡紫色。羽状复叶具 3 小叶；托叶基着，披针形；小托叶线形，长 3～4 毫米；小叶宽三角状卵形，长 6～10 厘米，宽约与长相等，侧生小叶两边不等大，偏斜，先端急尖或渐尖，基部近截平。总状花序直立，长 15～25 厘米，花序轴粗壮，总花梗长 8～14 厘米；小苞片 2，近圆形，长 3 毫米，脱落；花 2 至多朵簇生于每一节上；花萼钟状；花冠白色或紫色，旗瓣圆形，基部两侧具 2 枚长而直立的小附属体，附属体下有 2 耳，翼瓣宽倒卵形，具截平的耳，龙骨瓣呈直角弯曲，基部渐狭成瓣柄；子房线形，无毛，花柱比子房长，弯曲不逾 90°，一侧扁平，近顶部内缘被毛。荚果长圆状镰形，长 5～7 厘米，近顶端最阔，宽 1.4～1.8 厘米，扁平，直或稍向背弯曲，顶端有弯曲的尖喙，基部渐狭；种子 3～5 颗，扁平，长椭圆形，在白花品种中为白色，在紫花品种中为紫黑色，种脐线形，长约占种子周围的 2/5。花期 4—12 月。

生态环境：栽培。

药用部位：种子。

性味功效：甘，温。健脾和中，消暑化湿。

主　　治：暑湿吐泻，脾虚呕逆，食少久泄，水停消渴，赤白带下，小儿疳积。

截叶铁扫帚

拉丁学名：*Lespedeza cuneata*（Dum. Cours.）G. Don

药 材 名：铁扫把。

别　　名：夜关门、苍蝇翼、铁马鞭。

形态特征：小灌木，高达1米。茎直立或斜升，被毛，上部分枝；分枝斜上举。叶密集，柄短；小叶楔形或线状楔形，长1～3厘米，宽2～5（7）毫米，先端截形成近截形，具小刺尖，基部楔形，上面近无毛，下面密被伏毛。总状花序腋生，具2～4朵花；总花梗极短；小苞片卵形或狭卵形，长1～1.5毫米，先端渐尖，背面被白色伏毛，边具缘毛；花萼狭钟形，密被伏毛，5深裂，裂片披针形；花冠淡黄色或白色，旗瓣基部有紫斑，有时龙骨瓣先端带紫色，冀瓣与旗瓣近等长，龙骨瓣稍长；闭锁花簇生于叶腋。荚果宽卵形或近球形，被伏毛，长2.5～3.5毫米，宽约2.5毫米。花期7—8月，果期9—10月。

生态环境：海拔1 600～1 900米的山坡林缘、草丛。

药用部位：全株。

性味功效：微苦，平。平肝明目，祛风利湿，散瘀消肿。

主　　治：病毒性肝炎，痢疾，慢性支气管炎，小儿疳积，风湿关节，夜盲，角膜溃疡，乳腺炎。

银合欢

拉丁学名：*Leucaena leucocephala*（Lam.）de Wit

别　　名：白合欢。

形态特征：灌木或小乔木，高2～6米；幼枝被短柔毛，老枝无毛，具褐色皮孔，无刺；托叶三角形，小。羽片4～8对，长5～9（16）厘米，叶轴被柔毛，在最下一对羽片着生处有黑色腺体1枚；小叶5～15对，线状长圆形，长7～13毫米，宽1.5～3毫米，先端急尖，基部楔形，边缘被短柔毛，中脉偏向小叶上缘，两侧不等宽。头状花序通常1～2个腋生，直径2～3厘米；苞片紧贴，被毛，早落；总花梗长2～4厘米；花白色；花萼长约3毫米，顶端具5细齿，外面被柔毛；花瓣狭倒披针形，长约5毫米，背被疏柔毛；雄蕊10枚，通常被疏柔毛，长约7毫米；子房具短柄，上部被柔毛，柱头凹下呈杯状。荚果带状，长10～18厘米，宽1.4～2厘米，顶端突尖，基部有柄，纵裂，被微柔毛；种子6～25颗，卵形，长约7.5毫米，褐色，扁平，光亮。花期4—7月，果期8—10月。

生态环境：生于低海拔的荒地或疏林中。原产热带美洲，现广布于各热带地区，常栽培。

药用部位：树皮、种子。

主　　治：种子：糖尿病。树皮：心悸怔忡，骨折，疥疮。

补骨脂

拉丁学名：*Psoralea corylifolia* Linn.

药 材 名：补骨脂。

别　　名：破故纸、和兰苋、胡韭子。

形态特征：一年生直立草本，高 60～150 厘米。枝坚硬，疏被白色绒毛，有明显腺点。叶为单叶，有时有 1 片长约 1～2 厘米的侧生小叶；托叶镰形，长 7～8 毫米；叶柄长 2～4.5 厘米，有腺点；小叶柄长 2～3 毫米，被白色茸毛；叶宽卵形，长 4.5～9 厘米，宽 3～6 厘米，先端钝或锐尖，基部圆形或心形，边缘有粗而不规则的锯齿，质地坚韧，两面有明显黑色腺点，被疏毛或近无毛。花序腋生，有花 10～30 朵，组成密集的总状或小头状花序，总花梗长 3～7 厘米，被白色柔毛和腺点；苞片膜质，披针形，长 3 毫米，被绒毛和腺点；花梗长约 1 毫米；花萼长 4～6 毫米，被白色柔毛和腺点，萼齿披针形，下方一个较长，花冠黄色或蓝色，花瓣明显具瓣柄，旗瓣倒卵形，长 5.5 毫米；雄蕊 10，上部分离。荚果卵形，长 5 毫米，具小尖头，黑色，表面具不规则网纹，不开裂，果皮与种子不易分离；种子扁。花果期 7—10 月。

生态环境：常生长于山坡、溪边、田边。

药用部位：果实。

性味功效：辛、苦，温。温肾助阳，纳气，止泻。

主　　治：阳痿遗精，遗尿尿频，腰膝冷痛，肾虚作喘，五更泄泻。外用治白癜风，斑秃。

苦葛

拉　　丁学名：*Pueraria peduncularis*（Grah. ex Benth.）Benth.

药 材 名：苦葛根。

别　　名：红苦葛、白苦葛、云南葛藤。

形态特征：缠绕草本，各部被疏或密的粗硬毛。羽状复叶具 3 小叶；托叶基着，披针形，早落；小托叶小，刚毛状；小叶卵形或斜卵形，长 5～12 厘米，宽 3～8 厘米，全缘，先端渐尖，基部急尖至截平，两面均被粗硬毛，稀可上面无毛；叶柄长 4～12 厘米。总状花序长 20～40 厘米，纤细，苞片和小苞片早落；花白色，3～5 朵簇生于花序轴的节上；花梗纤细，长 2～6 毫米，萼钟状，长 5 毫米，被长柔毛，上方的裂片极宽，下方的稍急尖，较管为短；花冠长约 1.4 厘米，旗瓣倒卵形，基部渐狭，具 2 个狭耳，无痂状体，翼瓣稍比龙骨瓣长，龙骨瓣顶端内弯扩大，无喙，颜色较深；对旗瓣的 1 枚雄蕊稍宽，和其他的雄蕊紧贴但不连合。迹果线形，长 5～8 厘米，宽 6～8 毫米，直，光亮，果瓣近纸质，近无毛或疏被柔毛。花期 8 月，果期 10 月。

生态环境：荒地、杂木林中。

药用部位：根。

性味功效：清热，透疹，生津止渴。

主　　治：麻疹、口疮、消渴。

葛

拉丁学名：*Pueraria lobata*（Willd.）Ohwi

药 材 名：葛根。

别　　名：葛藤、野葛。

形态特征：粗壮藤本，长可达8米，全体被黄色长硬毛，茎基部木质，有粗厚的块状根。羽状复叶具3小叶；托叶背着，卵状长圆形，具线条；小托叶线状披针形，与小叶柄等长或较长；小叶三裂，偶尔全缘，顶生小叶宽卵形或斜卵形，长7～15（19）厘米，宽5～12（18）厘米，先端长渐尖，侧生小叶斜卵形，稍小，上面被淡黄色、平伏的疏柔毛。下面较密；小叶柄被黄褐色茸毛。总状花序长15～30厘米，中部以上有颇密集的花；苞片线状披针形至线形，远比小苞片长，早落；小苞片卵形，长不及2毫米；花2～3朵聚生于花序轴的节上；花萼钟形，长8～10毫米，被黄褐色柔毛，裂片披针形，渐尖，比萼管略长；花冠长10～12毫米，紫色，旗瓣倒卵形，基部有2耳及一黄色硬痂状附属体，具短瓣柄，翼瓣镰状，较龙骨瓣为狭，基部有线形、向下的耳，龙骨瓣镰状长圆形，基部有极小、急尖的耳；对旗瓣的1枚雄蕊仅上部离生；子房线形，被毛。荚果长椭圆形，长5～9厘米，宽8～11毫米，扁平，被褐色长硬毛。花期9—10月，果期11—12月。

生态环境：海拔1 700～2 500米的村边地角、林边向阳处。

药用部位：根、花。

性味功效：根：甘、辛，凉。解肌退热，生津，透疹，升阳止泻。花：解酒醒脾。

主　　治：根：温病发热，头痛，项背牵强，口渴泻痢，麻疹初起，早期突发性耳聋。花：伤酒烦渴，不思饮食，吐逆吐酸。

蔓茎葫芦茶

拉丁学名：*Tadehagi pseudotriquetrum*（DC.）Yang et Huang

药 材 名：葫芦茶。

别　　名：一条根、龙舌黄。

形态特征：亚灌木，茎蔓生，长30～60厘米。幼枝三棱形，棱上疏被短硬毛，老时变无毛。叶仅具单小叶；托叶披针形，长达1.5厘米，有条纹；叶柄长0.7～3.2厘米，两侧有宽翅，翅宽3～7毫米，与叶同质；小叶卵形，有时为卵圆形。总状花序顶生和腋生，长达25厘米，被贴伏丝状毛和小钩状毛；花通常2～3朵簇生于每节上；苞片狭三角形或披针形，长达10毫米，花梗长约5毫米，被丝状毛和小钩状毛；花萼长5毫米，疏被柔毛，萼裂片披针形，稍长于萼筒；花冠紫红色，长7毫米，伸出萼外；旗瓣近圆形，先端凹入，翼瓣倒卵形，基部具钝而向下的耳，龙骨瓣镰刀状，无耳，有瓣柄，瓣柄长略与瓣片相等；子房被毛，花柱无毛。荚果长2～4厘米，宽约5毫米，仅背腹缝线密被白色柔毛，果皮无毛，具网脉，腹缝线直，背缝线稍缢缩，有荚节5～8。花期8月，果期10—11月。

生态环境：生于山地疏林下，海拔500～2 000米。

药用部位： 根。

性味功效： 性平，味微苦辛。清热解毒。

主　　治： 风热咳嗽，肺痈，黄疸，痈肿，瘰疬，骨痨。

赤小豆

拉丁学名： *Vigna umbellata*（Thunb.）Ohwi et Ohashi

药 材 名： 赤小豆。

别　　名： 米豆、饭豆。

形态特征： 一年生草本。茎纤细，长达 1 米或 1 米以上，幼时被黄色长柔毛，老时无毛。羽状复叶具 3 小叶；托叶盾状着生，披针形或卵状披针形，长 10～15 毫米，两端渐尖；小托叶钻形，小叶纸质，卵形或披针形，长 10～13 厘米，宽（2）5～7.5 厘米，先端急尖，基部宽楔形或钝，全缘或微 3 裂，沿两面脉上薄被疏毛，有基出脉 3 条。总状花序腋生，短，有花 2～3 朵；苞片披针形；花梗短，着生处有腺体；花黄色，龙骨瓣右侧具长角状附属体。荚果线状圆柱形，下垂，长 6～10 厘米，宽约 5 毫米，无毛，种子 6～10 颗，长椭圆形，通常暗红色，有时为褐色、黑色或草黄色，直径 3～3.5 毫米，种脐凹陷。花期 5—8 月。

生态环境： 栽培。

药用部位： 种子。

性味功效： 甘、酸，平。行血补血，健脾去湿，利水消肿。

主　　治： 水肿胀满，脚气肢肿，黄疸尿赤，风湿热痹，痈肿疮毒，肠痈腹痛。

酢浆草科 Oxalidaceae

酢浆草

拉丁学名： *Oxalis corniculata* L.

药 材 名： 酢浆草。

别　　名： 酸浆草、酸酸草。

形态特征： 草本，高 10～35 厘米，全株被柔毛。根茎稍肥厚。茎细弱，多分枝，直立或匍匐，匍匐茎节上生根。叶基生或茎上互生；托叶小，长圆形或卵形，边缘被密长柔毛，基部与叶柄合生，或同一植株下部托叶明显而上部托叶不明显；叶柄长 1～13 厘米，基部具关节；小叶 3，无柄，倒心形，长 4～16 毫米，宽 4～22 毫米，先端凹入，基部宽楔形，两面被柔毛或表面无毛，沿脉被毛较密，边缘具贴伏缘毛。花单生或数朵集为伞形花序状，腋生，总花梗淡红色，与叶近等长；花梗长 4～15 毫米，果后延伸；小苞片 2，披针形，长 2.5～4 毫米，膜质；萼片 5，披针形或长圆状披针形，长 3～5 毫米，背面和边缘被柔毛，宿存；花瓣 5，黄色，长圆状倒卵形，长 6～8 毫米，宽 4～5 毫米；雄蕊 10，花丝白色半透明，有时被疏短柔毛，基部合生，长、短互间，长者花药较大且早熟；子房长圆形，5 室，被短伏毛，花柱 5，柱头头状。蒴果长圆柱形，长 1～2.5 厘米，5 棱。种子长卵形，长 1～1.5 毫米，褐色或红棕色，具横向肋状网纹。花果期 2—9 月。

生态环境： 多生于平坝、田边、旷地湿润处及房前屋后草地。

药用部位： 全草。

性味功效： 酸，寒。清热利湿，凉血散瘀，消肿解毒。

主　　治： 腹泻腹痛，泻下红白，小便热涩疼痛，肢体关节疼痛，跌打损伤。

牻牛儿苗科 Geraniaceae

刚毛紫地榆

拉丁学名： *Geranium hispidissimum*（Franch.）R. Knuth

别　　名： 糙毛老鹳草。

形态特征： 多年生草本，高 25～30 厘米。根茎短粗，先端具残存基生托叶，生有若干稍肥厚的圆柱形根。茎多数、仰卧，密被开展的多细胞刺毛状腺毛（或无腺头）和倒向弯曲的短柔毛。叶基生和茎上对生；托叶披针形或狭披针形，长 6～11 毫米，宽 2～3.5 毫米，被短柔毛和长腺毛；基生叶和茎下部叶具长柄，柄长为叶片的 1.5～2 倍，密被开展的刺毛状长腺毛和短柔毛而呈灰白色，向上叶柄逐渐变短；叶片五角状肾圆形，长 3～4 厘米，宽 5～8 厘米，5 深裂达 3/4 处，裂片倒卵状菱形，下部全缘，上部通常 2～3 深裂，小裂片上部具 2～3 牙齿，齿端急尖，具不明显尖头，表面被多细胞棒状透明伏毛，背面密被短柔毛和沿脉被透明刺毛状长腺毛而呈灰白色。总花梗腋生和顶生，细弱，稍长于叶，密被与叶柄相似的毛；花梗与总花梗相似，长为花的 1～2 倍；苞片钻状，长 6～10 毫米；萼片卵状椭圆形，长 6～7 毫米，宽约 3 毫米，被开展刺毛状腺毛，先端具长达 3 毫米的尖头；花瓣紫红色，等于或稍长于萼片或长为萼片的 1.5 倍，倒卵形，先端圆形，基部渐狭，边缘被柔毛；雄蕊与花萼近等长，花丝下部扩展，被疏柔毛，花药棕褐色；雌蕊密被短柔毛。蒴果长约 2 厘米，被短柔毛。花期 6—7 月，果期 7—9 月。

生态环境： 生于海拔 1 500～3 000 米的山坡草地。

药用部位： 全草。

性味功效： 消炎，止血。

主　　治： 全草：消化不良，腹泻，鼻衄，产后流血。根：消炎，止血。

旱金莲科 Tropaeolaceae

旱金莲

拉丁学名： *Tropaeolum majus* L.

药 材 名： 旱莲花。

别　　名： 荷叶七、金莲花。

形态特征： 一年生肉质草本，蔓生，无毛或被疏毛。叶互生；叶柄长6～31厘米，向上扭曲，盾状，着生于叶片的近中心处；叶片圆形，直径3～10厘米，有主脉9条．由叶柄着生处向四面放射，边缘为波浪形的浅缺刻，背面通常被疏毛或有乳突点。单花腋生，花柄长6～13厘米；花黄色、紫色、橘红色或杂色，直径2.5～6厘米；花托杯状；萼片5，长椭圆状披针形，长1.5～2厘米，宽5～7毫米，基部合生，边缘膜质，其中一片延长成一长距，距长2.5～3.5厘米，渐尖；花瓣5，通常圆形，边缘有缺刻，上部2片通常全缘，长2.5～5厘米，宽1～1.8厘米，着生在距的开口处，下部3片基部狭窄成爪，近爪处边缘具睫毛；雄蕊8，长短互间，分离；子房3室，花柱1枚，柱头3裂，线形。果扁球形，成熟时分裂成3个具一粒种子的瘦果。花期6—10月，果期7—11月。

生态环境： 栽培。

药用部位： 全草。

性味功效： 味辛，酸，性凉。清热解毒，凉血止血。

主　　治： 目赤肿痛，疮疖，吐血，咯血。

大戟科 Euphorbiaceae

飞扬草

拉丁学名： *Euphorbia hirta* L.

药 材 名： 飞扬草。

别　　名： 节节草、奶汁草、大飞扬。

形态特征： 一年生草本。叶对生，披针状长圆形、长椭圆状卵形或卵状披针形，长1～5厘米，宽5～13毫米，先端极尖或钝，基部略偏斜；边缘于中部以上有细锯齿，中部以下较少或全缘；叶面绿色，叶背灰绿色，有时具紫色斑，两面均具柔毛，叶背面脉上的毛较密；叶柄极短，长1～2毫米。花序多数，于叶腋处密集成头状，基部无梗或仅具极短的柄，变化较大，且具柔毛；总苞钟状，高与直径各约1毫米，被柔毛，边缘5裂，裂片三角状卵形；腺体4，近于杯状，边缘具白色附属物；雄花数枚，微达总苞边缘；雌花1枚，具短梗，伸出总苞之外；子房三棱状，被少许柔毛；花柱3，分离；柱头2浅裂。蒴果三棱状，长与直径均1～1.5毫米，被短柔毛，成熟时分裂为3个分果爿。种子近圆状四棱，每个棱面有数个纵槽，无种阜。花果期6—12月。

生态环境： 海拔900～2 100米的荒地、路边园林、山坡、山谷。

药用部位： 全草。

性味功效： 微苦、微涩，凉。清热解毒，利湿止痒。

主　　治： 消化不良，阴道滴虫，痢疾，泄泻，咳嗽，肾盂肾炎；外用于湿疹，皮炎，皮肤瘙痒。

金刚纂

拉丁学名： *Euphorbia neriifolia* L.

药 材 名：金刚纂。

别　　名：五楞金刚、霸王鞭、麒麟簕。

形态特征：肉质灌木状小乔木，乳汁丰富。茎圆柱状，上部多分枝，高 3～5（8）米，直径 6～15 厘米，具不明显 5 条隆起、且呈螺旋状旋转排列的脊，绿色；髓近五棱形，糠质。叶互生，少而稀疏，肉质，常呈 5 列生于嫩枝顶端脊上，倒卵形、倒卵状长圆形至匙形，长 4.5～12 厘米，宽 1.3～3.8 厘米，顶端钝圆，具小突尖，基部渐狭，全缘；叶脉不明显；叶柄短，长 2～4 毫米；托叶刺状，长 2～3 毫米，宿存。花序二歧状腋生，基部具柄，长约 3 毫米；苞叶 2 枚，膜质，早落；总苞阔钟状，高约 4 毫米，直径 5～6 毫米，边缘 5 裂，裂片半圆形，边缘具缘毛，内弯；腺体 5，肉质，边缘厚，全缘。雄花多枚；苞片丝状；雌花 1 枚，栽培时常不育，成熟者未见。蒴果和种子不详。花期 6—9 月。

生态环境：栽培或逸生。

药用部位：乳汁、叶或茎。

性味功效：苦、微涩，冷。清火解毒，消肿止痛，止咳，泻下通便。

主　　治：跌打损伤，疔疮脓肿，咳嗽，哮喘，便秘。

厚叶算盘子

拉丁学名：*Glochidion hirsutum*（Roxb.）Voigt

药 材 名：厚叶算盘子。

别　　名：大叶水榕、大洋算盘、水泡木。

形态特征：灌木或小乔木，高 1～8 米；小枝密被长柔毛。叶片革质，卵形、长卵形或长圆形，长 7～15 厘米，宽 4～7 厘米，顶端钝或急尖，基部浅心形、截形或圆形，两侧偏斜，上面疏被短柔毛，脉上毛被较密，老渐近无毛，下面密被柔毛；侧脉每边 6～10 条；叶柄长 5～7 毫米，被柔毛；托叶披针形，长 3～4 毫米。聚伞花序通常腋上生；总花梗长 5～7 毫米或短缩；雄花：花梗长 6～10 毫米；萼片 6，长圆形或倒卵形，长 3～4 毫米，其中 3 片较宽，外面被柔毛；雄蕊 5～8；雌花：花梗长 2～3 毫米；萼片 6，卵形或阔卵形，长约 2.5 毫米，其中 3 片较宽，外面被柔毛；子房圆球状，直径约 2 毫米，被柔毛，5～6 室，花柱合生呈近圆锥状，顶端截平。蒴果扁球状，直径 8～12 毫米，被柔毛，具 5～6 条纵沟。花果期几乎全年。

生态环境：生于海拔 120～1 800 米的山地林下或河边、沼地灌木丛中。

药用部位：叶、根。

性味功效：收敛固脱、祛风消肿。

主　　治：根治跌打、风湿、脱肛、子宫下垂、白带，泄泻、肝炎。叶治牙痛。

麻疯树

拉丁学名：*Jatropha curcas* L.

药 材 名：麻疯树。

别　　名：亮桐、桐油树、臭油桐、膏桐。

形态特征：灌木或小乔木。叶纸质，近圆形至卵圆形，顶端短尖，基部心形，全缘或3～5浅裂，上面亮绿色，无毛，下面灰绿色，初沿脉被微柔毛，后变无毛；掌状脉5～7；叶柄长6～18厘米；托叶小。花序腋生，苞片披针形。雄花：萼片5枚，长约4毫米，基部合生；花瓣长圆形，黄绿色，长约6毫米，合生至中部，内面被毛；腺体5枚，近圆柱状；雄蕊10枚，外轮5枚离生，内轮花丝下部合生。雌花：花梗花后伸长；萼片离生，花后长约6毫米；花瓣和腺体与雄花同；子房3室，无毛，花柱顶端2裂。蒴果椭圆状或球形，长2.5～3厘米，黄色；种子椭圆状，长1.5～2厘米，黑色。花期9—10月。

生态环境：海拔1 000～1 800米的热区，栽培，有时逸生。

药用部位：叶、树皮。

性味功效：苦、涩，凉。散瘀消肿，止血，止痒。

主　　治：跌打肿痛，创伤出血，皮肤瘙痒，麻风病，癞痢头，慢性溃疡，关节挫伤，阴道滴虫，湿疹，脚癣。

木薯

拉丁学名：*Manihot esculenta* Crantz

药 材 名：木薯。

别　　名：树薯、树葛、树番薯。

形态特征：直立灌木，高1.5～3米；块根圆柱状。叶纸质，轮廓近圆形，长10～20厘米，掌状深裂几达基部，裂片3～7片，倒披针形至狭椭圆形，长8～18厘米，宽1.5～4厘米，顶端渐尖，全缘，侧脉（5）7～15条；叶柄长8～22厘米，稍盾状着生，具不明显细棱；托叶三角状披针形，长5～7毫米，全缘或具1～2条刚毛状细裂。圆锥花序顶生或腋生，长5～8厘米，苞片条状披针形；花萼带紫红色且有白粉霜。雄花：花萼长约7毫米，裂片长卵形，近等大，长3～4毫米，宽2.5毫米，内面被毛；雄蕊长6～7毫米，花药顶部被白色短毛。雌花：花萼长约10毫米，裂片长圆状披针形，长约8毫米，宽约3毫米；子房卵形，具6条纵棱，柱头外弯，摺扇状。蒴果椭圆状，长1.5～1.8厘米，直径1～1.5厘米，表面粗糙，具6条狭而波状纵翅；种子长约1厘米，多少具三棱，种皮硬壳质，具斑纹，光滑。花期9—11月。

生态环境：栽培。

药用部位：根部淀粉、叶。

性味功效：甘，寒。清热解毒，凉血。

主　　治：根粉：水肿。叶：疮癣，疮痈肿毒。

余甘子

拉丁学名：*Phyllanthus emblica* L.

药 材 名：余甘子。

别　　名：滇橄榄。

形态特征：乔木；树皮浅褐色；枝条具纵细条纹，被黄褐色短柔毛。叶片纸质至革质，二列，线状长圆形，长8～20毫米，宽2～6毫米，顶端截平或钝圆，有锐尖头或微凹，基部浅心形而稍偏斜，上面绿色，下面浅绿色，干后带红色或淡褐色，边缘略背卷；侧脉每边 4～7 条；多朵雄花和 1 朵雌花或全为雄花组成腋生的聚伞花序；萼片 6。雄花：花梗长 1～2.5 毫米；萼片膜质，黄色，长倒卵形或匙形，近相等；雄蕊 3，花丝合生成长 0.3～0.7 毫米的柱，花药直立，长圆形，长 0.5～0.9 毫米，顶端具短尖头，药室平行，纵裂；花盘腺体 6，近三角形。雌花：花梗长约 0.5 毫米；花盘杯状，包藏子房达一半以上，边缘撕裂；子房卵圆形，长约 1.5 毫米，3 室，花柱 3，长 2.5～4 毫米，基部合生，顶端 2 裂，裂片顶端再 2 裂。蒴果呈核果状，圆球形。花期 4—6 月，果期 7—9 月。

生态环境：海拔 600～2 300 米的次生杂木林中。

药用部位：果实、根、叶、树皮。

性味功效：果实：甘、微涩，凉，清热利咽，润肺止咳。根：辛，寒。有毒。消食，利水，化痰，杀虫。叶：辛，平。祛湿。利尿。树皮：甘、酸，寒，杀菌祛腐，止血。

主　　治：果实：感冒发热，咽喉痛，咳嗽，口干烦渴，耳痛，维生素缺乏症。根：高血压症，胃痛，泄泻，瘰疬。叶：水肿，皮肤湿疹。树皮：口疮，疔疮，痔疮，阴囊湿疹，外伤出血。

叶下珠

拉丁学名：*Phyllanthus urinaria* L.

药 材 名：叶下珠。

别　　名：珍珠草、阴阳草、假油树。

形态特征：一年生草本；枝具翅状纵棱，上部被一纵列疏短柔毛。叶片纸质，因叶柄扭转而呈羽状排列，长圆形或倒卵形；叶柄极短；托叶卵状披针形，长约 1.5 毫米。花雌雄同株，直径约 4 毫米。雄花：2～4 朵簇生于叶腋，通常仅上面 1 朵开花，下面的很小；花梗长约 0.5 毫米，基部有苞片 1～2 枚；萼片 6，倒卵形，长约 0.6 毫米，顶端钝；雄蕊 3，花丝全部合生成柱状；花盘腺体 6，分离，与萼片互生。雌花：单生于小枝中下部的叶腋内；花梗长约 0.5 毫米；萼片 6，近相等，卵状披针形，长约 1 毫米，边缘膜质，黄白色；花盘圆盘状，边全缘；子房卵状，有鳞片状突起，花柱分离，顶端 2 裂，裂片弯卷。蒴果圆球状，直径 1～2 毫米，红色，表面具一小突刺，有宿存的花柱和萼片，开裂后轴柱宿存；种子长 1.2 毫米，橙黄色。花期 4—6 月，果期 7—11 月。

生态环境：多生于田边草丛、旷地。

药用部位：全草或带根全草。

性味功效：甘、苦，凉。平肝清热，利水解毒。

主　　治：泄泻，痢疾，传染性肝炎，水肿，小便淋痛，小儿疳积，赤眼目翳，口疮头疮，无名肿毒。

蓖麻

拉丁学名：*Ricinus communis* L.

药 材 名：蓖麻。

别　　名：萆麻子、大麻子、红大麻子。

形态特征： 一年生粗壮草本或草质灌木，高达5米；小枝、叶和花序通常被白霜，茎多液汁。叶轮廓近圆形，长和宽达40厘米或更大，掌状7～11裂，裂缺几达中部，裂片卵状长圆形或披针形，顶端急尖或渐尖，边缘具锯齿；掌状脉7～11条，网脉明显；叶柄粗壮，中空，长可达40厘米，顶端具2枚盘状腺体，基部具盘状腺体；托叶长三角形，长2～3厘米，早落。总状花序或圆锥花序，长15～30厘米或30厘米以上；苞片阔三角形，膜质，早落。雄花：花萼裂片卵状三角形，长7～10毫米；雄蕊束众多。雌花：萼片卵状披针形，长5～8毫米，凋落；子房卵状，直径约5毫米，密生软刺或无刺，花柱红色，长约4毫米，顶部2裂，密生乳头状突起。蒴果卵球形或近球形，长1.5～2.5厘米，果皮具软刺或平滑；种子椭圆形，微扁平，长8～18毫米，平滑，斑纹淡褐色或灰白色；种阜大。花期几全年或6—9月（栽培）。

生态环境： 生于村旁疏林或河流两岸冲积地，栽培或逸为野生。

药用部位： 种子、根和叶。

性味功效： 种子（蓖麻籽）：甘、辛，平。有毒。消肿拔毒，泻下通滞。根：淡、微辛，平。祛风活血，止痛镇静。叶：甘、辛，平。有小毒。消肿拔毒，止痒。脂肪油（蓖麻油）：为刺激性泻药。

主　　治： 种子：痈疽肿毒，瘰疬、喉痹，疥癞癣疮，水肿腹满，大便燥结。脂肪油（蓖麻油）：大便燥结，疮疥，烧伤。根：破伤风，癫痫，风湿痛，跌打瘀痛，瘰疬。叶：脚气，阴囊肿痛，咳嗽气喘，鹅掌风，疮疖。

乌桕

拉丁学名： *Sapium sebiferum*（L.）Roxb.

药 材 名： 乌桕。

别　　名： 木子树、桕子树、腊子树、米桕。

形态特征： 乔木。叶互生，纸质，叶片菱形、菱状卵形或稀有菱状倒卵形，全缘；叶柄纤细，顶端具2腺体；托叶顶端钝，长约1毫米。花单性，雌雄同株，聚集成顶生、长6～12厘米的总状花序。雄花：花梗纤细，长1～3毫米，向上渐粗；苞片阔卵形，长和宽近相等约2毫米，顶端略尖，基部两侧各具一近肾形的腺体，每一苞片内具10～15朵花；小苞片3，不等大，边缘撕裂状；花萼杯状，3浅裂，裂片钝，具不规则的细齿；雄蕊2枚，罕有3枚，伸出于花萼之外，花丝分离，与球状花药近等长。雌花；花梗粗壮，长3～3.5毫米；苞片深3裂，裂片渐尖，基部两侧的腺体与雄花的相同，每一苞片内仅1朵雌花，间有1雌花和数雄花同聚生于苞腋内；花萼3深裂，裂片卵形至卵头披针形，顶端短尖至渐尖；子房卵球形，平滑，3室，花柱3，基部合生，柱头外卷。蒴果梨状球形，成熟时黑色，直径1～1.5厘米。具3种子，分果爿脱落后而中轴宿存；种子扁球形，黑色，外被白色、蜡质的假种皮。花期4—8月。

生态环境： 生于山坡、村边、路旁。

药用部位： 根皮、叶、种子。

性味功效： 根皮：性微浊，味苦；有小毒。清热利湿，拔毒消肿。叶：苦，微温，有毒。种子：甘，凉，有毒。拔毒消肿，杀虫止痒。

主　　治： 根皮：水肿，臌胀，症瘕积聚，二便不通，湿疮，疥癣，疔毒。叶：痈肿疔疮，疮疥，脚癣，湿疹，蛇伤，阴道炎。种子：湿疹，癣疮，皮肤皲裂，水肿，便秘。

油桐

拉丁学名： *Vernicia fordii*（Hemsl.）Airy Shaw

药 材 名： 油桐。

别　　名： 三年桐、罂子桐、虎子桐。

形态特征： 落叶乔木，高达 10 米；树皮灰色，近光滑；枝条粗壮，无毛，具明显皮孔。叶卵圆形，长 8～18 厘米，宽 6～15 厘米，顶端短尖，基部截平至浅心形，全缘，稀 1～3 浅裂，嫩叶上面被很快脱落微柔毛，下面被渐脱落棕褐色微柔毛，成长叶上面深绿色，无毛，下面灰绿色，被贴伏微柔毛；掌状脉 5（7）条；叶柄与叶片近等长，几无毛，顶端有 2 枚扁平、无柄腺体。花雌雄同株，先叶或与叶同时开放；花萼长约 1 厘米，2（3）裂，外面密被棕褐色微柔毛；花瓣白色，有淡红色脉纹，倒卵形，长 2～3 厘米，宽 1～1.5 厘米，顶端圆形，基部爪状。雄花：雄蕊 8～12 枚，2 轮；外轮离生，内轮花丝中部以下合生。雌花：子房密被柔毛，3～5（8）室，每室有 1 颗胚珠，花柱与子房室同数，2 裂。核果近球状，直径 4～6（8）厘米，果皮光滑。种子 3～4（8）颗，种皮木质。花期 3—4 月，果期 8—9 月。

生态环境： 通常栽培于海拔 1 000 米以下的丘陵山地。

药用部位： 根、叶、花、果壳及种子油入药。

性味功效： 甘、微辛，寒。有小毒。根：消积驱虫，祛风利湿。叶：解毒，杀虫。花：清热解毒，生肌。

主　　治： 根：蛔虫病，食积腹胀，风湿筋骨痛，湿气水肿。叶：外用治疮疡，癣疥。花：外用治烧烫伤。

芸香科 Rutaceae

臭节草

拉丁学名： *Boenninghausenia albiflora*（Hook.）Reichb.

药 材 名： 臭节草。

别　　名： 白虎草、松风草、臭草、岩椒草。

形态特征： 常绿草本，分枝甚多，枝、叶灰绿色，稀紫红色，嫩枝的髓部大而空心，小枝多。叶薄纸质，小裂片倒卵形、菱形或椭圆形，长 1～2.5 厘米，宽 0.5～2 厘米，背面灰绿色，老叶常变褐红色。花序有花甚多，花枝纤细，基部有小叶；萼片长约 1 毫米；花瓣白色，有时顶部桃红色，长圆形或倒卵状长圆形，长 6～9 毫米，有透明油点；8 枚雄蕊长短相间，花丝白色，花药红褐色；子房绿色，基部有细柄。分果瓣长约 5 毫米，子房柄在结果时长 4～8 毫米，每分果瓣有种子 4 粒，稀 3 粒或 5 粒；种子肾形，长约 1 毫米，褐黑色，表面有细瘤状凸体。花果期 7—11 月。

生态环境：海拔 600～2 400 米的山坡。

药用部位：全草。

性味功效：辛、苦，温。解表截疟，活血散瘀，解毒。

主　　治：疟疾，感冒发热，支气管炎，跌打损伤；外用治外伤出血，痈疖疮疡。

香橼

拉丁学名：*Citrus medica* L.

药 材 名：香橼。

别　　名：枸橼子、枸橼、香泡。

形态特征：不规则分枝的灌木或小乔木。新生嫩枝、芽及花蕾均暗紫红色，茎枝多刺，刺长达 4 厘米。单叶，稀兼有单身复叶，则有关节，但无翼叶；叶柄短，叶片椭圆形或卵状椭圆形，长 6～12 厘米，宽 3～6 厘米，或有更大，顶部圆或钝，稀短尖，叶缘有浅钝裂齿。总状花序有花达 12 朵，有时兼有腋生单花；花两性，有单性花趋向，则雌蕊退化；花瓣 5 片，长 1.5～2 厘米；雄蕊 30～50 枚；子房圆筒状，花柱粗长，柱头头状，果椭圆形、近圆形或两端狭的纺锤形，重可达 2 000 克，果皮淡黄色，粗糙，甚厚或颇薄，难剥离，内皮白色或略淡黄色，棉质，松软，瓢囊 10～15 瓣，果肉无色，近于透明或淡乳黄色，爽脆，味酸或略甜，有香气；种子小，平滑，子叶乳白色，多或单胚。花期 4—5 月，果期 10—11 月。

生态环境：栽培。

药用部位：果实。

性味功效：略苦而微甜，温，无毒。理气，舒郁，消痰，利膈。

主　　治：胃痛胀满，痰饮咳嗽气壅，呕哕少食。

吴茱萸

拉丁学名：*Euodia rutaecarpa*（Juss.）Benth.

药 材 名：吴茱萸。

别　　名：野茶辣、野吴萸、臭泡子。

形态特征：小乔木或灌木，高 3～5 米，嫩枝暗紫红色，与嫩芽同被灰黄或红锈色茸毛，或疏短毛。叶有小叶 5～11 片，小叶薄至厚纸质，卵形，椭圆形或披针形，长 6～18 厘米，宽 3～7 厘米，叶轴下部的较小，两侧对称或一侧的基部稍偏斜，边全缘或浅波浪状，小叶两面及叶轴被长柔毛，毛密如毡状，或仅中脉两侧被短毛，油点大且多。花序顶生；雄花序的花彼此疏离，雌花序的花密集或疏离；萼片及花瓣均 5 片，偶有 4 片，镊合排列；雄花花瓣长 3～4 毫米，腹面被疏长毛，退化雌蕊 4～5 深裂，下部及花丝均被白色长柔毛，雄蕊伸出花瓣之上；雌花花瓣长 4～5 毫米，腹面被毛，退化雄蕊鳞片状或短线状或兼有细小的不育花药，子房及花柱下部被疏长毛。果序宽（3）12 厘米，果密集或疏离，暗紫红色，有大油点，每分果瓣有 1 种子；种子近圆球形，一端钝尖，腹面略平坦，长 4～5 毫米，褐黑色，有光泽。花期 4—6 月，果期 8—11 月。

生态环境：生于平地至海拔 1 500 米的山地疏林或灌木丛中，多见于向阳坡地。栽培。

药用部位：果实。

性味功效：温中散寒，燥湿止痛。

主　　治：胃痛，头痛，心痛，气滞。

九里香

拉丁学名：*Murraya exotica* L.

药 材 名：九里香。

别　　名：九香树、七里香、千里香。

形态特征：小乔木，高可达 8 米。枝白灰或淡黄灰色，但当年生枝绿色。叶有小叶 3～5（7）片，小叶倒卵形成倒卵状椭圆形，两侧常不对称，长 1～6 厘米，宽 0.5～3 厘米，顶端圆或钝，有时微凹，基部短尖，一侧略偏斜，边全缘，平展；小叶柄甚短。花序通常顶生，或顶生兼腋生，花多朵聚成伞状，为短缩的圆锥状聚伞花序；花白色，芳香；萼片卵形，长约 1.5 毫米；花瓣 5 片，长椭圆形，长 10～15 毫米，盛花时反折；雄蕊 10 枚，长短不等，比花瓣略短，花丝白色，花药背部有细油点 2 颗；花柱稍较子房纤细，与子房之间无明显界限，均为淡绿色，柱头黄色，粗大。果橙黄至朱红色，阔卵形或椭圆形，顶部短尖，略歪斜，有时圆球形，长 8～12 毫米，横径 6～10 毫米，果肉有黏胶质液，种子有短的棉质毛。花期 4—8 月，也有秋后开花，果期 9—12 月。

生态环境：栽培。

药用部位：枝叶。

性味功效：行气止痛，活血散瘀。

主　　治：胃痛，风湿痹痛。外用治牙痛，跌扑肿痛，虫蛇咬伤等。

花椒

拉丁学名：*Zanthoxylum bungeanum* Maxim. var. *bungeanum*

药 材 名：花椒。

别　　名：香椒、大花椒、椒目。

形态特征：落叶小乔木；茎干上的刺常早落，枝有短刺，小枝上的刺基部宽而扁且劲直的长三角形，当年生枝被短柔毛。叶有小叶 5～13 片，叶轴常有甚狭窄的叶翼；小叶对生，无柄，卵形，椭圆形，稀披针形，位于叶轴顶部的较大，近基部的有时圆形，长 2～7 厘米，宽 1～3.5 厘米，叶缘有细裂齿，齿缝有油点。其余无或散生肉眼可见的油点，叶背基部中脉两侧有丛毛或小叶两面均被柔毛，中脉在叶面微凹陷，叶背干后常有红褐色斑纹。花序顶生或生于侧枝之顶，花序轴及花梗密被短柔毛或无毛；花被片 6～8 片，黄绿色，形状及大小大致相同；雄花的雄蕊 5 枚或多至 8 枚；退化雌蕊顶端叉状浅裂；雌花很少有发育雄蕊，有心皮 3 或 2 个，间有 4 个，花柱斜向背弯。果紫红色，单个分果瓣径 4～5 毫米，散生微突起的油点，顶端有甚短的芒尖或无；种子长 3.5～4.5 毫米。花期 4—5 月，果期 8—9 月或 10 月。

生态环境：栽培。

药用部位：根、叶、种子。

性味功效：辛，温。温中止痛，杀虫止痒。

主　　治：用于脘腹冷痛，呕吐泄泻，虫积腹痛，蛔虫症。外用治湿疹瘙痒。

楝科 Meliaceae

米仔兰

拉丁学名：*Aglaia odorata* Lour.

药 材 名：米仔兰。

别　　名：米兰、树兰、鱼仔兰。

形态特征：灌木或小乔木；茎多小枝，幼枝顶部被星状锈色的鳞片。叶长 5～12（16）厘米，叶轴和叶柄具狭翅，有小叶 3～5 片；小叶对生，厚纸质，长 2～7（11）厘米，宽 1～3.5（5）厘米，顶端 1 片最大，下部的远较顶端的为小，先端钝，基部楔形，两面均无毛，侧脉每边约 8 条，极纤细，和网脉均于两面微突起。圆锥花序腋生，长 5～10 厘米，稍疏散无毛；花芳香，直径约 2 毫米；雄花的花梗纤细，长 1.5～3 毫米，两性花的花梗稍短而粗；花萼 5 裂，裂片圆形；花瓣 5，黄色，长圆形或近圆形，长1.5～2 毫米，顶端圆而截平；雄蕊管略短于花瓣，倒卵形或近钟形，外面无毛，顶端全缘或有圆齿，花药 5，卵形，内藏；子房卵形，密被黄色粗毛。果为浆果，卵形或近球形，长 10～12 毫米，初时被散生的星状鳞片，后脱落；种子有肉质假种皮。花期 5—12 月，果期 7 月至翌年 3 月。

生态环境：栽培。

药用部位：枝叶、花。

性味功效：枝叶：辛，温。活血散瘀，消肿止痛。花：甘、辛，平。行气解郁。

主　　治：枝叶：跌打损伤，骨折，痈疮。花：气郁胸闷，食滞腹胀。

灰毛浆果楝

拉丁学名：*Cipadessa cinerascens*（Pellegr.）Hand.-Mazz.

药 材 名：野茶辣。

别　　名：假茶辣、香罗汉、白酒药、亚罗椿。

形态特征：灌木或小乔木。叶连柄长 20～30 厘米，叶轴和叶柄圆柱形，被黄色柔毛；小叶通常 4～6 对，对生，纸质，卵形至卵状长圆形。圆锥花序腋生，长 10～15 厘米，分枝伞房花序式，与总轴均被黄色柔毛；花直径 3～4 毫米，具短梗，长 1.5～2 毫米；萼短，外被稀疏的黄色柔毛，裂齿阔三角形；花瓣白色至黄色，线状长椭圆形，外被紧贴的疏柔毛，长 2～3 毫米，雄蕊管和花丝外面无毛，里面被疏毛，花药 10，卵形，无毛，着生于花丝顶端的 2 齿裂间。核果小，球形，直径约 5 毫米，熟后紫黑色。花期 4—10 月，果期 8—12 月。

生态环境：海拔 600～2 400 米的次生阔叶林、山坡灌木丛中。

药用部位： 根、树皮、叶。

性味功效： 辛、苦，微温。祛风化湿，行气止痛。

主　　治： 叶：感冒发热，疟疾，痢疾，脘腹绞痛，风湿痹痛，跌打损伤，烫伤，皮炎，外伤出血。

川楝

拉丁学名： *Melia toosendan* Siebold et Zucc.

药 材 名： 川楝子。

别　　名： 金铃子。

形态特征： 乔木。二回羽状复叶长35～45厘米，每1羽片有小叶4～5对；具长柄；小叶对生，具短柄或近无柄，膜质，椭圆状披针形。圆锥花序聚生于小枝顶部之叶腋内，长约为叶的1/2，密被灰褐色星状鳞片；花具梗，较密集；萼片长椭圆形至披针形，长约3毫米，两面被柔毛，外面较密；花瓣淡紫色，匙形，长9～13毫米，外面疏被柔毛；雄蕊管圆柱状，紫色；无毛而有细脉，顶端有3裂的齿10枚，花药长椭圆形，无毛，长约1.5毫米，略突出于管外；花盘近杯状；子房近球形，无毛，6～8室，花柱近圆柱状，无毛，柱头不明显的6齿裂，包藏于雄蕊管内。核果大，椭圆状球形，果皮薄，熟后淡黄色；核稍坚硬，6～8室。花期3—4月，果期10—11月。

生态环境： 海拔600～2 100米的疏林、杂木林中。

药用部位： 果实。

性味功效： 苦，寒，有小毒。疏肝泄热，行气止痛，杀虫。

主　　治： 脘腹胁肋疼痛，疝气疼痛，虫积腹痛，头癣。

香椿

拉丁学名： *Toona sinensis*（A. Juss.）Roem.

药 材 名： 香椿。

别　　名： 红椿、椿芽树、椿花、香铃子。

形态特征： 乔木；树皮粗糙，深褐色，片状脱落。叶具长柄，偶数羽状复叶，长30～50厘米或更长；小叶16～20，对生或互生，纸质，卵状披针形或卵状长椭圆形；小叶柄长5～10毫米。圆锥花序与叶等长或更长，被稀疏的锈色短柔毛或有时近无毛，小聚伞花序生于短的小枝上，多花；花长4～5毫米，具短花梗；花萼5齿裂或浅波状，外面被柔毛，且有睫毛；花瓣5，白色，长圆形，先端钝，长4～5毫米，宽2～3毫米，无毛；雄蕊10，其中5枚能育，5枚退化；花盘无毛，近念珠状；子房圆锥形，有5条细沟纹，无毛，每室有胚珠8颗，花柱比子房长，柱头盘状。蒴果狭椭圆形，长2～3.5厘米，深褐色，有小而苍白色的皮孔，果瓣薄；种子基部通常钝，上端有膜质的长翅，下端无翅。花期6—8月，果期10—12月。

生态环境： 栽培或野生。

药用部位： 根皮、叶、嫩枝及果。

性味功效： 苦、涩，温。祛风利湿，止血止痛。

主　　治：根皮：痢疾，肠炎，泌尿道感染，便血，血崩，白带，风湿腰腿痛。叶及嫩枝：痢疾。果：胃、十二指肠溃疡，慢性胃炎。

远志科 Polygalaceae

荷包山桂花

拉丁学名：*Polygala arillata* Buch. -Ham. ex D. Don

药 材 名：荷包山桂花。

别　　名：黄花远志、鸡肚子果。

形态特征：灌木或小乔木；单叶互生，叶片纸质，椭圆形、长圆状椭圆形至长圆状披针形；总状花序与叶对生，下垂，密被短柔毛，长7～10厘米，果实长达25（30）厘米；花长13～20毫米，花梗长约3毫米，被短柔毛，基部具三角状渐尖的苞片1枚；萼片5，具缘毛，花后脱落；花瓣3，肥厚，黄色；雄蕊8，花丝长约14毫米，2/3以下连合成鞘，并与花瓣贴生，花药卵形，顶孔开裂；子房圆形，压扁，径约3毫米，具狭翅及缘毛，基部具肉质花盘，花柱长8～12毫米，向顶端弯曲，先端呈喇叭状2裂，柱头生于下裂片内。蒴果阔肾形至略心形，浆果状，长约10毫米，宽13毫米，成熟时紫红色，先端微缺，具短尖头，边缘具狭翅及缘毛，果爿具同心圆状肋。种子球形，棕红色。花期5—10月，果期6—11月。

生态环境：海拔1 500～2 000米的疏林灌木丛中。

药用部位：根。

性味功效：甘、微苦，平。祛痰除湿，补虚健脾，宁心活血。

主　　治：咳嗽痰多，风湿痹痛，小便淋痛，水肿，脚气，肝炎，肺痨，产后虚弱，食欲不振，小儿疳积，失眠多梦，月经不调，跌打损伤。

齿果草

拉丁学名：*Salomonia cantoniensis* Lour.

药 材 名：吹云草。

别　　名：一碗泡、过路蛇。

形态特征：一年生直立草木，高5～25厘米；根纤细，芳香。茎细弱，多分枝，无毛，具狭翅。单叶互生，叶片膜质，卵状心形或心形，长5～16毫米，宽5～12毫米，先端钝，具短尖头，基部心形，全缘或微波状，绿色，无毛，基出3脉；叶柄长1.5～2毫米。穗状花序顶生，多花，长1～6厘米，花后延长。花极小，长2～3毫米，无梗，小苞片极小早落；萼片5，极小，线状钻形，基部连合，宿存；花瓣3，淡红色，侧瓣长约2.5毫米，龙骨瓣舟状，长约3毫米，无鸡冠状附属物；雄蕊4，花丝长约2毫米，花丝几乎全部合生成鞘，并与花瓣基部贴生，鞘被蛛丝状柔毛，花药合生呈块状；子房肾形，侧扁，径约1毫米，边缘具三角状长齿，2室，每室具1胚珠；花柱长约2.5毫米，光滑，柱头微裂。蒴果肾形，长约1毫米，宽约2毫米，两侧具2列三角状尖齿。果爿具蜂窝状网纹。种子2粒，卵形，径约1毫米，亮黑色，无毛，无种阜。花期7—8月，果期8—10月。

生态环境：海拔600～1 500米的荒山草丛中。

药用部位：全草。

性味功效：辛，平。解毒，消肿，散瘀，镇痛。

主　　治：肾炎水肿，风湿关节痛，血崩，痈疮肿毒，毒蛇咬伤，跌打损伤，骨折。

马桑科 Coriariaceae

马桑

拉丁学名：*Coriaria nepalensis* Wall.

药 材 名：马桑。

别　　名：水马桑、千年红、紫桑、野马桑。

形态特征：灌木。叶对生，纸质至薄革质，椭圆形或阔椭圆形。总状花序生于二年生的枝条上，雄花序先叶开放，长1.5～2.5厘米，多花密集，序轴被腺状微柔毛；花梗长约1毫米，无毛；萼片卵形，边缘半透明，上部具流苏状细齿；花瓣极小，卵形，长约0.3毫米，里面龙骨状；雄蕊10，花丝线形，长约1毫米，开花时伸长，长3～3.5毫米；不育雌蕊存在；雌花序与叶同出，长4～6厘米，序轴被腺状微柔毛；花梗长1.5～2.5毫米；萼片与雄花同；花瓣肉质，较小，龙骨状；雄蕊较短，花丝长约0.5毫米；花柱长约1毫米，具小疣体，柱头上部外弯，紫红色，具多数小疣体。果球形，果期花瓣肉质增大包于果外，成熟时由红色变紫黑色；种子卵状长圆形。

生态环境：海拔400～3 200米的灌丛中。

药用部位：根、叶。

性味功效：苦、辛，寒。有剧毒。祛风除湿，镇痛，杀虫。

主　　治：淋巴结结核，跌打损伤，狂犬咬伤，风湿关节痛。叶：外用治烧烫伤，头癣，湿疹，疮疡肿毒。因有大毒，一般只作外用。

漆树科 Anacardiaceae

黄连木

拉丁学名：*Pistacia chinensis* Bunge

药 材 名：黄连木。

别　　名：黄连树。

形态特征：落叶乔木。奇数羽状复叶互生，有小叶5～6对，叶轴具条纹，被微柔毛，叶柄上面平，被微柔毛；小叶对生或近对生，纸质，披针形或卵状披针形或线状披针形。花单性异株，先花后叶，圆锥花序腋生，雄花序排列紧密，长6～7厘米，雌花序排列疏松，长 15～20 厘米，均被微柔毛；花小，花梗长约 1 毫米，被微柔毛；苞片披针形或狭披针形，内凹，长 1.5～2 毫米，外面被微柔毛，边缘具睫毛。雄花：花被片 2～4，披针形或线状披针形，大小不等，长 1～1.5 毫米，边缘具睫毛；雄蕊 3～5，花丝极短，长不到 0.5 毫米，花药长圆形，大，长约 2 毫米；雌蕊缺。雌花：花被片 7～9，大小不等，长 0.7～1.5 毫米，宽 0.5～0.7 毫米，外面 2～4 片远较狭，披针形或线状披针形，外面被柔毛，边缘具睫毛，里面 5 片卵形或长圆形，外面无毛，边缘具睫毛；不育雄蕊缺；子房球形，无毛，径约 0.5 毫米，花柱极短，柱头 3，厚，肉质，红色。核果倒卵状球形。

生态环境： 生于海拔 140～3 550 米的石山林中。

药用部位： 树皮、叶。

性味功效： 味苦，功能微寒。清热，利湿，解毒。

主　　治： 痢疾，淋症，肿毒，牛皮癣，痔疮，风湿疮，漆疮初起等。

清香木

拉丁学名： *Pistacia weinmannifolia* J. Poisson ex Franch.

药 材 名： 紫油木叶。

别　　名： 香叶树、清香树、紫油木。

形态特征： 灌木或小乔木，高 2～8 米，稀达 10～15 米；树皮灰色，小枝具棕色皮孔，幼枝被灰黄色微柔毛。小叶叶柄被微柔毛；革质，长圆形或倒卵状长圆形，较小；小叶柄极短。花序腋生，与叶同出，被黄棕色柔毛和红色腺毛；花小，紫红色，无梗，苞片卵圆形，外面被棕色柔毛，雄花、长圆形或长圆状披针形，膜质，半透明，花丝极短，花药长圆形，雌花无毛，花柱极短，柱头外弯。核果球形，成熟时红色，先端细尖。

生态环境： 海拔 580～2 700 米的石灰山林下或灌丛中。

药用部位： 叶及树皮。

性味功效： 消炎解毒，收敛止泻。

主　　治： 痢疾，泄泻，食积，湿疹，风疹。

盐肤木

拉丁学名： *Rhus chinensis* Mill.

药 材 名： 盐肤木。

别　　名： 盐酸树、五倍子树。

形态特征： 落叶小乔木或灌木；小枝棕褐色，叶片多形，卵形或椭圆状卵形或长圆形，先端急尖，基部圆形，顶生小叶基部楔形，叶面暗绿色，叶背粉绿色，小叶无柄。圆锥花序宽大，多分枝，雌花序较短，密被锈色柔毛；苞片披针形，花白色，裂片长卵形，花瓣倒卵状长圆形，开花时外卷；花丝线形，花药卵形，子房不育；卵形，核果球形，略压扁，成熟时红色。花期 8—9 月，果期 10 月。

生态环境： 海拔 600～2 000 米的深箐沟、向阳山坡、溪边疏林、灌木丛和荒地。

药用部位： 根、叶。

性味功效： 酸、咸，寒。清热解毒，散瘀止血。

主　　治：根：感冒发热，支气管炎，咳嗽咯血，肠炎，痢疾，痔疮出血。根、叶：外用治跌打损伤，毒蛇咬伤，漆疮。

槭树科 Aceraceae

青榨槭

拉丁学名：*Acer davidii* Franch.

药 材 名：青榨槭。

别　　名：光陈子、飞故子、鸡脚手、五龙皮。

形态特征：落叶乔木。树皮黑褐色或灰褐色，常纵裂成蛇皮状。叶纸质，长圆卵形或近于长圆形。花黄绿色，杂性，雄花与两性花同株，成下垂的总状花序，顶生于着叶的嫩枝，开花与嫩叶的生长大约同时，雄花的花梗长 3～5 毫米，通常 9～12 朵组成长4～7 厘米的总状花序；两性花的花梗长 1～1.5 厘米，通常 15～30 朵常成长 7～12 厘米的总状花序；萼片 5，椭圆形，先端微钝，长约 4 毫米；花瓣 5，倒卵形，先端圆形，与萼片等长；雄蕊 8，无毛，在雄花中略长于花瓣，在两性花中不发育，花药黄色，球形，花盘无毛，现裂纹，位于雄蕊内侧，子房被红褐色的短柔毛，在雄花中不发育。花柱无毛，细瘦，柱头反卷。翅果嫩时淡绿色，成熟后黄褐色；翅宽 1～1.5 厘米，连同小坚果共长 2.5～3 厘米，展开呈钝角或几呈水平。花期 4 月，果期 9 月。

生态环境：生于海拔 500～1 800 米的疏林或山脚湿润处稀林中。

药用部位：根、树皮。

性味功效：甘，苦，平。祛风除湿，散瘀止痛，消食健脾。

主　　治：风湿痹痛，肢体麻木，关节不利，跌打瘀痛，泄泻，痢疾，小儿消化不良。

无患子科 Sapindaceae

龙眼

拉丁学名：*Dimocarpus longan* Lour.

药 材 名：龙眼。

别　　名：圆眼、桂圆、羊眼果树、荔枝奴。

形态特征：常绿乔木。叶连柄长 15～30 厘米或更长；小叶 4～5 对，很少 3 或 6 对，薄革质，长圆状椭圆形至长圆状披针形，两侧常不对称，长 6～15 厘米，宽 2.5～5 厘米，顶端短尖，有时稍钝头，基部极不对称，上侧阔楔形至截平，几与叶轴平行，下侧窄楔尖，腹面深绿色，有光泽，背面粉绿色，两面无毛；侧脉 12～15 对，仅在背面突起；小叶柄长通常不超过 5 毫米。花序大型，多分枝，顶生和近枝顶腋生，密被星状毛；花梗短；萼片近革质，三角状卵形，长约 2.5 毫米，两面均被褐黄色茸毛和成束的星状毛；花瓣乳白色，披针形，与萼片近等长，仅外面被微柔毛；花丝被短硬毛。果近球形，通常黄褐色或有时灰黄色，外面稍粗糙，或少有微突的小瘤体；种子茶褐色，光亮，全部被肉质的假种皮包裹。花期春夏间，果期夏季。

生态环境：栽培。

药用部位：果肉（假种皮）、果核。

性味功效：甘、平温、无毒。果肉：补心脾，益气血，健脾胃，养肌肉。

主　　治：果肉：思虑伤脾，头昏，失眠，心悸怔忡，虚羸，病后或产后体虚，及由于脾虚所致之下血失血症。果核：胃寒痛，急性胃肠炎，便血，疝气疼痛。

车桑子

拉丁学名：*Dodonaea viscosa*（L.）Jacq.

药 材 名：车桑子叶。

别　　名：坡柳、明油子。

形态特征：灌木或小乔木，高 1～3 米或更高；小枝扁，有狭翅或棱角，覆有胶状黏液。单叶，纸质，形状和大小变异很大，线形、线状匙形、线状披针形、倒披针形或长圆形，长 5～12 厘米，宽 0.5～4 厘米，顶端短尖、钝或圆，全缘或不明显的浅波状，两面有黏液，无毛，干时光亮；侧脉多而密，甚纤细；叶柄短或近无柄。花序顶生或在小枝上部腋生，比叶短，密花，主轴和分枝均有棱角；花梗纤细，长 2～5 毫米，有时可达 1 厘米；萼片 4，披针形或长椭圆形，长约 3 毫米，顶端钝；雄蕊 7 或 8，花丝长不及 1 毫米，花药长 2.5 毫米，内屈，有腺点；子房椭圆形，外面有胶状黏液，2 或 3 室，花柱长约 6 毫米，顶端 2 或 3 深裂。蒴果倒心形或扁球形，2 或 3 翅，高 1.5～2.2 厘米，连翅宽 1.8～2.5 厘米，种皮膜质或纸质，有脉纹；种子每室 1 或 2 颗，透镜状，黑色。花期秋末，果期冬末春初。

生态环境：常生于干旱山坡、旷地或海边的沙土上。分布于全世界的热带和亚热带地区。

药用部位：叶、根。

性味功效：叶：味微苦，辛，性平，解毒消肿。根：消肿解毒。

主　　治：叶：皮肤瘙痒，痈肿疮疖，烫伤。根：牙痛。

荔枝

拉丁学名：*Litchi chinensis* Sonn.

药 材 名：荔枝。

别　　名：大荔、丹荔。

形态特征：常绿乔木。叶连柄长 10～25 厘米或更长；小叶 2 或 3 对，较少 4 对，薄革质或革质，披针形或卵状披针形，有时长椭圆状披针形，长 6～15 厘米，宽 2～4 厘米，顶端骤尖或尾状短渐尖，全缘，腹面深绿色，有光泽，背面粉绿色，两面无毛；侧脉常纤细，在腹面不很明显，在背面明显或稍突起；小叶柄长 7～8 毫米。花序顶生，阔大，多分枝；花梗纤细，长 2～4 毫米，有时粗而短；萼被金黄色短茸毛；雄蕊 6～7，有时 8，花丝长约 4 毫米；子房密覆小瘤体和硬毛。果卵圆形至近球形，成熟时通常暗红色至鲜红色；种子全部被肉质假种皮包裹。花期春季，果期夏季。

生态环境：栽培。

药用部位：根、假种皮（果肉）、核。

性味功效：根：微苦、涩，温；消肿止痛。假种皮（果肉）：甘、酸，温；益气补血。核：甘、微苦、涩，温；理气，散结，止痛。

主　　治：根：胃脘胀痛。假种皮（果肉）：病后体弱，脾虚久泻，血崩。核：疝气痛，鞘膜积液，睾丸肿痛，胃痛，痛经。

凤仙花科 Balsaminaceae

锐齿凤仙花

拉丁学名：*Impatiens arguta* Hook. f. et Thoms.

药 材 名：锐齿凤仙花。

别　　名：狭花凤仙花。

形态特征：多年生草本，高达70厘米。茎坚硬，直立，无毛，有分枝。叶互生，卵形或卵状披针形，长4～15厘米，宽2～4.5厘米，顶端急尖或渐尖，基部楔形，边缘有锐锯齿，侧脉7～8对，两面无毛；叶柄长1～4厘米，基部有2个具柄腺体。总花梗极短，腋生，具1～2花；花梗细长，基部常具2刚毛状苞片；花大或较大，粉红色或紫红色；萼片4，外面2个半卵形，顶端长突尖，内面2个狭披针形；旗瓣圆形，背面中肋有窄龙骨状突起，先端具小突尖；翼瓣无柄，2裂，基部裂片宽长圆形，上部裂片大，斧形，先端2浅裂，背面有显明的小耳；唇瓣囊状，基部延长成内弯的短距；花药钝。蒴果纺锤形，顶端喙尖。种子少数，圆球形，稍有光泽。花期7—9月。

生态环境：河谷灌丛草地或林下潮湿处或水沟边，海拔1 850～3 200米。

药用部位：花。

性味功效：通经活血、利尿。

主　　治：经闭腹痛，产后瘀血，下死胎，小便不利及毒痈疽等症。

凤仙花

拉丁学名：*Impatiens balsamina* L.

药 材 名：凤仙花。

别　　名：金凤花、好女儿花、指甲花、海莲花。

形态特征：一年生草本。叶互生，最下部叶有时对生；叶片披针形、狭椭圆形或倒披针形。花单生或2～3朵簇生于叶腋，无总花梗，白色、粉红色或紫色，单瓣或重瓣；花梗长2～2.5厘米，密被柔毛；雄蕊5，花丝线形，花药卵球形，顶端钝；子房纺锤形，密被柔毛。蒴果宽纺锤形，长10～20毫米。两端尖，密被柔毛。种子多数，圆球形，直径1.5～3毫米，黑褐色。花期7—10月。

生态环境：栽培。

药用部位：全草。

性味功效：微苦、辛，温。祛风，活血，消肿，止痛。

主　　治：闭经，难产，骨鲠咽喉，肿块集聚。

冬青科 Aquifoliaceae

刺叶冬青

拉丁学名：*Ilex bioritsensis* Hayata

别　　名：双子冬青、壮刺冬青。

形态特征：常绿灌木或小乔木。叶生于一至四年生枝上，叶片革质，卵形至菱形，先端渐尖，且具1个长3毫米的刺，基部圆形或截形，边缘波状，具3或4对硬刺齿；叶柄长约3毫米，被短柔毛；托叶小，卵形，急尖。花簇生于二年生枝的叶腋内，花梗长约2毫米，小苞片卵形，具缘毛；花2～4基数，淡黄绿色；雄花：花梗长2毫米，无毛，近顶部具2卵形小苞片；花萼盘状，直径约3毫米，裂片宽三角形，具缘毛；花瓣阔椭圆形，长约3毫米，基部稍合生；雄蕊长于花瓣，花药长圆形；不育子房卵球形，直径约1毫米。雌花：花梗长约2毫米，近基部具2小苞片，无毛；花萼像雄花，花瓣分离；子房长圆状卵形，长2～3毫米，柱头薄盘状。果椭圆形，成熟时红色。花期4—5月，果期8—10月。

生态环境：生于海拔1 800～3 200米的山地常绿阔叶林或杂木林中。

药用部位：根。

性味功效：微苦，甘，平入肺、肝、大肠经。祛风除湿、消肿止痛。

主　　治：风湿痹痛，跌打损伤。

冬青

拉丁学名：*Ilex chinensis* Sims

药 材 名：四季青。

别　　名：红冬青、油叶树、树顶子。

形态特征：常绿乔木。叶片薄革质至革质，椭圆形或披针形，稀卵形，长5～11厘米，宽2～4厘米，先端渐尖，基部楔形或钝，边缘具圆齿，或有时在幼叶为锯齿；叶柄长8～10毫米，上面平或有时具窄沟。雄花：花序具3～4回分枝，总花梗长7～14毫米，二级轴长2～5毫米，花梗长2毫米，无毛，每分枝具花7～24朵；花淡紫色或紫红色，4～5基数；花萼浅杯状，裂片阔卵状三角形，具缘毛；花冠辐状，直径约5毫米，花瓣卵形，长2.5毫米，宽约2毫米，开放时反折，基部稍合生；雄蕊短于花瓣，长1.5毫米，花药椭圆形；退化子房圆锥状，长不足1毫米；雌花：花序具一至二回分枝，具花3～7朵，总花梗长3～10毫米，扁，二级轴发育不好；花梗长6～10毫米；花萼和花瓣同雄花，退化雄蕊长约为花瓣的1/2，败育花药心形；子房卵球形，柱头具不明显的4～5裂，厚盘形。果长球形，成熟时红色。花期4—6月，果期7—12月。

生态环境：生于海拔500～1 000米的山坡常绿阔叶林中和林缘。

药用部位： 根皮、叶及种子入药。

性味功效： 苦，寒。清热解毒，活血止血。

主　　治： 用于上呼吸道感染，慢性气管炎，肾盂肾炎，细菌性痢疾；外用治烧烫伤，下肢溃疡，麻风溃疡，创收出血，冻伤，乳腺炎，皮肤皲裂（烧灰调油外搽）。

黄杨科 Buxaceae

雀舌黄杨

拉丁学名： *Buxus bodinieri* Levl.

药 材 名： 匙叶黄杨。

别　　名： 石黄杨、万年青。

形态特征： 灌木，高3～4米；枝圆柱形；小枝四棱形，被短柔毛，后变无毛。叶薄革质，通常匙形，亦有狭卵形或倒卵形，先端圆或钝，往往有浅凹口或小尖突头，基部狭长楔形，有时急尖，叶面绿色，光亮，叶背苍灰色。花序腋生，头状，长5～6毫米，花密集，花序轴长约2.5毫米；苞片卵形，背面无毛，或有短柔毛；雄花：约10朵，花梗长仅0.4毫米，萼片卵圆形，长约2.5毫米，雄蕊连花药长6毫米，不育雌蕊有柱状柄，末端膨大，高约2.5毫米，和萼片近等长，或稍超出；雌花：外萼片长约2毫米，内萼片长约2.5毫米，受粉期间，子房长2毫米，无毛，花柱长1.5毫米，略扁，柱头倒心形，下延达花柱1/3～1/2处。蒴果卵形。花期2月，果期5—8月。

生态环境： 海拔400～2 700米的平地或山坡林下。

药用部位： 根、叶或花。

性味功效： 苦，甘，凉。止咳，止血，清热解毒。

主　　治： 咳嗽，咳血，疮疡肿毒。

鼠李科 Rhamnaceae

滇刺枣

拉丁学名： *Ziziphus mauritiana* Lam.

药 材 名： 缅枣。

别　　名： 酸枣、缅枣。

形态特征： 常绿乔木或灌木，高达15米；幼枝被黄灰色密茸毛，小枝被短柔毛，老枝紫红色，有2个托叶刺，1个斜上，另1个钩状下弯。叶纸质至厚纸质，卵形、矩圆状椭圆形，稀近圆形，长2.5～6厘米，宽1.5～4.5厘米，顶端圆形，稀锐尖，基部近圆形，稍偏斜，不等侧，边缘具细锯齿，上面深绿色，无毛，有光泽，下面被黄色或灰白色茸毛，基生三出脉，叶脉在上面下陷或多少突起，下面有明显的网脉；叶柄长5～13毫米，被灰黄色密茸毛。花绿黄色，两性，5基数，数个或10余个密集成近无总花梗或具短总花梗的腋生二歧聚伞花序，花梗长 2～4 毫米，被灰黄色茸毛；萼片卵状三角形，顶端尖，外面被毛；花瓣矩圆状匙形，基部具爪；雄蕊与花瓣近等长，花盘厚，肉质，10 裂，中央凹陷，子房球形，无毛，2 室，每室有 1 胚珠，花柱 2 浅裂或半裂。核果矩圆形或球形，成熟时变黑色，基部有宿存的萼筒。花期 8—11 月，果期 9—12 月。

生态环境：海拔 1 800 米以下的山坡、丘陵、河边湿润林中或灌丛中。

药用部位：树皮。

性味功效：消炎，生肌。

主　　治：烧伤。

葡萄科 Vitaceae

乌蔹莓

拉丁学名：*Cayratia japonica*（Thunb.）Gagnep.

药 材 名：乌蔹莓。

别　　名：五叶莓、茏草、拔、茏葛、五爪龙、赤泼藤。

形态特征：草质藤本。小枝圆柱形，有纵棱纹，无毛或微被疏柔毛。卷须 2～3 叉分枝，相隔 2 节间断与叶对生。叶为鸟足状 5 小叶，中央小叶长椭圆形或椭圆披针形，顶端急尖或渐尖，基部楔形，侧生小叶椭圆形或长椭圆形，长 1～7 厘米，宽 0.5～3.5 厘米，顶端急尖或圆形，基部楔形或近圆形，边缘每侧有 6～15 个锯齿，上面绿色，无毛，下面浅绿色，无毛或微被毛；侧脉 5～9 对，网脉不明显；托叶早落。花序腋生，复二歧聚伞花序；花瓣 4，三角状卵圆形，高 1～1.5 毫米，外面被乳突状毛；雄蕊 4，花药卵圆形，长宽近相等；花盘发达，4 浅裂；子房下部与花盘合生，花柱短，柱头微扩大。果实近球形，直径约 1 厘米，有种子 2～4 颗。花期 3—8 月，果期 8—11 月。

生态环境：生于山谷林中或山坡灌丛，海拔 300～2 500 米。

药用部位：全草。

性味功效：酸、苦、寒。

主　　治：乳痈，恶疮初起，跌打损伤。

狭叶崖爬藤

拉丁学名：*Tetrastigma serrulatum*（Roxb.）Planch. var. Serrulatum

药 材 名：五爪金龙。

别　　名：五爪龙、小五爪金龙。

形态特征：草质藤本。卷须不分枝，相隔 2 节间断与叶对生。叶为鸟足状 5 小叶，小叶卵披针形或倒卵披针形，顶端尾尖、渐尖或急尖，基部圆形或阔楔形，侧小叶基部不对称，边缘常呈波状，边缘每侧有 5～8 个细锯齿。花序腋生，长 1～8 厘米，比叶柄短、近等长或较叶柄长，下部有节和苞片，或在侧枝上与叶对生，下部无节和苞片，二级分枝 4～5，集生成伞形；花序梗长 1～5 厘米，无毛；花梗长 2～4 毫米，无毛或几无毛；

花蕾卵椭圆形，高 2～4 毫米；萼细小，齿不明显，无毛；花瓣 4，卵椭圆形，顶端有小角，外展，无毛；雄蕊 4，花丝丝状，花药黄色，卵圆形，长宽近相等，在雌花内雄蕊显著短而败育；花盘在雄花中明显，4 浅裂，在雌花中呈环状；子房下部与花盘合生，花柱短，柱头呈盘形扩大，边缘不规则分裂。果实圆球形，紫黑色，有种子 2 颗；种子倒卵椭圆形，顶端近圆形，基部渐狭成短喙。花期 3—6 月，果期 7—10 月。

生态环境：生于山谷林中、山坡灌丛岩石缝中，海拔 500～2 900 米。

药用部位：全株。

性味功效：镇痛，消炎。

主　　治：骨折。

毛葡萄

拉丁学名：*Vitis heyneana* Roem. et Schultsubsp. *heyneana*

药 材 名：毛葡萄。

别　　名：橡根藤、五角叶葡萄、飞天白鹤、茅婆驳骨、止血藤、蝴蜞艾、野葡萄。

形态特征：木质藤本。小枝圆柱形，有纵棱纹，被灰色或褐色蛛丝状绒毛。卷须 2 叉分枝，密被绒毛，每隔 2 节间断与叶对生。叶卵圆形、长卵椭圆形或卵状五角形，长 4～12 厘米，宽 3～8 厘米，顶端急尖或渐尖，基部心形或微心形，基缺顶端凹成钝角，稀成锐角，边缘每侧有 9～19 个尖锐锯齿；叶柄长 2.5～6 厘米，密被蛛丝状绒毛；托叶膜质，褐色，卵披针形，长 3～5 毫米，宽 2～3 毫米，顶端渐尖，稀钝，边缘全缘，无毛。花杂性异株；圆锥花序疏散，与叶对生，分枝发达，长 4～14 厘米；花序梗长 1～2 厘米，被灰色或褐色蛛丝状茸毛；花梗长 1～3 毫米，无毛；花蕾倒卵圆形或椭圆形，高 1.5～2 毫米，顶端圆形；萼碟形，边缘近全缘，高约 1 毫米；花瓣 5，呈帽状黏合脱落；雄蕊 5，花丝丝状，长 1～1.2 毫米，花药黄色，椭圆形或阔椭圆形，长约 0.5 毫米，在雌花内雄蕊显著短，败育；花盘发达，5 裂；雌蕊 1，子房卵圆形，花柱短，柱头微扩大。果实圆球形，成熟时紫黑色。花期 4—6 月，果期 6—10 月。

生态环境：坡、沟谷灌丛、林缘或林中。

药用部位：根皮、叶。

性味功效：微苦、酸，平。根皮：调经活血，舒筋活络。叶：止血。

主　　治：根皮：月经不调，白带；外用治跌打损伤，筋骨疼痛。叶：外伤出血。

锦葵科 Malvaceae

黄蜀葵

拉丁学名：*Abelmoschus manihot*（L.）Medicus

药 材 名：黄蜀葵。

别　　名：秋葵、豹子眼睛花、霸天伞、棉花蒿。

形态特征：一年生或多年生草本，高 1～2 米，疏被长硬毛。叶掌状 5～9 深裂，直径

15～30 厘米，裂片长圆状披针形，长 8～18 厘米，宽 1～6 厘米，具粗钝锯齿，两面疏被长硬毛；叶柄长 6～18 厘米，疏被长硬毛；托叶披针形，长 11～1.5 厘米。花单生于枝端叶腋；小苞片 4～5，卵状披针形，长 15～25 毫米，宽 4～5 毫米，疏被长硬毛；萼佛焰苞状，5 裂，近全缘，较长于小苞片，被柔毛，果时脱落；花大，淡黄色，内面基部紫色，直径约 12 厘米；雄蕊柱长 1.5～2 厘米，花药近无柄；柱头紫黑色，匙状盘形。蒴果卵状椭圆形，长 4～5 厘米，直径 2.5～3 厘米，被硬毛；种子多数，肾形，被柔毛组成的条纹多条。花期 8—10 月。

生态环境：山谷草丛、田边或沟旁灌丛间。

药用部位：根、叶、花、种子。

性味功效：甘，寒。清热解毒，润燥滑肠。

主　　治：种子：大便秘结，小便不利，水肿，尿路结石，乳汁不通。根、叶：外用治疔疮，腮腺炎，骨折，刀伤。花：浸菜油外用治烧烫伤。

箭叶秋葵

拉丁学名：*Abelmoschus sagittifolius*（Kurz）Merr.

药 材 名：五指山参。

别　　名：山芙蓉、野芙蓉、红花马宁。

形态特征：多年生草本，高 40～100 厘米，具萝卜状肉质根，小枝被糙硬长毛。叶形多样，下部的叶卵形，中部以上的叶卵状戟形、箭形至掌状 3～5 浅裂或深裂，裂片阔卵形至阔披针形，长 3～10 厘米，先端钝，基部心形或戟形，边缘具锯齿或缺刻，上面疏被刺毛，下面被长硬毛；叶柄长 4～8 厘米，疏被长硬毛。花单生于叶腋，花梗纤细，长4～7 厘米，密被糙硬毛；小苞片 6～12，线形，宽 1～1.7 毫米，长约 1.5 厘米，疏被长硬毛；花萼佛焰苞状，长约 7 毫米，先端具 5 齿，密被细绒毛；花红色或黄色，直径 4～5 厘米，花瓣倒卵状长圆形，长 3～4 厘米；雄蕊柱长约 2 厘米，平滑无毛；花柱枝 5，柱头扁平。蒴果椭圆形，4 长约 3 厘米，直径约 2 厘米，被刺毛，具短喙；种子肾形，具腺状条纹。花期 5—9 月。

生态环境：常见于低丘、草坡、旷地、稀疏松林下或干燥的瘠地。

药用部位：根、叶。

性味功效：微甘，平。滋阴清热，排脓拔毒。

主　　治：肺结核，肺燥咳嗽，产后便秘，神经衰弱。外用治痈疮肿毒。

磨盘草

拉丁学名：*Abutilon indicum*（Linn.）Sweet

药 材 名：磨盘草。

别　　名：耳响草、白麻、土砻盾、石磨仔、磨仔草、磨档草。

形态特征：一年生或多年生直立的亚灌木状草本，高达 1～2.5 米，分枝多，全株均被灰色短柔毛。叶卵圆形或近圆形，长 3～9 厘米，宽 2.5～7 厘米，先端短尖或渐尖，基部心形，边缘具不规则锯齿，两面均密被灰色星状柔毛；叶柄长 2～4 厘米，被灰色短柔毛和疏丝状长毛，毛长约 1 毫米；托叶钻形，长 1～2 毫米，外弯。花单生于叶腋，花梗长达 4 厘米，近顶端具节，被灰色星状柔毛；花萼盘状，绿色，直径 6～10 毫米，密被灰色柔毛，裂片 5，宽卵形，先端短尖；花黄色，直径 2～2.5 厘米，花瓣 5，长 7～8 毫米；雄蕊柱被星状硬毛；心皮 15～20，成轮状，花柱枝 5，柱头头状。果为倒圆形似磨盘，直径约 1.5 厘米，黑色，分果爿 15～20，先端截形，具短芒，被星状长硬毛；种子肾形，被星状疏柔毛。花期 7—10 月。

生态环境：海拔 800 米以下的地带，如平原、海边、砂地、旷野、山坡、河谷及路旁等处。

药用部位：全草或根。

性味功效：甘、淡，平。疏风清热，益气通窍，祛痰利尿。

主　　治：感冒，久热不退，流行性腮腺炎，耳鸣，耳聋，肺结核，小便不利。

苘麻

拉丁学名：*Abutilon theophrasti* Medicus

药 材 名：苘麻。

别　　名：白麻、青麻。

形态特征：一年生亚灌木状草本，高达 1～2 米，茎枝被柔毛。叶互生，圆心形，长 5～10 厘米，先端长渐尖，基部心形，边缘具细圆锯齿，两面均密被星状柔毛；叶柄长 3～12 厘米，被星状细柔毛；托叶早落。花单生于叶腋，花梗长 1～13 厘米，被柔毛，近顶端具节；花萼杯状，密被短茸毛，裂片 5，卵形，长约 6 毫米；花黄色，花瓣倒卵形，长约 1 厘米；雄蕊柱平滑无毛，心皮 15～20，长 1～1.5 厘米，顶端平截，具扩展、被毛的长芒 2，排列成轮状，密被软毛。蒴果半球形，直径约 2 厘米，长约 1.2 厘米，分果片 15～20，被粗毛，顶端具长芒 2；种子肾形，褐色，被星状柔毛。花期 7—8 月。

生态环境：常见于路旁、荒地和田野间。

药用部位：全草或叶。

性味功效：苦，平，清热利湿，解毒开窍。

主　　治：痢疾，中耳炎，耳鸣，耳聋，睾丸炎，化脓性扁桃体炎，痈疽肿毒。

蜀葵

拉丁学名：*Althaea rosea*（Linn.）Cavan.

药 材 名：蜀葵。

别　　名：棋盘花、麻秆花、一丈红、蜀季花。

形态特征：二年生直立草本，高达 2 米，茎枝密被刺毛。叶近圆心形，直径 6～16 厘米，掌状 5～7 浅裂或波状棱角，裂片三角形或圆形，中裂片长约 3 厘米，宽 4～6 厘米，上面疏被星状柔毛，粗糙，下面被星状长硬毛或茸毛；叶柄长 5～15 厘米，被星状长硬毛；托叶卵形，长约 8 毫米，先端具 3 尖。花腋生，单生或近簇生，排列成总状花序式，具叶状苞片，花梗长约 5 毫米，果时延长至 1～2.5 厘米，被星状长硬毛；小苞片杯状，常 6～7 裂，裂片卵状披针形，长 10 毫米，密被星状粗硬毛，基部合生；萼钟状，直径

2～3 厘米，5 齿裂，裂片卵状三角形，长 1.2～1.5 厘米，密被星状粗硬毛；花大，直径 6～10 厘米，有红、紫、白、粉红、黄和黑紫等色，单瓣或重瓣，花瓣倒卵状三角形，长约 4 厘米，先端凹缺，基部狭，爪被长髯毛；雄蕊柱无毛，长约 2 厘米，花丝纤细，长约 2 毫米，花药黄色；花柱分枝多数，微被细毛。果盘状，直径约 2 厘米，被短柔毛，分果爿近圆形，多数，背部厚达 1 毫米，具纵槽。花期 2—8 月。

生态环境： 栽培。

药用部位： 根、叶、花、种子入药。春秋采根，晒干切片；夏季采花，阴干；花前采叶；秋季采种子，晒干。

性味功效： 甘、凉。清热止血，消肿解毒。根：清热，解毒，排脓，利尿。种子：利尿通淋。花：通利大小便，解毒散结。

主　　治： 根：肠炎，痢疾，尿道感染，小便赤痛，子宫颈炎，白带。种子：尿路结石，小便不利，水肿。花：大小便不利，梅核气，并解河豚毒。花、叶：外用治痈肿疮疡，烧烫伤。

木芙蓉

拉丁学名： *Hibiscus mutabilis* L.

药 材 名： 木芙蓉。

别　　名： 九头花、芙蓉花。

形态特征： 落叶灌木或小乔木，高 2～5 米；小枝、叶柄、花梗和花萼均密被星状毛与直毛相混的细绵毛。叶宽卵形至圆卵形或心形，直径 10～15 厘米，常 5～7 裂，裂片三角形，先端渐尖，具钝圆锯齿，上面疏被星状细毛和点，下面密被星状细茸毛；主脉 7～11 条；叶柄长 5～20 厘米；托叶披针形，长 5～8 毫米，常早落。花单生于枝端叶腋间，花梗长约 5～8 厘米，近端具节；小苞片 8，线形，长 10～16 毫米，宽约 2 毫米，密被星状绵毛，基部合生；萼钟形，长 2.5～3 厘米，裂片 5，卵形，渐尖头；花初开时白色或淡红色，后变深红色，直径约 8 厘米，花瓣近圆形，直径 4～5 厘米，外面被毛，基部具髯毛；雄蕊柱长 2.5～3 厘米，无毛；花柱枝 5，疏被毛。蒴果扁球形，直径约 2.5 厘米，被淡黄色刚毛和绵毛，果片 5；种子肾形，背面被长柔毛。花期 8—10 月。

生态环境： 海拔 1 500～2 100 米的湿润山坡、沟边、村旁。

药用部位： 花、叶和根。

性味功效： 微辛，凉。清热解毒，消肿排脓，凉血止血。

主　　治： 肺热咳嗽，月经过多，白带；外用治痈肿疮疖，乳腺炎，淋巴结炎，腮腺炎，烧烫伤，毒蛇咬伤，跌打损伤。

朱槿

拉丁学名： *Hibiscus rosa-sinensis* L.

药 材 名： 扶桑。

别　　名： 大红花、状元红、桑槿。

形态特征： 常绿灌木，高 1～3 米；小枝圆柱形，疏被星状柔毛。叶阔卵形或狭卵形，长4～9厘米，宽2～5厘米，先端渐尖，基部圆形或楔形，边缘具粗齿或缺刻，两面除背面沿脉上有少许疏毛外均无毛；叶柄长5～20毫米，上面被长柔毛；托叶线形，长5～12毫米，被毛。花单生于上部叶腋间，常下垂，花梗长3～7厘米，疏被星状柔毛或近平滑无毛，近端有节；小苞片6～7，线形，长8～15毫米，疏被星状柔毛，基部合生；萼钟形，长约2厘米，被星状柔毛，裂片5，卵形至披针形；花冠漏斗形，直径6～10厘米，玫瑰红色或淡红、淡黄等色，花瓣倒卵形，先端圆，外面疏被柔毛；雄蕊柱长4～8厘米，平滑无毛；花柱枝5。蒴果卵形，长约2.5厘米，平滑无毛，有喙。花期全年。

生态环境：栽培。

药用部位：根、叶、花。

性味功效：叶：甘，平。花：甘，寒。根：清热解毒，止咳，利尿，调经。叶：清热解毒。花：清肺，化痰，凉血，解毒。

主　　治：有经不调，崩漏，白带，白浊，痈疮肿毒，尿路感染，急性结膜炎。

木槿

拉丁学名：*Hibiscus syriacus* L.

药 材 名：木槿。

别　　名：朝开暮落花。

形态特征：落叶灌木，高3～4米，小枝密被黄色星状茸毛。叶菱形至三角状卵形，长3～10厘米，宽2～4厘米，具深浅不同的3裂或不裂，先端钝，基部楔形，边缘具不整齐齿缺，下面沿叶脉微被毛或近无毛；叶柄长5～25毫米，上面被星状柔毛；托叶线形，长约6毫米，疏被柔毛。花单生于枝端叶腋间，花梗长4～14毫米，被星状短茸毛；小苞片6～8，线形，长6～15毫米，宽1～2毫米，密被星状疏茸毛；花萼钟形，长14～20毫米，密被星状短茸毛，裂片5，三角形；花钟形，淡紫色，直径5～6厘米，花瓣倒卵形，长3.5～4.5厘米，外面疏被纤毛和星状长柔毛；雄蕊柱长约3厘米；花柱枝无毛。蒴果卵圆形，直径约12毫米，密被黄色星状茸毛；种子肾形，背部被黄白色长柔毛。花期7—10月。

生态环境：海拔1 300～1 700米的灌木丛中。

药用部位：根皮、茎皮、根、叶、花、果实。

性味功效：根皮，茎皮：甘，苦，凉。清热，利湿，解毒，止痒。根：甘，平，滑。清热解毒，利湿，消肿。叶：苦，寒。清热。花：甘，苦，凉。清热，利湿，凉血。果实：甘，平。清肺化痰，解毒止痛。

主　　治：根皮、茎皮：黄疸，痢疾，肠风泻血，肺痈、肠痈，带下病，痔疮，脱肛，阴囊湿疹，疥癣。根：咳嗽，肺痈、肠痈，痔疮肿毒，带下病、疥癣。花：肺热咳嗽，吐血，肠风便血，痢疾，痔血，带下病，痈肿疮毒。果实：肺热咳嗽，痰喘，偏正头痛，黄水疮。

冬葵

拉丁学名：*Malva crispa* Linn.

药 材 名：冬葵。

别　　名：冬苋菜、滑滑菜、土黄芪、葵根、土黄耆。

形态特征：一年生草本，高1米；不分枝，茎被柔毛。叶圆形，常5～7裂或角裂，径约5～8厘米，基部心形，裂片三角状圆形，边缘具细锯齿，并极皱缩扭曲，两面无毛至疏被糙伏毛或星状毛，在脉上尤为明显；叶柄瘦弱，长4～7厘米，疏被柔毛。花小，白色，直径约6毫米，单生或几个簇生于叶腋，近无花梗至具极短梗；小苞片3，披针形，长4～5毫米，宽1毫米，疏被糙伏毛；萼浅杯状，5裂，长8～10毫米，裂片三角形，疏被星状柔毛；花瓣5，较萼片略长。果扁球形，径约8毫米，分果片11，网状，具细柔毛；种子肾形，径约1毫米，暗黑色。花期6—9月。

生态环境：栽培。

药用部位：根、茎、叶及子（冬葵果）。

性味功效：茎、叶：甘，寒。根：甘，温。茎、叶：清热利湿。根：补中益气。

主　　治：茎、叶：黄疸型肝炎。根：气虚乏力，腰膝酸软，体虚自汗，脱肛，子宫脱垂，慢性肾炎，糖尿病。

桤叶黄花稔

拉丁学名：*Sida alnifolia* Linn.

药 材 名：黄花稔。

别　　名：地马桩、地膏药、牛筋麻。

形态特征：直立亚灌木或灌木，小枝细瘦，被星状柔毛。叶倒卵形、卵形、卵状披针形至近圆形，长2～5厘米，宽8～30毫米，先端尖或圆，基部圆至楔形，边缘具锯齿，上面被星状柔毛，下面密被星状长柔毛，叶柄长2～8毫米，被星状柔毛；托叶钻形，常短于叶柄。花单生于叶腋，花梗长1～3厘米，中部以上具节，密被星状绒毛；萼杯状，长6～8毫米，被星状茸毛，裂片5，三角形；花黄色，直径约1厘米，花瓣倒卵形，长约1厘米；雄蕊柱长4～5毫米，被长硬毛。果近球形，被长柔毛。花期7—12月。

生态环境：生于山坡、路旁草丛中。

药用部位：全株。

性味功效：苦，辛，性微寒。清热利湿，解毒消肿。

主　　治：湿热泻痢，黄疸，咽喉肿痛，痈肿疮毒，毒蜂螫伤。

地桃花

拉丁学名：*Urena lobata* L. var. lobata

药 材 名：地桃花、肖梵天花。

别　　名：土黄芪、野棉花。

形态特征：直立亚灌木状草本，高达1米，小枝被星状茸毛。茎下部的叶近圆形，长4～5厘米，宽5～6厘米，先端浅3裂，基部圆形或近心形，边缘具锯齿；中部的叶卵形，长5～7厘米，3～6.5厘米；上部的叶长圆形至披针形，长4～7厘米，宽1.5～3厘米；叶上面被柔毛，下面被灰白色星状茸毛；叶柄长1～4厘米，被灰白色星状毛；托叶线形，长约 2 毫米，早落。花腋生，单生或稍丛生，淡红色，直径约 15 毫米；花梗长约 3 毫米，被绵毛；小苞片 5，长约 6 毫米，基部 1/3 合生；花萼杯状，裂片 5，较小苞片略短，两者均被星状柔毛；花瓣 5，倒卵形，长约 15 毫米，外面被星状柔毛；雄蕊柱长约 15 毫米，无毛；花柱枝 10，微被长硬毛。果扁球形，直径约 1 厘米，分果片被星状短柔毛和锚状刺。花期 7—10 月。

生态环境：海拔 600～2 400 米的路边草丛、旷地中。

药用部位：根和全草。

性味功效：甘、淡，凉。祛风活血，清热利湿，解毒消肿。

主　　治：根：风湿关节痛，感冒，疟疾，肠炎，痢疾，小儿消化不良，白带。全草：外用治跌打损伤，骨折，毒蛇咬伤，乳腺炎。

椴树科 Tiliaceae

长勾刺蒴麻

拉丁学名：*Triumfetta pilosa* Roth

药 材 名：金纳香。

别　　名：细山马栗、牛虱子。

形态特征：木质草本或亚灌木，高 1 米；嫩枝被黄褐色长茸毛。叶厚纸质，卵形或长卵形，长 3～7 厘米，先端渐尖或锐尖，基部圆形或微心形，上面有稀疏星状茸毛。下面密被黄褐色厚星状茸毛，基出脉 3 条，两侧脉上行超过叶片中部，边缘有不整齐锯齿；叶柄长 1～2 厘米。聚伞花序 1 至数枝腋生，花序柄长 5～8 毫米；花柄长 3～5 毫米；苞片披针形，长 1 毫米；萼片狭披针形，长 7 毫米，先端有角，被毛；花瓣黄色，与萼片等长；雄蕊 10 枚；子房被毛。蒴果有刺，长 8～10 毫米；刺被毛，先端有钩。花期夏季。

生态环境：海拔 600～1 500 米的林缘灌木丛中。

药用部位：叶及根。

性味功效：辛、甘，温。行气，活血调经。

主　　治：月经不调，腹有包块作痛，跌打损伤。

木棉科 Bombacaceae

木棉

拉丁学名：*Bombax malabaricum* DC.

药 材 名：木棉。

别　　名：红棉、英雄树、攀枝花。

形态特征：落叶大乔木，高可达 25 米，树皮灰白色，幼树的树干通常有圆锥状的粗刺；分枝平展。掌状复叶，小叶 5～7 片，长圆形至长圆状披针形，托叶小。花单生枝顶叶腋，通常红色，有时橙红色，直径约10厘米；萼杯状，长2～3厘米，外面无毛，内面密被淡黄色短绢毛，萼齿3～5，半圆形，高1.5厘米，宽2.3厘米，花瓣肉质，倒卵状长圆形，长8～10厘米，宽3～4厘米，二面被星状柔毛，但内面较疏；雄蕊管短，花丝较粗，基部粗，向上渐细，内轮部分花丝上部分2叉，中间10枚雄蕊较短，不分叉，外轮雄蕊多数，集成5束，每束花丝10枚以上，较长；花柱长于雄蕊。蒴果长圆形，钝，长10～15厘米，粗4.5～5厘米，密被灰白色长柔毛和星状柔毛；种子多数，倒卵形，光滑。花期3—4月，果夏季成熟。

生态环境： 海拔1 400米以下的干热河谷及稀树草原，也可生长在沟谷季雨林内，也有栽培作行道树的。

药用部位： 花、根、树皮。

性味功效： 花：清热除湿；根皮：祛风湿、理跌打。

主　　治： 花：菌痢，肠炎，胃痛。树皮：滋补药，亦用于治痢疾和月经过多。

瑞香科 Thymelaeaceae

土沉香

拉丁学名： *Aquilaria sinensis*（Lour.）Spreng.

药 材 名： 沉香。

别　　名： 白木香。

形态特征： 乔木。叶革质，圆形、椭圆形至长圆形，有时近倒卵形，长5～9厘米，宽2.8～6厘米，先端锐尖或急尖而具短尖头，基部宽楔形，上面暗绿色或紫绿色，光亮，下面淡绿色，两面均无毛。花芳香，黄绿色，多朵，组成伞形花序；花梗长5～6毫米，密被黄灰色短柔毛；萼筒浅钟状，长5～6毫米，两面均密被短柔毛，5裂，裂片卵形，长4～5毫米，先端圆钝或急尖，两面被短柔毛；花瓣10，鳞片状，着生于花萼筒喉部，密被毛；雄蕊10，排成1轮，花丝长约1毫米，花药长圆形，长约4毫米；子房卵形，密被灰白色毛，2室，每室1胚珠，花柱极短或无，柱头头状。蒴果果梗短，卵球形，幼时绿色，长2～3厘米，直径约2厘米，顶端具短尖头，基部渐狭，密被黄色短柔毛，2瓣裂，2室，每室具有1种子，种子褐色，卵球形。花期春夏，果期夏秋。

生态环境： 栽培。

药用部位： 心材沉香。

性味功效： 辛、苦，微温。降气调中，暖肾止痛。

主　　治： 胸腹疼痛，胸闷，呕吐呃逆，腹鸣泄泻，气逆喘促。

胡颓子科 Elaeagnaceae

密花胡颓子

拉丁学名： *Elaeagnus conferta* Roxb.

别　　名： 羊奶果。

形态特征： 常绿攀缘灌木，无刺；幼枝略扁，银白色或灰黄色，密被鳞片，老枝灰黑色。叶纸质，椭圆形或阔椭圆形，长 6～16 厘米，宽 3～6 厘米，顶端钝尖或骤渐尖，尖头三角形，基部圆形或楔形，全缘，上面幼时被银白色鳞片，成熟后脱落，干燥后深绿色，下面密被银白色和散生淡褐色鳞片，侧脉 5～7 对，弧形向上弯曲，两面均明显，细脉不甚明显；叶柄淡黄色，长 8～10 毫米。花银白色，外面密被鳞片或鳞毛，多花簇生叶腋短小枝上成伞形短总状花序，花枝极短，长 1～3 毫米，花序比叶柄短；雄蕊的花丝与花药等长或稍长，花药细小，矩圆形，长约 1 毫米，花柱直立，疏生白色星状柔毛，稍超过雄蕊，达裂片中部，向上渐细小，柱头顶端弯曲。果实大，长椭圆形或矩圆形，长达 20～40 毫米，直立，成熟时红色；果梗粗短。花期 10—11 月，果期翌年 2—3 月。

生态环境： 栽培。

药用部位： 根、叶、果。

性味功效： 根：祛风通络，行气止痛。果实：收敛止泻。

主　　治： 消化不良，咳嗽气喘，咳血，腰部扭伤，痔疮，疝气等。

堇菜科 Violaceae

心叶堇菜

拉丁学名： *Viola concordifolia* C. J. Wang

药 材 名： 犁头草。

别　　名： 三角草、犁头尖。

形态特征： 多年生草本，无地上茎和匍匐枝。叶多数，基生；叶片卵形、宽卵形或三角状卵形，稀肾状，长 3～8 厘米，宽 3～8 厘米，先端尖或稍钝，基部深心形或宽心形，边缘具多数圆钝齿，两面无毛或疏生短毛。花淡紫色；花梗不高出于叶片，被短毛或无毛，近中部有 2 枚线状披针形小苞片；萼片宽披针形，长 5～7 毫米，宽约 2 毫米，先端渐尖，基部附属物长约 2 毫米，末端钝或平截；上方花瓣与侧方花瓣倒卵形，长 1.2～1.4 厘米，宽 5～6 毫米，侧方花瓣里面无毛，下方花瓣长倒心形，顶端微缺，连距长约 1.5 厘米，距圆筒状，长 4～5 毫米，粗约 2 毫米；下方雄蕊的距细长，长约 3 毫米；子房圆锥状，无毛，花柱棍棒状，基部稍膝曲，上部变粗，柱头顶部平坦，两侧及背方具明显缘边，前端具短喙，柱头孔较粗。蒴果椭圆形，长约 1 厘米。

生态环境： 生于林缘、林下开阔的草地间、山地草丛、溪谷旁。

药用部位： 全草。

性味功效： 味苦，微辛，性寒。清热解毒，化瘀排脓，凉血清肝。

主　　治： 痈疽肿毒，乳痈，肠痈下血，化脓性骨髓炎，黄疸，目赤肿痛，瘰疬，外伤出血，蛇咬伤。

如意草

拉丁学名： *Viola hamiltoniana* D. Don，Prodr.

药 材 名： 如意草。

别　　名： 白三百棒、红三百棒。

形态特征： 多年生草本。基生叶叶片深绿色，三角状心形或卵状心形，长 1.5～3 厘米，宽 2～5.5 厘米，先端急尖，稀渐尖，基部通常宽心形，稀深心形，弯缺呈新月形，垂片大而开展，边缘具浅而内弯的疏锯齿，两面通常无毛或下面沿脉被疏柔毛；茎生叶及匍匐枝上的叶片与基生叶的叶片相似；基生叶具长柄，叶柄长 5～20 厘米，上部具狭翅，茎生叶及匍匐枝上叶的叶柄较短；托叶披针形，长 5～10 毫米，先端渐尖，通常全缘或具极稀疏的细齿和毛。花淡紫色或白色，皆自茎生叶或匍匐枝的叶腋抽出，具长梗，在花梗中部以上有 2 枚线形小苞片；花瓣狭倒卵形，长约 7.5 毫米，侧方花瓣具暗紫色条纹，里面基部疏生短须毛，下方花瓣较短，有明显的暗紫色条纹，基部具长约 2 毫米的短距；下方雄蕊之距粗而短，其长度与花药近相等，末端圆；子房无毛，花柱呈棍棒状，基部稍膝曲，向上渐增粗，柱头 2 裂。蒴果长圆形，种子卵状，淡黄色。

生态环境： 生于溪谷潮湿地、沼泽地、灌丛林缘。

药用部位： 全草。

性味功效： 辛麻、微酸、性寒。

主　　治： 疮疡肿毒，乳痈，跌打损伤，开放性骨折，外伤出血，蛇伤。

西番莲科 Passifloraceae

三开瓢

拉丁学名： *Adenia cardiophylla*（Mast.）Engl.

药 材 名： 三开瓢。

别　　名： 三瓢果、肉杜仲、红中白皮、假瓜蒌。

形态特征： 木质大藤本，长 8～12 米；茎圆柱形，无毛，具线条纹。叶纸质，宽卵形或卵圆形，长 10～23 厘米，宽 7～18 厘米，先端急尖，基部心形，嫩枝叶全缘，老枝叶 2～3 裂，叶脉 4～5 对，小脉横出，平行，两面可见；叶柄长 5～15 厘米，顶端有 2 个大的杯状腺体。聚伞花序腋生，成对着生于长梗顶端，具极长的卷曲花梗或形成卷须。花两性者；花萼管坛状，长 9～10 毫米，外面被有红色斑纹，裂片 5，反折、卵状三角形；花瓣 5，长圆匙形，长 6 毫米，有红色斑纹，着生萼管喉部；副花冠裂片匙形，长仅 0.7 毫米，顶端 2 浅裂；雄蕊 5 枚，花药圆锥形，长 3～4 毫米，花丝中部以下合生成管；子房椭圆球形，柱头 3 枚，无柄，反折，花为单性者，雄花：花瓣长圆形；子房无柄，极退化；雌花：花瓣着生萼管中部以下，柱头皆有短花柱。蒴果纺锤形，长 6～8 厘米，直径 2～3 厘米，室背三瓣开裂，熟时深红黄色带紫，外果皮木质，中果皮海绵质白色，果瓤黄白色；果梗长 2～3 厘米；种子多数，长 7～9 毫米，黑褐色，有网纹及凹窝。花期 5

月，果期 8—10 月。

生态环境：海拔 600～1 700 米的沟谷雨林中。

药用部位：果实。

性味功效：清火解毒，祛风除湿，消肿止痛。

主　　治：疔疮脓肿，皮肤病，麻风病。

番木瓜科 Caricaceae

番木瓜

拉丁学名：*Carica papaya* L.

药 材 名：番木瓜。

别　　名：麻桑蒲（傣语）、木瓜。

形态特征：常绿软木质小乔木，具乳汁；叶大，聚生于茎顶端，近盾形，直径可达 60 厘米，通常 5～9 深裂，每裂片再为羽状分裂；花单性或两性，植株有雄株，雌株和两性株。雄花：排列成圆锥花序，长达 1 米，下垂；花无梗；萼片基部连合；花冠乳黄色；雄蕊 10，5 长 5 短，短的几无花丝，长的花丝白色，被白色绒毛；子房退化。雌花：单生或由数朵排列成伞房花序，着生叶腋内，具短梗或近无梗，萼片 5，长约 1 厘米，中部以下合生；子房上位，卵球形，无柄，花柱 5，柱头数裂，近流苏状。两性花：雄蕊 5 枚，着生于近子房基部极短的花冠管上，或为 10 枚着生于较长的花冠管上，排列成 2 轮，冠管长 1.9～2.5 厘米，子房比雌株子房较小。浆果肉质，成熟时橙黄色或黄色，长圆球形，倒卵状长圆球形，梨形或近圆球形，长 10～30 厘米或更长，果肉柔软多汁，味香甜；种子多数，卵球形，成熟时黑色，外种皮肉质，内种皮木质，具皱纹。花果期全年。

生态环境：生于海拔 1 800 米以下的低热河谷、热坝区，多栽培。

药用部位：果实、根、叶。

性味功效：甜、微涩，凉。通气血，止疼痛，健胃。

主　　治：腹部胀痛，消化不良，不思饮食，头昏头痛，腰痛。

秋海棠科 Begoniaceae

秋海棠

拉丁学名：*Begonia grandis* Dry subsp. *grandis* var. *grandis*

药 材 名：秋海棠。

别　　名：岩丸子。

形态特征：多年生草本。茎生叶互生，具长柄；叶片两侧不相等，轮廓宽卵形至卵形，先端渐尖至长渐尖，基部心形，偏斜，边缘具不等大的三角形浅齿，齿尖带短芒；

花粉红色，较多数；雄花：花梗长约 8 毫米，无毛，花被片 4；雌花：花梗长约 2.5 厘米，无毛，花被片 3，子房长圆形，长约 10 毫米，直径约 5 毫米，无毛，3 室，中轴胎座，每室胎座具 2 裂片，具不等 3 翅或 2 短翅退化呈檐状，花柱 3，1/2 部分合生或微合生或离生，柱头常 2 裂或头状或肾状，外向膨大呈螺旋状扭曲，或 U 形并带刺状乳头。蒴果；种子极多数，小，长圆形，淡褐色，光滑。花期 7 月开始，果期 8 月开始。

生态环境：生于山谷潮湿的石壁上、山谷溪旁密林石上、山沟边岩石上和山谷灌丛中，海拔 100～1 100 米。

药用部位：块茎和果。

性味功效：酸、涩，凉。凉血止血，散瘀，调经。

主　　治：吐血，衄血，咳血，崩漏，白带，月经不调，痢疾。外用治跌打损伤。

葫芦科 Cucurbitaceae

南瓜

拉丁学名：*Cucurbita moschata*（Duch. ex Lam.）Duch. ex Poiret

药 材 名：南瓜子（种子）、南瓜藤（藤）。

别　　名：北瓜、番南瓜、饭瓜、番瓜。

形态特征：一年生蔓生草本；茎常节部生根，伸长达 2～5 米，密被白色短刚毛。叶柄粗壮，长 8～19 厘米，被短刚毛；叶片宽卵形或卵圆形，质稍柔软，有 5 角或 5 浅裂，稀钝，长 12～25 厘米，宽 20～30 厘米，侧裂片较小，中间裂片较大，三角形，上面密被黄白色刚毛和茸毛，常有白斑。卷须稍粗壮，与叶柄一样被短刚毛和茸毛，3～5 歧。雌雄同株。雄花单生；花萼筒钟形，长 5～6 毫米，裂片条形，长 1～1.5 厘米，被柔毛，上部扩大成叶状；花冠黄色，钟状，长 8 厘米，径 6 厘米，5 中裂，裂片边缘反卷，具皱褶，先端急尖；雄蕊 3，花丝腺体状，长 5～8 毫米，花药靠合，长 15 毫米，药室折曲。雌花单生；子房 1 室，花柱短，柱头 3，膨大，顶端 2 裂。果梗粗壮，有棱和槽，长 5～7 厘米，瓜蒂扩大成喇叭状；瓠果形状多样，因品种而异，外面常有数条纵沟或无。种子多数，长卵形或长圆形，灰白色，边缘薄。

生态环境：栽培。

药用部位：种子、藤、瓜蒂、根。

性味功效：南瓜蒂、南瓜根、南瓜藤：性味均甘平。种子：味甘，性平，杀虫，下乳，利水消肿，清热除湿。

主　　治：种子：对血吸虫有控制和杀灭的作用。藤：清热。瓜蒂：安胎。根：牙痛。

绞股蓝

拉丁学名：*Gynostemma pentaphyllum*（Thunb.）Makino

药 材 名： 绞股蓝。

别　　名： 七叶胆、小苦药、公罗锅底。

形态特征： 草质攀缘植物；茎细弱，具分枝，具纵棱及槽，无毛或疏被短柔毛。叶膜质或纸质，鸟足状，具3～9小叶，通常5～7小叶，叶柄长3～7厘米，被短柔毛或无毛；小叶片卵状长圆形或披针形，中央小叶长3～12厘米，宽1.5～4厘米，侧生小较小，先端急尖或短渐尖，基部渐狭，边缘具波状齿或圆齿状牙齿，上面深绿色，背面淡绿色，两面均疏被短硬毛。花雌雄异株。雄花圆锥花序，花序轴纤细，多分枝，有时基部具小叶，被短柔毛；花梗丝状，长1～4毫米，基部具钻状小苞片；花萼筒极短，5裂，裂片三角形，长约0.7毫米，先端急尖；花冠淡绿色或白色，5深裂，裂片卵状披针形，长2.5～3毫米，宽约1毫米，先端长渐尖，具1脉，边缘具缘毛状小齿；雄蕊5，花丝短，联合成柱，花药着生于柱之顶端。雌花圆锥花序远较雄花之短小，花萼及花冠似雄花；子房球形，2～3室，花柱3枚，短而叉开，柱头2裂；具短小的退化雄蕊5枚。果实肉质不裂，球形。种子卵状心形。花期3—11月，果期4—12月。

生态环境： 生于海拔300～3 200米的山谷密林中、山坡疏林、灌丛中或路旁草丛中。

药用部位： 全草。

性味功效： 苦，寒。清热解毒，止咳祛痰。

主　　治： 体虚乏力，虚劳失精，白细胞减少症，高脂血症，病毒性肝炎，慢性胃肠炎，慢性气管炎。

丝瓜

拉丁学名： *Luffa cylindrica*（L.）M. Roem.

药 材 名： 丝瓜络（中果皮维管素）、丝瓜子（种子）、丝瓜叶（叶）、丝瓜藤（藤）、丝瓜根（根）。

别　　名： 天丝瓜、绵瓜、布瓜、天络丝。

形态特征： 一年生攀缘藤本；茎、枝粗糙，有棱沟，被微柔毛。卷须稍粗壮，被短柔毛，通常2～4歧。叶片三角形或近圆形，长、宽约10～20厘米，通常掌状5～7裂，裂片三角形，中间的较长，长8～12厘米，顶端急尖或渐尖，边缘有锯齿，基部深心形，弯缺深2～3厘米，宽2～2.5厘米，上面深绿色，粗糙，有疣点，下面浅绿色，有短柔毛，脉掌状，具白色的短柔毛。雌雄同株。雄花：通常15～20朵花，生于总状花序上部，花序梗稍粗壮，长12～14厘米，被柔毛；花冠黄色，辐状；雄蕊通常5，稀3，花丝长6～8毫米，基部有白色短柔毛。雌花：单生，花梗长2～10厘米；子房长圆柱状，有柔毛，柱头3，膨大。果实圆柱状，直或稍弯，表面平滑，通常有深色纵条纹，未熟时肉质，成熟后干燥，里面呈网状纤维，由顶端盖裂。种子多数，黑色，卵形，扁，平滑，边缘狭翼状。花果期夏、秋季。

生态环境： 栽培或逸生。

药用部位： 成熟果实的维管束。

性味功效： 甘，平。通络，活血，祛风。

主　　治： 痹痛拘挛，胸胁胀痛，乳汁不通。

苦瓜

拉丁学名： *Momordica charantia* L.

药 材 名： 苦瓜。

别　　名： 凉瓜、癞瓜。

形态特征： 一年生攀缘状柔弱草本，多分枝；茎、枝被柔毛。卷须纤细，长达 20 厘米，具微柔毛，不分歧。叶柄细，初时被白色柔毛，后变近无毛，长 4～6 厘米；叶片轮廓卵状肾形或近圆形，膜质，长、宽均为 4～12 厘米，上面绿色，背面淡绿色，脉上密被明显的微柔毛，其余毛较稀疏，5～7 深裂，裂片卵状长圆形，边缘具粗齿或有不规则小裂片，先端多半钝圆形稀急尖，基部弯缺半圆形，叶脉掌状。雌雄同株。雄花：单生叶腋，花梗纤细，被微柔毛，长 3～7 厘米，中部或下部具 1 苞片；苞片绿色，肾形或圆形，全缘，稍有缘毛，两面被疏柔毛，长、宽均 5～15 毫米；花萼裂片卵状披针形，被白色柔毛，长 4～6 毫米，宽 2～3 毫米，急尖；花冠黄色，裂片倒卵形，先端钝，急尖或微凹，长 1.5～2 厘米，宽 0.8～1.2 厘米，被柔毛；雄蕊 3，离生，药室 2 回折曲。雌花：单生，花梗被微柔毛，长 10～12 厘米，基部常具 1 苞片；子房纺锤形，密生瘤状突起，柱头 3，膨大，2 裂。果实纺锤形或圆柱形，多瘤皱，长 10～20 厘米，成熟后橙黄色，由顶端 3 瓣裂。种子多数，长圆形，具红色假种皮，两端各具 3 小齿，两面有刻纹，长 1.5～2 厘米，宽 1～1.5 厘米。花果期 5—10 月。

生态环境： 栽培。

药用部位： 瓜、根、藤及叶。

性味功效： 清热解毒。

主　　治： 中暑发热，牙痛，肠炎，痢疾，便血。外用治痱子，疔疮疖肿。

茅瓜

拉丁学名： *Solena amplexicaulis*（Lam.）Gandhi

药 材 名： 茅瓜。

别　　名： 老鼠黄瓜、异叶马交儿、天花粉。

形态特征： 攀缘草本，块根纺锤状，径粗 1.5～2 厘米。叶片薄革质，多型，变异极大，卵形、长圆形、卵状三角形或戟形等，不分裂、3～5 浅裂至深裂，裂片长圆状披针形、披针形或三角形，长 8～12 厘米，宽 1～5 厘米，先端钝或渐尖，上面深绿色，稍粗糙，脉上有微柔毛，背面灰绿色，叶脉突起，几无毛，基部心形，弯缺半圆形，有时基部向后靠合，边缘全缘或有疏齿。卷须纤细，不分歧。雌雄异株。雄花：10～20 朵，生于2～5 毫米长的花序梗顶端，呈伞房状花序；花极小，花梗纤细，长 2～8 毫米，几无毛；花冠黄色，外面被短柔毛，裂片开展，三角形，长 1.5 毫米，顶端急尖；雄蕊 3，分离，着生在花萼筒基部，花丝纤细，无毛。雌花：单生于叶腋；花梗长 5～10 毫米，被微柔毛；子房卵形，长 2.5～3.5 毫米，径 2～3 毫米，无毛或疏被黄褐色柔毛，柱头 3。果实红褐色，长圆状或近球形，长 2～6 厘米，径 2～5 厘米，表面近平滑。种子数枚，灰白色，近圆球形或倒卵形，长 5～7 毫米，径 5 毫米，边缘不拱起，表面光滑无毛。花期 5—8 月，果期 8—11 月。

生态环境：海拔600～2 400米的旷野荒野灌木丛中。

药用部位：块根。

性味功效：甘、苦、微涩，寒。有毒。清热解毒，化瘀散结，化痰利湿。

主　　治：疮痈肿毒，烫伤，肺痈咳嗽，咽喉肿痛，水肿腹胀，腹泻，痢疾，酒疸，湿疹，风湿痹痛。

云南赤瓟

拉丁学名：*Thladiantha pustulata*（Levl.）C. Jeffrey ex Lu et Z. Y. Zhang

药 材 名：赤瓟。

形态特征：攀缘草本；具块状根。茎、枝有棱沟，被短柔毛及长柔毛，尤以节上长柔毛较多。叶柄细，长3～7厘米，生有像枝上一样的毛被；叶片卵状心形，基部的一对叶脉沿弯缺边缘向外展开，叶面密生短刚毛，后刚毛断裂而膨大的基部存留呈疣点，粗糙，叶背被短柔毛，叶脉上杂生有稀疏短刚毛。卷须单一，生短柔毛和稀疏长柔毛。雌雄异株。雄花3～6朵生在2～5厘米长的总花梗上部，成疏散的总状花序，无苞片，总花梗和花梗均被短柔毛和疏长柔毛，花梗丝状，长达2～4厘米；花冠黄色，裂片卵状披针形；雄蕊5枚，花丝丝状，有短柔毛。雌花单生，比雄花大，花梗细，长2～3厘米，被长柔毛和短刚毛；花冠裂片卵状披针形；子房卵球形，果实卵球形。种子宽卵形。花果期4—11月。

生态环境：溪旁及灌丛中。

药用部位：根茎及果实。

性味功效：苦、平。

主　　治：乳汁不下，乳痈，痈肿，黄疸，跌打损伤，痛经。黄疸痢疾，反胃吐酸咳血，胸痛，腰部扭伤。

栝楼

拉丁学名：*Trichosanthes kirilowii* Maxim.

药 材 名：栝楼。

别　　名：瓜蒌、瓜楼、药瓜。

形态特征：攀缘藤本，长达10米；块根圆柱状，粗大肥厚，富含淀粉，淡黄褐色。叶片纸质，轮廓近圆形，长宽均5～20厘米，常3～5（7）浅裂至中裂；叶柄长3～10厘米，具纵条纹，被长柔毛。卷须3～7歧，被柔毛。花雌雄异株。雄总状花序单生，或与一单花并生，或在枝条上部者单生，总状花序长10～20厘米，粗壮，具纵棱与槽，被微柔毛，顶端有5～8花，单花花梗长约15厘米，花梗长约3毫米，小苞片倒卵形或阔卵形，长1.5～2.5（3）厘米，宽1～2厘米，中上部具粗齿，基部具柄，被短柔毛；花冠白色，裂片倒卵形，长20毫米，宽18毫米，顶端中央具1绿色尖头，两侧具丝状流苏，被柔毛；雌花单生，花梗长7.5厘米，被短柔毛；花萼筒圆筒形，长2.5厘米，径1.2厘米，裂片和花冠同雄花；子房椭圆形，绿色，长2厘米，径1厘米，花柱长2厘米，柱头3。果梗粗壮，长4～11厘米；果实椭圆形或圆形，成熟时黄褐色或橙黄色；种子卵状椭圆形，压扁，淡黄褐色，近边缘处具棱线。花期 5—8 月，果期 8—10 月。

生态环境： 生于海拔 200～1 800 米的山坡林下、灌丛中、草地和村旁田边。

药用部位： 果实。

性味功效： 清热化痰，宽胸散结，润燥滑肠。

主　　治： 肺热咳嗽，胸痹，结胸，消渴，便秘，痈肿疮毒。

钮子瓜

拉丁学名： *Zehneria maysorensis*（Wight et Arn.）Arn.

药 材 名： 钮子瓜。

别　　名： 干罗瓜。

形态特征： 草质藤本；茎、枝细弱，伸长，有沟纹，多分枝，无毛或稍被长柔毛。叶片膜质，宽卵形或稀三角状卵形，脉掌状。卷须丝状，单一，无毛。雌雄同株。雄花：常 3～9 朵生于总梗顶端呈近头状或伞房状花序，花序梗纤细，长 1～4 厘米，无毛；雄花梗开展，极短，长 1～2 毫米；花萼筒宽钟状，长 2 毫米，宽 1～2 毫米，无毛或被微柔毛，裂片狭三角形，长 0.5 毫米；花冠白色，裂片卵形或卵状长圆形，长 2～2.5 毫米，先端近急尖，上部常被柔毛；雄蕊 3 枚，2 枚 2 室，1 枚 1 室，有时全部为 2 室，插生在花萼筒基部，花丝长 2 毫米，被短柔毛，花药卵形，长 0.6～0.7 毫米。雌花单生，稀几朵生于总梗顶端或极稀雌雄同序；子房卵形。果梗细，无毛，长 0.5～1 厘米；果实球状或卵状，直径 1～1.4 厘米，浆果状，外面光滑无毛。种子卵状长圆形，扁压，平滑，边缘稍拱起。花期 4—8 月，果期 8—11 月。

生态环境： 海拔 600～2 100 米的路边、房前屋后。

药用部位： 全草或根。

性味功效： 甘，平。清热，镇痉，解毒，通淋。

主　　治： 发热，惊厥，头痛，咽喉肿痛，疮疡肿毒，淋证。

千屈菜科 Lythraceae

紫薇

拉丁学名： *Lagerstroemia indica* L.

药 材 名： 紫薇皮。

别　　名： 痒痒花、痒痒树。

形态特征： 落叶灌木或小乔木，高可达 7 米；树皮平滑，灰色或灰褐色；枝干多扭曲，小枝纤细，具 4 棱，略呈翅状。叶互生或有时对生，纸质，椭圆形、阔矩圆形或倒卵形，长 2.5～7 厘米，宽 1.5～4 厘米，顶端短尖或钝形，有时微凹，基部阔楔形或近圆形，无毛或下面沿中脉有微柔毛，侧脉 3～7 对，小脉不明显；无柄或叶柄很短。花淡红色或紫色、白色，直径 3～4 厘米，常组成 7～20 厘米的顶生圆锥花序；花梗长 3～15 毫米，中轴及花梗均被柔毛；花萼长 7～10 毫米，外面平滑无棱，但鲜时萼筒有微突起短棱，两面无毛，裂片 6，三角形，直立，无附属体；花瓣 6，皱缩，长 12～20 毫米，具长爪；雄蕊 36～42，外面 6 枚着生于花萼上，比其余的长得多；子房 3～6 室，无毛。蒴果椭圆状球形或阔椭圆形，长 1～1.3 厘米，幼时绿色至黄色，成熟时或干燥时呈紫黑色，室背开裂；种子有翅，长约 8 毫米。花期 6—9 月，果期 9—12 月。

生态环境：栽培。

药用部位：树皮、根。

性味功效：味苦，性寒。清热解毒，利湿祛风，散瘀止血。

主　　治：根和树皮：煎剂可治咯血、吐血、便血。

圆叶节节菜

拉丁学名：*Rotala rotundifolia*（Buch.-Ham. ex Roxb.）Koehne

药 材 名：水豆瓣。

别　　名：水豆瓣、红格草。

形态特征：一年生草本，各部无毛；根茎细长，匍匐地上；茎单一或稍分枝，直立，丛生，高 5～30 厘米，带紫红色。叶对生，无柄或具短柄，近圆形、阔倒卵形或阔椭圆形，长 5～10 毫米，有时可达 20 毫米，宽 3.5～5 毫米，顶端圆形，基部钝形，或无柄时近心形，侧脉 4 对，纤细。花单生于苞片内，组成顶生稠密的穗状花序，花序长 1～4 厘米，每株 1～3 个，有时 5～7 个；花极小，长约 2 毫米，几无梗；苞片叶状，卵形或卵状矩圆形，约与花等长，小苞片 2 枚，披针形或钻形，约与萼筒等长；萼筒阔钟形，膜质，半透明，长 1～1.5 毫米，裂片 4，三角形，裂片间无附属体；花瓣 4，倒卵形，淡紫红色，长约为花萼裂片的 2 倍；雄蕊 4；子房近梨形，长约 2 毫米，花柱长度为子房的 1/2，柱头盘状。蒴果椭圆形，3～4 瓣裂。花果期 12 月至翌年 6 月。

生态环境：海拔 800～2 000 米的田边、溪边、沼泽地。

药用部位：全草。

性味功效：甘、淡，凉。清热利湿，消肿解毒。

主　　治：热痢，水臌，淋病，痛经，痔疮，牙龈肿痛，痈肿疮毒。

桃金娘科 Myrtaceae

蓝桉

拉丁学名：*Eucalyptus globulus* Labill.

药 材 名：蓝桉。

别　　名：洋草果、灰杨柳。

形态特征：大乔木；树皮灰蓝色，片状剥落；嫩枝略有棱。幼态叶对生，叶片卵形，基部心形，无柄，有白粉；成长叶片革质，披针形，镰状，长 15～30 厘米，宽 1～2 厘米，两面有腺点，侧脉不很明显，以 35°～40°开角斜行，边脉离边缘 1 毫米；叶柄长

1.5～3 厘米，稍扁平。花大，宽 4 毫米，单生或 2～3 朵聚生于叶腋内；无花梗或极短；萼管倒圆锥形，长 1 厘米，宽 1.3 厘米，表面有 4 条突起棱角和小瘤状突，被白粉；帽状体稍扁平，中部为圆锥状突起，比萼管短，2 层，外层平滑，早落；雄蕊长 8～13 毫米，多列，花丝纤细，花药椭圆形；花柱长 7～8 毫米，粗大。蒴果半球形，有 4 棱，宽 2～2.5 厘米，果缘平而宽，果瓣不突出。

生态环境：栽培。

药用部位：叶、果实。

性味功效：微辛、微苦，平。疏风解热，抑菌消炎，防腐止痒。

主　　治：预防流行性感冒、流行性脑脊髓膜炎，治上呼吸道感染，咽喉炎，支气管炎，肺炎，急、慢性肾盂肾炎，肠炎，痢疾，丝虫病。外用治烧烫伤，蜂窝织炎，乳腺炎，疖肿，丹毒，水田皮炎，皮肤湿疹，脚癣，皮肤消毒。

番石榴

拉丁学名：*Psidium guajava* L.

药 材 名：番石榴。

别　　名：红心果、交姚、麻力嘎（傣语）。

形态特征：乔木，高达 13 米；树皮平滑，灰色，片状剥落；嫩枝有棱，被毛。叶片革质，长圆形至椭圆形，长 6～12 厘米，宽 3.5～6 厘米，先端急尖或钝，基部近于圆形，上面稍粗糙，下面有毛，侧脉 12～15 对，常下陷，网脉明显；叶柄长 5 毫米。花单生或 2～3 朵排成聚伞花序；萼管钟形，长 5 毫米，有毛，萼帽近圆形，长 7～8 毫米，不规则裂开；花瓣长 1～1.4 厘米，白色；雄蕊长 6～9 毫米；子房下位，与萼合生，花柱与雄蕊同长。浆果球形、卵圆形或梨形，长 3～8 厘米，顶端有宿存萼片，果肉白色及黄色，胎座肥大，肉质，淡红色；种子多数。

生态环境：原产南美洲，有栽培，常见有逸为野生种，生于荒地或低丘陵上。

药用部位：叶和果。

性味功效：微苦、涩，平。收敛止泻，消炎止血。

主　　治：叶、果：急、慢性肠炎，痢疾，小儿消化不良。鲜叶：外用治跌打损伤，外伤出血，臁疮久不愈合。

石榴科 Punicaceae

石榴

拉丁学名：*Punica granatum* L.

药 材 名：石榴皮。

别　　名：安石榴。

形态特征：落叶灌木或乔木，高通常 3～5 米，稀达 10 米，枝顶常成尖锐长刺，幼枝具棱角，无毛，老枝近圆柱形。叶通常对生，纸质，矩圆状披针形，长 2～9 厘米，顶端短尖、钝尖或微凹，基部短尖至稍钝形，上面光亮，侧脉稍细密；叶柄短。花大，1～5朵生枝顶；萼筒长2～3厘米，通常红色或淡黄色，裂片略外展，卵状三角形，长8～13毫米，外面近顶端有1黄绿色腺体，边缘有小乳突；花瓣通常大，红色、黄色或白色，长1.5～3厘米，宽1～2厘米，顶端圆形；花丝无毛，长达13毫米；花柱长超过雄蕊。浆果近球形，直径5～12厘米，通常为淡黄褐色或淡黄绿色，有时白色，稀暗紫色。种子多数，钝角形，红色至乳白色，肉质的外种皮供食用。

生态环境：栽培。

药用部位：果皮、根皮。

性味功效：果皮味酸涩，性温，涩肠止血。

主　　治：果皮：慢性下痢，肠痔出血等。根皮：驱绦虫和蛔虫。

野牡丹科 Melastomataceae

多花野牡丹

拉丁学名：*Melastoma affine* D. Don

药 材 名：多花野牡丹。

别　　名：炸腰果、催生药。

形态特征：灌木，高约1米；茎钝四棱形或近圆柱形，分枝多，密被紧贴的鳞片状糙伏毛，毛扁平，边缘流苏状。叶片坚纸质，披针形、卵状披针形或近椭圆形，顶端渐尖，基部圆形或近楔形，全缘，5基出脉，叶面密被糙伏毛，基出脉下凹，背面被糙伏毛及密短柔毛，基出脉隆起，侧脉微隆起，脉上糙伏毛较密；蒴果坛状球形，顶端平截，与宿存萼贴生；宿存萼密被鳞片状糙伏毛；种子镶于肉质胎座内。花期2—5月，果期8—12月。

生态环境：海拔300～1 800米的山坡、山谷林下或疏林下，或刺竹林下灌草丛中，路边、沟边。

药用部位：全株。

性味功效：涩，凉。消食，收敛，止血，祛瘀消肿。

主　　治：消化不良，肠炎，腹泻，痢疾，肝炎，刀枪伤，外伤出血。

假朝天罐

拉丁学名：*Osbeckia crinita* Benth. ex C. B. Clarke

药 材 名：假朝天罐。

别　　名：张大帅、九果根、罐罐花。

形态特征：灌木，高0.2～1.5米，稀达2.5米；茎四棱形，被疏或密且平展的刺毛，有时从基部或上部分枝。叶片坚纸质，长圆状披针形、卵状披针形至椭圆形，顶端急尖至近渐尖，基部钝或近心形，全缘，具缘毛，两面被糙伏毛，上部被疏硬毛，顶端具刚毛；宿存萼深紫色或黑紫色，坛状，顶端平截，近中部缢缩成颈，上部通常有星状毛脱落后的斑痕，下部密被多轮有柄刺毛状星状毛。花期 8—11 月，果期 10—12 月。

生态环境： 海拔 600～2 400 米的山坡草地、田埂向阳处。

药用部位： 根。

性味功效： 味苦，涩，性微寒。清热解毒，止咳平喘，利湿消肿，散瘀止血。

主　　治： 热痢，水泻，淋痛，水肿，肝炎，胆囊炎，风湿痛，咳喘，劳嗽，咯血，便血，崩漏，月经不调，经闭，带下，疮疡，痔疮。

星毛金锦香

拉丁学名： *Osbeckia stellata* Buch. -Ham. ex Kew Gawler

药 材 名： 九里根。

别　　名： 响铃果、阔叶金锦香、倒水莲。

形态特征： 灌木，高 1～1.5 米；茎四棱形，被密或疏平贴的糙伏毛，分枝多。叶片纸质，披针形至卵状披针形，稀卵形，顶端渐尖，基部钝或近圆形，全缘或具微细的不明显的细锯齿，具缘毛，两面被糙伏毛，5 基出脉，叶面基出脉下凹，脉上无毛，侧脉不明显，背面基出脉、侧脉明显，隆起，仅脉上被毛；叶柄长 5～11（18）毫米，密被糙伏毛。聚伞花序，生于小枝顶端，近头状或圆锥状；苞片广卵形，长 8～10 毫米，具刺毛状缘毛，背面被糙伏毛；花梗极短，被糙伏毛；花萼长约 2 厘米，被刺毛状篦状毛及少数具柄星状毛，毛常平贴，裂片广披针形或狭三角形，顶端长渐尖，长约 8 毫米，背面被糙伏毛及疏缘毛；花瓣紫红色或粉红色，卵形，顶端急尖，长 1～1.3 厘米，全缘，无缘毛；雄蕊常偏向 1 侧，花丝较花药短，花药顶端具喙，喙长约为花药长的 1/3，药隔基部膨大，后方下延呈短距；子房卵形，顶端有 1 圈刚毛，其余被糙伏毛。蒴果卵形，顶端具刚毛，其余被糙伏毛。花期 8—9 月，果期 9—10 月。

生态环境： 生于海拔 1 700～2 000 米的沟边灌木丛或山坡林缘。

药用部位： 根或果实。

性味功效： 味甘，微苦，性凉。清热利湿，调经止血。

主　　治： 湿热泻痢，痰热咳喘，吐血，月经不调。

使君子科 Combretaceae

使君子

拉丁学名： *Quisqualis indica* L.

药 材 名： 使君子。

别　　名： 留球子、史君子、索子果、冬均子、病柑子。

形态特征： 攀缘状灌木，高 2～8 米；小枝被棕黄色短柔毛。叶对生或近对生，叶片膜质，卵形或椭圆形，长 5～11 厘米，宽 2.5～5.5 厘米，先端短渐尖，基部钝圆，表面无毛，背面有时疏被棕色柔毛，侧脉 7 或 8 对；叶柄长 5～8 毫米，无关节，幼时密生锈色柔毛。顶生穗状花序，组成伞房花序式；苞片卵形至线状披针形，被毛；萼管长5～9厘米，被黄色柔毛，先端具广展、外弯、小型的萼齿5枚；花瓣5，长1.8～2.4厘米，宽4～10毫米，先端钝圆，初为白色，后转淡红色；雄蕊10，不突出冠外，外轮着生于花冠基部，内轮着生于萼管中部，花药长约1.5毫米；子房下位，胚珠3颗。果卵形，短尖，长2.7～4厘米，径1.2～2.3厘米，无毛，具明显的锐棱角5条，成熟时外果皮脆薄，呈青黑色或栗色；种子1颗，白色，长2.5厘米，径约1厘米，圆柱状纺锤形。花期初夏，果期秋末。

生态环境：生于平地、山坡、路旁等向阳灌丛中；栽培。

药用部位：果实。

性味功效：甘，温。有毒。杀虫，消积，健脾。

主　　治：蛔虫、蛲虫病，虫积腹痛，小儿疳积。乳食停滞，腹胀，泻痢。

柳叶菜科 Onagraceae

草龙

拉丁学名：*Ludwigia hyssopifolia*（G. Don）Exell

药 材 名：草龙根。

别　　名：水映草、田石梅、针筒草、水仙桃、田浮草、香须公、细叶水丁香。

形态特征：一年生直立草本；叶披针形至线形，长2～10厘米，宽0.5～1.5厘米，先端渐狭或锐尖，基部狭楔形，侧脉每侧9～16，在近边缘不明显环结，下面脉上疏被短毛；花腋生，萼片4，卵状披针形，长2～4毫米，宽0.5～1.8毫米，常有3纵脉，无毛或被短柔毛；花瓣4，黄色，倒卵形或近椭圆形，长2～3毫米，宽1～2毫米，先端钝圆，基部楔形；雄蕊8，淡绿黄色，花丝不等长，对萼的长1～2毫米，对瓣生的长0.5～1毫米；花盘稍隆起，围绕雄蕊基部有蜜腺；花柱淡黄绿色。蒴果近无梗。种子在蒴果上部每室排成多列，游离生。花果期几乎四季。

生态环境：生于田边、水沟、河滩、塘边、湿草地等湿润向阳处，海拔50～750米。

药用部位：根。

性味功效：味苦，性平。平喘止咳，消积，散结。

主　　治：哮喘，咳嗽，疳积，瘰疬。

粉花月见草

拉丁学名：*Oenothera rosea* L'Her. ex Ait.

药 材 名：红花月见草。

别　　名：红花柳叶菜。

形态特征：多年生草本，具粗大主根（粗达1.5厘米）；茎常丛生，上升，长30～50厘米，多分枝，被曲柔毛，上部幼时密生，有时混生长柔毛，下部常紫红色。基生叶紧贴地面，倒披针形，茎生叶灰绿色，披针形（轮廓）或长圆状卵形。花单生于茎、枝顶部叶腋，近早晨日出开放；花蕾绿色，锥状圆柱形，长 1.5～2.2 厘米，顶端萼齿紧缩成喙；花瓣粉红至紫红色，宽倒卵形，长 6～9 毫米，宽 3～4 毫米，先端钝圆，具 4～5 对羽状脉；子房花期狭椭圆状，长约 8 毫米，连同花梗长 6～10 毫米，密被曲柔毛；花柱白色，长 8～12 毫米，伸出花管部分长 4～5 毫米；柱头红色，围以花药，裂片长约 2 毫米，花粉直接授在裂片上。蒴果棒状，种子每室多数，近横向簇生，长圆状倒卵形。花期 4—11 月，果期 9—12 月。

生态环境：海拔 1 000～2 000 米的荒地草地、沟边半阴处。

药用部位：根。

性味功效：味苦，性凉，解毒，化瘀，降压。

主　　治：消炎，降血压。

八角枫科 Alangiaceae

八角枫

拉丁学名：*Alangium chinense*（Lour.）Harms.

药 材 名：八角枫花。

别　　名：牛尾巴花。

形态特征：落叶乔木或灌木。叶纸质，近圆形或椭圆形、卵形，顶端短锐尖或钝尖，基部两侧常不对称；基出脉 3～5（7），呈掌状，侧脉 3～5 对。聚伞花序腋生，长 3～4 厘米，被稀疏微柔毛，有 7～30（50）花，花梗长 5～15 毫米；小苞片线形或披针形，长 3 毫米，常早落；总花梗长 1～1.5 厘米，常分节；花冠圆筒形，长 1～1.5 厘米，花萼长 2～3 毫米，顶端分裂为 5～8 枚齿状萼片，长 0.5～1 毫米，宽 2.5～3.5 毫米；花瓣 6～8，线形；雄蕊和花瓣同数而近等长，花丝略扁，长 2～3 毫米，有短柔毛，花药长 6～8 毫米，药隔无毛，外面有时有褶皱；花盘近球形；子房 2 室，花柱无毛，疏生短柔毛，柱头头状，常 2～4 裂。核果卵圆形，种子 1 颗。花期 5—7 月和 9—10 月，果期 7—11 月。

生态环境：生于海拔 1 800 米以下的山地或疏林中。

药用部位：花。

性味功效：性平，小毒。散风，理气，止痛。

主　　治：头风头痛，胸腹胀痛。

蓝果树科 Nyssaceae

喜树

拉丁学名：*Camptotheca acuminata* Decne.

药 材 名：喜树。

别　　名：旱莲、旱莲木。

形态特征：落叶乔木。叶互生，纸质，矩圆状卵形或矩圆状椭圆形。头状花序近球形，直径1.5～2厘米，常由2～9个头状花序组成圆锥花序，顶生或腋生，通常上部为雌花序，下部为雄花序，总花梗圆柱形，长4～6厘米，幼时有微柔毛，其后无毛。花杂性，同株；苞片3枚，三角状卵形，长2.5～3毫米，内外两面均有短柔毛；花萼杯状，5浅裂，裂片齿状，边缘睫毛状；花瓣5枚，淡绿色，矩圆形或矩圆状卵形，顶端锐尖，长2毫米，外面密被短柔毛，早落；花盘显著，微裂；雄蕊10，外轮5枚较长，常长于花瓣，内轮5枚较短，花丝纤细，无毛，花药4室；子房在两性花中发育良好，下位，花柱无毛，长4毫米，顶端通常分2枝。翅果矩圆形，长2～2.5厘米，顶端具宿存的花盘，两侧具窄翅，幼时绿色，干燥后黄褐色，着生成近球形的头状果序。花期5—7月，果期9月。

生态环境：海拔600～1 800米的沟谷林中、栽培作行道树。

药用部位：果实、根、根皮。

性味功效：苦、辛，寒，有毒。清热解毒，散结消症。

主　　治：食道癌，贲门癌，胃癌，肠癌，肝癌，白血病，牛皮癣，疮肿。

山茱萸科 Cornaceae

头状四照花

拉丁学名：*Dendrobenthamia capitata*（Wall.）Hutch.

药 材 名：鸡嗉子。

别　　名：野荔枝、山覆盆。

形态特征：常绿乔木。叶对生，薄革质或革质，长圆椭圆形或长圆披针形；头状花序球形，约为100朵绿色花聚集而成，直径1.2厘米；总苞片4，白色，倒卵形或阔倒卵形，稀近于圆形，长3.5～6.2厘米，宽1.5～5厘米，先端突尖，基部狭窄，两面微被贴生短柔毛；花萼管状，长约1.2毫米，先端4裂，裂片齿形，外侧密被白色细毛及少数褐色毛，内侧有白色短柔毛；花瓣4，长圆形，长3～4毫米，下面被有白色贴生短柔毛；雄蕊4，花丝纤细，长约3毫米，花药椭圆形，长近0.8毫米；花盘环状，略有4浅裂；子房下位，花柱圆柱形，长1.5毫米，密被白色丝状毛。果序扁球形，直径1.5～2.4厘米，成熟时紫红色；总果梗粗壮，圆柱形，长（1.5）4～6（8）厘米，幼时被粗毛，渐老则毛被稀疏或无毛。花期5—6月，果期9—10月。

生态环境：生于海拔1 300～3 150米的混交林中。

药用部位：叶、果实。

性味功效：苦，平。清热解毒，利水，杀虫。

主　　治：肝炎，腹水，蛔虫病，烧烫伤。

有齿鞘柄木

拉丁学名：*Toricellia angulata* Oliv. var. *intermedia*（Harms）Hu

药 材 名：大接骨丹。

别　　名：大接骨丹、叨里木、接骨丹。

形态特征：落叶灌木或小乔木；树皮灰色。老枝黄灰色，有长椭圆形皮孔及半环形的叶痕，髓部宽，白色。叶互生，膜质或纸质，阔卵形或近于圆形，有裂片5～7，叶片的裂片边缘有齿牙状锯齿。掌状叶脉5～7条，达于叶缘，在两面均突起，无毛，网脉不明显；叶柄长2.5～8厘米，绿色，无毛，基部扩大成鞘包于枝上。总状圆锥花序顶生，下垂；果实核果状，卵形。花期4月，果期6月。

生态环境：生于山地林中、村落旁、水边。

药用部位：根或茎皮。

性味功效：苦、辛，温。活血祛瘀，祛风利湿。

主　　治：跌打损伤。

五加科 Araliaceae

白簕

拉丁学名：*Acanthopanax trifoliatus*（L.）Merr.

药 材 名：三叶五加。

别　　名：刺五加、五加皮。

形态特征：灌木；枝软弱铺散，常依持他物上升，老枝灰白色，新枝黄棕色，疏生下向刺；刺基部扁平，先端钩曲。叶有小叶3，稀4～5；叶柄长2～6厘米，有刺或无刺，无毛；小叶片纸质，稀膜质，椭圆状卵形至椭圆状长圆形，稀倒卵形，长4～10厘米，宽3～6.5厘米，先端尖至渐尖，基部楔形，两侧小叶片基部歪斜，两面无毛，或上面脉上疏生刚毛，边缘有细锯齿或钝齿，侧脉5～6对，明显或不甚明显，网脉不明显；小叶柄长2～8毫米，有时几无小叶柄。伞形花序3～10个、稀多至20个组成顶生复伞形花序或圆锥花序，直径1.5～3.5厘米，有花多数，稀少数；总花梗长2～7厘米，无毛；花黄绿色；萼长约1.5毫米，无毛，边缘有5个三角形小齿；花瓣5，三角状卵形，长约2毫米，开花时反曲；雄蕊5，花丝长约3毫米；子房2室；花柱2，基部或中部以下合生。果实扁球形，直径约5毫米，黑色。花期8—11月，果期9—12月。

生态环境：海拔700～2 400米的林缘灌木丛中，常见栽培。

药用部位：根皮、花。

性味功效：苦、辛，凉。清热解毒，祛风利湿，活血舒筋。

主　　治：感冒发热，咽痛，头痛，咳嗽胸痛，胃脘疼痛，泄泻，痢疾，胁痛，黄疸，石淋，带下，风湿痹痛，腰腿酸痛，筋骨拘挛麻木，跌打骨折，痄腮，乳痈，疮疡肿毒，蛇虫咬伤。

虎刺楤木

拉丁学名：*Aralia armata*（Wall. ex G. Don）Seem.

药 材 名： 虎刺木。

别　　名： 刺五加、五加皮。

形态特征： 多刺灌木，高达 4 米；刺短，长在 4 毫米以下，基部宽扁，先端通常弯曲。叶为三回羽状复叶，长 60～100 厘米；叶柄长 25～50 厘米；托叶和叶柄基部合生，先端截形或斜形；叶轴和羽片轴疏生细刺；羽片有小叶 5～9，基部有小叶 1 对；小叶片纸质，长圆状卵形，长 4～11 厘米，宽 2～5 厘米，先端渐尖，基部圆形或心形，歪斜，两面脉上疏生小刺，下面密生短柔毛，后毛脱落，边缘有锯齿、细锯齿或不整齐锯齿，侧脉约 6 对，两面明显，网脉不明显。圆锥花序大，长达 50 厘米，主轴和分枝有短柔毛或无毛，疏生钩曲短刺；总花梗长 1～5 厘米，有刺和短柔毛；花梗长 1～1.5 厘米，有细刺和粗毛；花瓣 5，卵状三角形，长约 2 毫米；雄蕊 5；子房 5 室；花柱 5，离生。果实球形，有 5 棱。花期 8—10 月，果期 9—11 月。

生态环境： 海拔 600～1 400 米的常绿阔叶林、灌丛中。

药用部位： 根、根皮。

性味功效： 微苦、辛，平。化血化瘀，祛风利湿。

主　　治： 肝炎，肾炎，前列腺炎。

竹节参

拉丁学名： *Panax japonicus*（T. Nees）C. A. Mey.

药 材 名： 竹节参。

别　　名： 竹根七、萝卜七、蜈蚣七。

形态特征： 多年生草本；主根肉质，圆柱形或纺锤形，淡黄色；根状茎很短，多较明显；茎高 30～60 厘米。掌状复叶 3～6 片轮生茎顶；小叶 3～5，中央一片最大，椭圆形至长椭圆形，长 8～12 厘米，宽 3～5 厘米，先端长渐尖，基部楔形，下延，边缘有锯齿，上面脉上散生少数刚毛，下面无毛，最外一对侧生小叶较小；小叶柄长达 2.5 厘米。伞形花序单个顶生；花小，淡黄绿色；萼边缘有 5 齿；花瓣 5；雄蕊 5；子房下位，2 室；花柱 2，分离。果扁球形，成熟时鲜红色。

生态环境： 海拔 1 800～2 600 米的山谷阔叶林中；栽培。

药用部位： 根茎。

性味功效： 滋补强壮，散瘀止痛，止血祛痰。

主　　治： 病后虚弱，劳嗽咯血，咳嗽痰多，跌扑损伤。

伞形科 Umbelliferae

当归

拉丁学名： *Angelica sinensis*（Oliv.）Diels

药 材 名： 当归。

别　　名： 干归、马尾归、云归、西当归。

形态特征： 多年生草本。根圆柱状，分枝，有多数肉质须根，黄棕色，有浓郁香气。叶三出式二至三回羽状分裂，叶柄长3～11厘米，基部膨大成管状的薄膜质鞘，紫色或绿色，基生叶及茎下部叶轮廓为卵形，长8～18厘米，宽15～20厘米，小叶片3对，下部的1对小叶柄长0.5～1.5厘米，近顶端的1对无柄，末回裂片卵形或卵状披针形，长1～2厘米，宽5～15毫米，2～3浅裂，边缘有缺刻状锯齿，齿端有尖头；复伞形花序，花序梗长4～7厘米，密被细柔毛；伞幅9～30；总苞片2，线形，或无；小伞形花序有花13～36；小总苞片2～4，线形；花白色，花柄密被细柔毛；萼齿5，卵形；花瓣长卵形，顶端狭尖，内折；花柱短，花柱基圆锥形。果实椭圆至卵形。花期6—7月，果期7—9月。

生态环境： 栽培。

药用部位： 根。

性味功效： 补血，和血，调经止痛，润肠滑肠。

主　　治： 月经不调，经闭腹痛，症瘕结聚，崩漏，血虚头痛，眩晕，痿痹，肠燥便难，赤痢后重，痈疽疮疡，跌打损伤。

积雪草

拉丁学名： *Centella asiatica*（L.）Urban

药 材 名： 积雪草。

别　　名： 崩大碗、马蹄草、雷公根、蚶壳草、铜钱草。

形态特征： 多年生草本，茎匍匐，细长，节上生根。叶片膜质至草质，圆形、肾形或马蹄形，长1～2.8厘米，宽1.5～5厘米，边缘有钝锯齿，基部阔心形，两面无毛或在背面脉上疏生柔毛；掌状脉5～7，两面隆起，脉上部分叉；叶柄长1.5～27厘米，无毛或上部有柔毛，基部叶鞘透明，膜质。伞形花序梗2～4个，聚生于叶腋，长0.2～1.5厘米，有或无毛；苞片通常2，很少3，卵形，膜质，长3～4毫米，宽2.1～3毫米；每一伞形花序有花3～4，聚集呈头状，花无柄或有1毫米长的短柄；花瓣卵形，紫红色或乳白色，膜质，长1.2～1.5毫米，宽1.1～1.2毫米；花柱长约0.6毫米；花丝短于花瓣，与花柱等长。果实两侧扁压，圆球形。花果期4—10月。

生态环境： 阴湿的草地或水沟边，海拔200～1 900米。

药用部位： 全草。

性味功效： 清热利湿、消肿解毒。

主　　治： 痧胀腹痛，暑泻，痢疾，湿热黄疸，砂淋，血淋，吐血，咳血，目赤，喉肿，风疹，疥癣，疔痈肿毒，跌打损伤等。

刺芹

拉丁学名： *Eryngium foetidum* L.

药 材 名： 假芫荽、缅芫荽。

别　　名： 假芫荽、缅芫荽、阿瓦芫荽、山芫荽、大芫荽。

形态特征： 二年生或多年生草本，高11～40厘米或更高，主根纺锤形。茎绿色直立，粗壮，无毛，有数条槽纹，上部有3～5歧聚伞式的分枝。基生叶披针形或倒披针形不分裂，革质；茎生叶着生在每一叉状分枝的基部，对生，无柄，边缘有深锯齿，齿尖刺状，顶端不分裂或3～5深裂。头状花序生于茎的分叉处及上部枝条的短枝上，呈圆柱形，长0.5～1.2厘米，宽3～5毫米，无花序梗；花瓣与萼齿近等长，倒披针形至倒卵形，顶端内折，白色、淡黄色或草绿色；花丝长约1.4毫米；花柱直立或稍向外倾斜，长约1.1毫米，略长过萼齿。果卵圆形或球形，表面有瘤状突起，果棱不明显。花果期4—12月。

生态环境：海拔600～1 540米的丘陵、山地林下、路旁、沟边等湿润处。栽培。

药用部位：全草药用。

性味功效：辛、微苦，温。疏风除热，芳香健胃。

主　　治：全草治感冒，咳喘，麻疹不透，咽痛，胞痛，食积，呕逆，脘腹胀痛，泻痢，肠痈，肝炎，淋痛，水肿，疮疖，烫伤，跌打伤肿，蛇咬伤。

二管独活

拉丁学名：*Heracleum bivittatum* de Boiss.

药 材 名：二管独活。

别　　名：山白芷。

形态特征：多年生草本，高0.8～1米。茎直立，粗壮，有棱槽。茎下部叶有柄，基部有宽展的鞘；叶片轮廓为卵形至宽卵形，二回羽状分裂，羽片数对，披针形或卵状披针形，长3～7厘米，宽1.5～3厘米，先端尖锐，边缘有尖锐齿，茎上部叶近无柄，羽状分裂。复伞形花序顶生和侧生，花序梗长10～20厘米，粗壮；总苞片少数，线形，长4～5毫米，反折；伞幅15～20，有柔毛，长2～6厘米，小总苞片数片，披针形，长约5毫米；花白色，萼齿三角形。分生果倒卵状近圆形，极扁平。花期7—9月，果期9—10月。

生态环境：生长于海拔3 000米的山地林缘路边。

药用部位：根。

性味功效：通经活血。

主　　治：妇科病。

怒江天胡荽

拉丁学名：*Hydrocotyle salwinica* Shan et S. L. Liou

别　　名：钝裂天胡荽。

形态特征：多年生草本，高60～70厘米。茎直立或平卧上升，密被紫褐色柔毛。叶互生，膜质至草质，心形或肾状圆形，长1.5～3.5厘米，宽2.5～6厘米，边缘7～9浅裂，裂口仅达1/4～1/5，裂片钝圆，有时略呈三角状，边缘有锯齿，基部心形或弯缺处开展成锐角，两面都有硬毛；叶脉7～9，自基部向外辐射；叶柄长1～7.5厘米，密被紫褐色柔毛；托叶膜质，阔卵形，全缘或有细齿。伞形花序单生于枝条上部各节，与叶近对生，花序梗纤细，长1.5～8厘米，被柔毛，长过叶柄；每小伞形花序有花多数，花白色或淡绿色；花瓣卵形，中间有1条不明显的脉，表面有紫色斑点或无斑点。果实近无柄，心形至卵圆形。花果期 6—8 月。

生态环境： 生长在潮湿的路旁、草丛或松林下；海拔 1 600～3 100 米。

药用部位： 全草。

性味功效： 清热，利尿，消肿，解毒。

主　　治： 黄疸，赤白痢疾，目翳，喉肿，痈疽疔疮，跌打瘀伤。

红马蹄草

拉丁学名： *Hydrocotyle nepalensis* Hook.

药 材 名： 红马蹄草。

别　　名： 接骨草、八角金钱、大叶止血草、铜钱草、一串钱、大马蹄草。

形态特征： 多年生草本，高 5～45 厘米。茎匍匐，有斜上分枝，节上生根。叶片膜质至硬膜质，圆形或肾形，长 2～5 厘米，宽 3.5～9 厘米，边缘通常 5～7 浅裂，裂片有钝锯齿，基部心形，掌状脉 7～9，疏生短硬毛；叶柄长 4～27 厘米，上部密被柔毛，下部无毛或有毛；托叶膜质，顶端钝圆或有浅裂，长 1～2 毫米。伞形花序数个簇生于茎端叶腋，花序梗短于叶柄，长 0.5～2.5 厘米，有柔毛；小伞形花序有花 20～60，常密集成球形的头状花序；花柄极短，长 0.5～1.5 毫米，很少无柄或超过 2 毫米，花柄基部有膜质、卵形或倒卵形的小总苞片；无萼齿；花瓣卵形，白色或乳白色，有时有紫红色斑点；花柱幼时内卷，花后向外反曲，基部隆起。果长 1～1.2 毫米，宽 1.5～1.8 毫米，基部心形，两侧扁压，光滑或有紫色斑点，成熟后常呈黄褐色或紫黑色，中棱和背棱显著。花果期 5—11 月。

药 材 名： 红马蹄草。

生态环境： 海拔 700～2 080 米的山坡、路旁、阴湿地、水沟和溪边草丛中。

药用部位： 全草。

性味功效： 苦，微寒。清热利湿，化瘀止血，解毒。

主　　治： 感冒，咳嗽，痰中带血，痢疾，泄泻，痛经，月经不调，跌打伤肿，外伤出血，痈疮肿毒。

川芎

拉丁学名： *Ligusticum chuanxiong* Hort.

药 材 名： 川芎。

别　　名： 京贯芎、抚芎、西芎。

形态特征： 多年生草本。根茎发达，形成不规则的结节状拳形团块，具浓烈香气。茎直立，圆柱形，具纵条纹，上部多分枝，下部茎节膨大呈盘状（苓子）。叶片轮廓卵状三角形，长 12～15 厘米，宽 10～15 厘米，三至四回三出羽状全裂，羽片 4～5 对，卵状披针形，长 6～7 厘米，宽 5～6 厘米，末回裂片线状披针形至长卵形，长 2～5 毫米，宽 1～2毫米，具小尖头；茎上部叶渐简化。复伞形花序顶生或侧生；总苞片 3～6，线形；伞幅 7～24，不等长，长 2～4 厘米，内侧粗糙；小总苞片 4～8，线形，长 3～5 毫米，粗糙；花瓣白色，倒卵形至心形；花柱基圆锥状，花柱 2，长 2～3 毫米，向下反曲。花期

7—8 月，幼果期 9—10 月。

生态环境：栽培。

药用部位：根茎。

性味功效：气温，味辛，无毒。行气开郁，祛风燥湿，活血止痛。

主　　治：头痛眩晕，肋痛腹疼，经闭，难产，痈疽疮疡。

水芹

拉丁学名：*Oenanthe javanica* （Bl.） DC.

药 材 名：水芹。

别　　名：野芹、马芹、水芹菜。

形态特征：多年生草本，茎直立或基部匍匐。基生叶有柄，柄长达 10 厘米，基部有叶鞘；叶片轮廓三角形，1～2 回羽状分裂，末回裂片卵形至菱状披针形，长 2～5 厘米，宽 1～2 厘米，边缘有牙齿或圆齿状锯齿；茎上部叶无柄，裂片和基生叶的裂片相似，较小。复伞形花序顶生，花序梗长 2～16 厘米；无总苞；伞幅 6～16，不等长，长 1～3 厘米，直立和展开；小总苞片 2～8，线形，长 2～4 毫米；小伞形花序有花 20 余朵，花柄长 2～4 毫米；萼齿线状披针形，长与花柱基相等；花瓣白色，倒卵形，长 1 毫米，宽 0.7 毫米，有一长而内折的小舌片；花柱基圆锥形，花柱直立或两侧分开，长 2 毫米。果实近于四角状椭圆形或筒状长圆形。花期 6—7 月，果期 8—9 月。

生态环境：海拔 900～2 000 米的湿润地、水沟中。

药用部位：茎叶。

性味功效：甘、辛，凉。清热解毒，养精益气，清洁血液，降低血压，宣肺利湿。

主　　治：小便淋痛，大便出血，黄疸，风火牙痛，痄腮等。

杏叶茴芹

拉丁学名：*Pimpinella candolleana* Wight et Arn.

药 材 名：杏叶防风。

别　　名：杏叶防风、羊山草。

形态特征：多年生草本。根长圆锥形或圆柱形，有少数支根或无未支根。基生叶 4～10，有柄，包括叶鞘长 2～20 厘米，有毛；叶片不分裂，心形，近革质；茎生叶少，中、下部叶有柄；单叶或三出分裂，稀为羽状分裂；复伞形花序少，有长梗；通常无总苞片，偶有 1～7，线形，顶端全缘或 3 裂；伞幅（6） 10～25，长 1.5～4 厘米，有毛，或稍粗糙；小总苞片 1～6，线形，等于或长于花柄；小伞形花序有花 10～20 朵，花柄不等长；无萼齿；花瓣白色，间或微带红色，倒心形，基部楔形，顶端凹陷，有内折的小舌片，背面有毛；花柱基圆锥形，花柱长为花柱基的 2～3 倍，向两侧弯曲。果实卵球形。花果期 6—10 月。

生态环境：海拔 900～1 300 米的灌丛中、草坡上、沟边、路旁或林下。

药用部位：根或全草。

性味功效：辛，温。温中散寒，祛风除湿，活血消肿。

主　　治：胃痛，胸腹冷痛，风湿麻木，筋骨疼痛，跌打损伤，肿毒，瘰疬。

小窃衣

拉丁学名：*Torilis japonica*（Houtt.）DC.

药 材 名：窃衣。

别　　名：鹤虱、粘粘草、破子衣。

形态特征：一年生或多年生草本。叶片长卵形，一至二回羽状分裂，两面疏生紧贴的粗毛，第一回羽片卵状披针形，长2～6厘米，宽1～2.5厘米，先端渐窄，边缘羽状深裂至全缘，有0.5～2厘米长的短柄，末回裂片披针形以至长圆形，边缘有条裂状的粗齿至缺刻或分裂。复伞形花序顶生或腋生，花序梗长3～25厘米，有倒生的刺毛；总苞片3～6，长0.5～2厘米，通常线形，极少叶状；伞幅4～12，长1～3厘米，开展，有向上的刺毛；小总苞片5～8，线形或钻形；小伞形花序有花4～12，花柄长1～4毫米，短于小总苞片；萼齿细小，三角形或三角状披针形；花瓣白色、紫红或蓝紫色，倒圆卵形，顶端内折，长与宽均0.8～1.2毫米，外面中间至基部有紧贴的粗毛；花丝长约1毫米，花药圆卵形，长约0.2毫米；花柱基部平压状或圆锥形，花柱幼时直立，果熟时向外反曲。果实圆卵形。花果期4—10月。

生态环境：生长在杂木林下、林缘、路旁、河沟边以及溪边草丛，海拔150～3 060米。

药用部位：果实。

性味功效：苦、辛，微温。有小毒。活血消肿，收敛杀虫。

主　　治：慢性腹泻，蛔虫病。外用治痈疮溃疡久不收口，阴道滴虫。

合瓣花亚纲 Sympetalae

鹿蹄草科 Pyrolaceae

水晶兰

拉丁学名：*Monotropa uniflora* Linn.

药 材 名：水晶兰。

别　　名：梦兰花、水兰草、银锁匙。

形态特征：多年生，草本，腐生；茎直立，单一，不分枝，高10～30厘米，全株无叶绿素，白色，肉质，干后变黑褐色。根细而分枝密，交结成鸟巢状。叶鳞片状，直立，互生，长圆形或狭长圆形或宽披针形，长1.4～1.5厘米，宽4～4.5毫米，先端钝头，无毛或上部叶稍有毛，边缘近全缘。花单一，顶生，先下垂，后直立，花冠筒状钟形；苞片鳞片状，与叶同形；萼片鳞片状，早落；花瓣5～6，离生，楔形或倒卵状长圆形，长1.2～1.6厘米，上部最宽5.5～7毫米，有不整齐的齿，内侧常有密长粗毛，早落；雄蕊

10～12，花丝有粗毛，花药黄色；花盘 10 齿裂；子房中轴胎座，5 室；花柱长 2～3 毫米，柱头膨大呈漏斗状。蒴果椭圆状球形，直立，向上，长 1.3～1.4 厘米。花期 8—9 月，果期（9）10—11 月。

生态环境：海拔 800～3 850 米的山地林下。

药用部位：根或全草。

性味功效：性平和，味微咸。

主　　治：肺虚咳嗽。

鹿蹄草

拉丁学名：*Pyrola calliantha* H. Andr.

药 材 名：鹿衔草。

别　　名：鹿蹄草、鹿含草、鹿安茶、鹿寿草、紫背金牛草。

形态特征：常绿草本状小半灌木；根茎细长，横生，斜升，有分枝。叶 4～7，基生，革质；椭圆形或圆卵形，稀近圆形，先端钝头或圆钝头，基部阔楔形或近圆形，边缘近全缘或有疏齿，上面绿色，下面常有白霜，有时带紫色；总状花序长 12～16 厘米，有9～13 花，密生，花倾斜，稍下垂，花冠广开，较大，直径 1.5～2 厘米，白色，有时稍带淡红色；花瓣倒卵状椭圆形或倒卵形；雄蕊 10，花丝无毛，花药长圆柱形，有小角，黄色；花柱长 6～8（10）毫米，常带淡红色，倾斜，近直立或上部稍向上弯曲，伸出或稍伸出花冠，顶端增粗，有不明显的环状突起，柱头 5 圆裂。蒴果扁球形。花期 6—8 月，果期 8—9 月。

生态环境：生于海拔 700～4 100 米山地针叶林、针阔叶混交林或阔叶林下。

药用部位：全草。

性味功效：甘、苦，温。祛风湿，强筋骨，止血。

主　　治：风湿痹痛，腰膝无力，月经过多，久咳劳嗽。

杜鹃花科 Ericaceae

地檀香

拉丁学名：*Gaultheria forrestii* Diels var. *Forrestii*

药 材 名：大透骨消。

别　　名：香叶子、冬青叶、老鸦果、炸山叶、透骨消。

形态特征：常绿灌木或小乔木。叶薄革质，长圆形、狭卵形至披针状椭圆形。总状花序腋生，细长，长 2～3（5）厘米，密被细柔毛，花多而密集；花梗粗而极短，长 2.5 毫米以下，被白色细柔毛；花冠白色，坛形；雄蕊 10 枚，花丝长约 1.5 毫米，下部宽扁，被白色微毛，花药 2 室，每室顶端有 2 芒，芒长约 0.5 毫米；子房球形，直径约 1 毫米，被白色微毛，花柱长约 2 毫米，无毛，柱头略呈头状。浆果状蒴果球形，成熟时暗蓝色。花期 4—7 月，果期 8—11 月。

生态环境： 海拔 600～3 600 米的干燥向阳处。

药用部位： 根。

性味功效： 祛风除湿。

主　　治： 风湿痹证，四肢瘫痪，水肿，小儿疳积。

珍珠花

拉丁学名： *Lyonia ovalifolia*（Wall.）Drude

药 材 名： 南烛。

别　　名： 牛醉木、小米柴。

形态特征： 常绿或落叶灌木或小乔木。叶革质，卵形或椭圆形，先端渐尖，基部钝圆或心形，表面深绿色，无毛，背面淡绿色，近于无毛。总状花序长 5～10 厘米，着生叶腋，近基部有 2～3 枚叶状苞片，小苞片早落；花序轴上微被柔毛；花梗长约 6 毫米，近于无毛；花萼深 5 裂，裂片长椭圆形，长约 2.5 毫米，宽约 1 毫米，外面近于无毛；花冠圆筒状，长约 8 毫米，径约 4.5 毫米，外面疏被柔毛，上部浅 5 裂，裂片向外反折，先端钝圆；雄蕊 10 枚，花丝线形，长约 4 毫米，顶端有 2 枚芒状附属物，中下部疏被白色长柔毛；子房近球形，无毛，花柱长约 6 毫米，柱头头状，略伸出花冠外。蒴果球形。花期 5—6 月，果期 7—9 月。

生态环境： 生于丘陵地带或海拔 400～1 400 米的山地，常见于山坡林内或灌丛中。

药用部位： 茎、叶及果。

性味功效： 辛、微苦，温。有毒。

主　　治： 活血，祛瘀，止痛。外用治跌打损伤，闭合性骨折。

马缨杜鹃

拉丁学名： *Rhododendron delavayi* Franch.

药 材 名： 马缨杜鹃。

别　　名： 马缨花、密筒花、红山茶。

形态特征： 常绿灌木或小乔木。叶革质，长圆状披针形，先端钝尖或急尖，基部楔形。顶生伞形花序，圆形，紧密，有花 10～20 朵；总轴长约 1 厘米，密被红棕色茸毛；花冠钟形，长 3～5 厘米，直径 3～4 厘米，肉质，深红色，内面基部有 5 枚黑红色蜜腺囊，裂片 5，近于圆形，长约 1 厘米，宽 1.3 厘米，顶端有缺刻；雄蕊 10，不等长，长 1.6～4 厘米，花丝无毛，花药长圆形，长 2～2.8 毫米；子房圆锥形，长 7 毫米，密被红棕色毛，花柱长 2.8 厘米，无毛，柱头头状。蒴长圆柱形，黑褐色，10 室，有肋纹及毛被残迹。花期 5 月，果期 12 月。

生态环境： 海拔 1 200～3 200 米的常绿阔叶林或灌木丛中。

药用部位： 花。

性味功效： 苦，凉。有小毒。清热，解毒，止血，调经。

主　　治： 骨髓炎，流感，痢疾，消化道出血，衄血，咯血，月经不调。

紫金牛科 Myrsinaceae

朱砂根

拉丁学名： *Ardisia crenata* Sims

药 材 名： 朱砂根。

别　　名： 大罗伞、大凉伞、珍珠伞。

形态特征： 灌木；茎粗壮，无毛，除侧生特殊花枝外，无分枝。叶片革质或坚纸质，椭圆形、椭圆状披针形至倒披针形，顶端急尖或渐尖，基部楔形。伞形花序或聚伞花序，着生于侧生特殊花枝顶端；花枝近顶端常具2～3片叶或更多，或无叶，长4～16厘米；花梗长7～10毫米，几无毛；花长4～6毫米，花萼仅基部连合，萼片长圆状卵形，顶端圆形或钝，长1.5毫米或略短，稀达2.5毫米，全缘，两面无毛，具腺点；花瓣白色，稀略带粉红色，盛开时反卷，卵形，顶端急尖，具腺点，外面无毛，里面有时近基部具乳头状突起；雄蕊较花瓣短，花药三角状披针形，背面常具腺点；雌蕊与花瓣近等长或略长，子房卵珠形，无毛，具腺点；胚珠5枚，1轮。果球形，直径6～8毫米，鲜红色，具腺点。花期5—6月，果期10—12月，有时2—4月。

生态环境： 海拔1 000～2 400米的向阳灌木林中。

药用部位： 根。

性味功效： 苦、辛，凉。清热解毒，祛风止痛。行血祛风，解毒消肿。

主　　治： 上呼吸道感染，咽喉肿痛，扁桃体炎，白喉，支气管炎，风湿性关节炎，腰腿痛，跌打损伤，丹毒，淋巴结炎。外用治外伤肿痛，骨折，毒蛇咬伤。

白花酸藤果

拉丁学名： *Embelia ribes* Burm. f.

药 材 名： 水淋果。

别　　名： 碎米果、枪子果、水淋果、黑头果。

形态特征： 攀缘灌木或藤本。叶片坚纸质，倒卵状椭圆形或长圆状椭圆形，顶端钝渐尖，基部楔形或圆形。圆锥花序，顶生；花5数，稀4数，花萼基部连合达萼长的1/2，萼片三角形，顶端急尖或钝，外面被柔毛，有时被乳头状突起，里面无毛，具腺点；花瓣淡绿色或白色，分离，椭圆形或长圆形；雄蕊在雄花中着生于花瓣中部，与花瓣几等长，花丝较花药长1倍，花药卵形或长圆形，背部具腺点，在雌花中较花瓣短；雌蕊在雄花中退化，较花瓣短，柱头呈不明显的2裂，在雌花中与花瓣等长或略短，子房卵珠形，无毛，柱头头状或盾状。果球形或卵形。花期1—7月，果期5　12月。

生态环境： 海拔1 200～2 000米的次生林下、林缘灌木丛中。

药用部位： 茎、根。

性味功效： 清热利湿，解毒散结。

主　　治： 妇女经闭，小儿头疮，跌打损伤。

鲫鱼胆

拉丁学名： *Maesa perlarius* （Lour.） Merr.

药 材 名： 鲫鱼胆。

别　　名： 空心花、嫩肉木、丁药。

形态特征： 小灌木。叶片纸质或近坚纸质，广椭圆状卵形至椭圆形，顶端急尖或突然渐尖，基部楔形。总状花序或圆锥花序，腋生，长 2～4 厘米，具 2～3 分枝（为圆锥花序时），被长硬毛和短柔毛；花长约 2 毫米，萼片广卵形，较萼管长或几等长，具脉状腺条纹，被长硬毛，以后无毛；花冠白色，钟形，长约为花萼的 1 倍，无毛，具脉状腺条纹；裂片与花冠管等长，广卵形，边缘具不整齐的微波状细齿；雄蕊在雌花中退化，在雄花中着生于花冠管上部，内藏；花丝较花药略长；花药广卵形或近肾形，无腺点；雌蕊较雄蕊略短，花柱短且厚，柱头 4 裂。果球形。花期 3—4 月，果期 12 月至翌年 5 月。

生态环境： 山坡、路边的疏林或灌丛中湿润的地方。

药用部位： 全株。

性味功效： 苦、平。接骨消肿，生肌祛腐。

主　　治： 跌打刀伤，疔疮。

报春花科 Primulaceae

点地梅

拉丁学名： *Androsace umbellata* （Lour.） Merr.

药 材 名： 点地梅。

别　　名： 喉咙草、白花珍珠草、天星草。

形态特征： 一年生或二年生草本。主根不明显，具多数须根。叶全部基生，叶片近圆形或卵圆形，直径 5～20 毫米，先端钝圆，基部浅心形至近圆形，边缘具三角状钝牙齿，两面均被贴伏的短柔毛；叶柄长 1～4 厘米，被开展的柔毛。花葶通常数枚自叶丛中抽出，高 4～15 厘米，被白色短柔毛。伞形花序 4～15 花；苞片卵形至披针形，长 3.5～4 毫米；花梗纤细，长 1～3 厘米，果时伸长可达 6 厘米，被柔毛并杂生短柄腺体；花萼杯状，长 3～4 毫米，密被短柔毛，分裂近达基部，裂片菱状卵圆形，具 3～6 纵脉，果期增大，呈星状展开；花冠白色，直径 4～6 毫米，筒部长约 2 毫米，短于花萼，喉部黄色，裂片倒卵状长圆形，长 2.5～3 毫米，宽 1.5～2 毫米。蒴果近球形，直径 2.5～3 毫米，果皮白色，近膜质。花期 2—4 月，果期 5—6 月。

生态环境： 生于林缘、草地和疏林下。

药用部位： 全草。

性味功效： 苦、辛，寒。清热解毒，消肿止痛。

主　　治： 扁桃体炎，咽喉炎，风火赤眼，跌扑损伤，以及咽喉肿痛等症。

过路黄

拉丁学名： *Lysimachia christinae* Hance

药 材 名： 金钱草。

别　　名： 对座草、大叶金钱草、过路黄。

形态特征： 茎柔弱，平卧延伸，无毛、被疏毛以无密被铁锈色多细胞柔毛。叶对生，卵圆形、近圆形至肾圆形，先端锐尖或圆钝以至圆形，基部截形至浅心形。花单生叶腋；花梗长1～5厘米，通常不超过叶长，毛被如茎，多少具褐色无柄腺体；花萼长（4）5～7（10）毫米，分裂近达基部，裂片披针形、椭圆状披针形以至线形或上部稍扩大而近匙形，先端锐尖或稍钝，无毛、被柔毛或仅边缘具缘毛；花冠黄色，长7～15毫米，基部合生部分长2～4毫米，裂片狭卵形以至近披针形，先端锐尖或钝，质地稍厚，具黑色长腺条；花丝长6～8毫米，下半部合生成筒；花药卵圆形，长1～1.5毫米；花粉粒具3孔沟，近球形，表面具网状纹；子房卵珠形，花柱长6～8毫米。蒴果球形，无毛，有稀疏黑色腺条。花期5—7月，果期7—10月。

生态环境： 生于山地林缘、沟边、溪旁。

药用部位： 全草。

性味功效： 性微寒，味甘、咸。清热利湿，通淋，消肿。

主　　治： 热淋，砂淋，尿涩作痛，黄疸尿赤，痈肿疔疮，毒蛇咬伤，肝胆结石，尿路结石。

长蕊珍珠菜

拉丁学名： *Lysimachia lobelioides* Wall.

药 材 名： 花被单。

别　　名： 八面风。

形态特征： 一年生草本。叶互生，在茎基部有时近对生，叶片卵形或菱状卵形，很少卵状披针形，长1.5～5厘米，宽1～1.3厘米，先端锐尖，基部短渐狭或近圆形而骤然窄缩下延。总状花序顶生；苞片钻形，通常长约为花梗的一半，稀与之近，等长；花梗长5～12毫米，果时稍伸长；花萼长约3毫米，分裂近达基部，裂片卵状披针形，先端锐尖，具较宽的膜质边缘，背面有黑色粗腺点；花冠白色或淡红色，长约6毫米，基部合生部分长约2毫米，裂片近匙形或倒卵状长圆形，宽1.6～2毫米，先端钝；雄蕊明显伸出花冠之外，花丝贴生至花冠裂片的基部，分离部分长达6毫米。子房疏被短毛，花柱细长，长达7毫米。蒴果球形，直径约4毫米。花期4—5月，果期6—7月。

生态环境： 生于山谷溪边、山坡草地湿润处，海拔1 000～2 300米。

药用部位： 全草。

性味功效： 甘、酸、麻，平。

主　　治： 补虚，镇咳，止血，拔毒生肌，消炎止痛。

白花丹科 Plumbaginaceae

白花丹

拉丁学名： *Plumbago zeylanica* Linn.

药 材 名： 白花丹。

别　　名： 白花藤、猛老虎、白花金丝岩陀、白花九股牛。

形态特征： 常绿半灌木，直立，多分枝；枝条开散或上端蔓状，常被明显钙质颗粒，除具腺外无毛。叶薄，通常长卵形，先端渐尖，下部骤狭成钝或截形的基部而后渐狭成柄；叶柄基部无或有常为半圆形的耳。穗状花序通常含（3）25～70 枚花；总花梗长 5～15 毫米；花轴长（2）3～8（15）厘米（结果时延长可达 1 倍），与总花梗皆有头状或具柄的腺；花冠白色或微带蓝白色，花冠筒长 1.8～2.2 厘米，中部直径 1.2～1.5 毫米，冠檐直径约 1.6～1.8 厘米，裂片长约 7 毫米，宽约 4 毫米，倒卵形，先端具短尖；雄蕊约与花冠筒等长，花药长约 2 毫米，蓝色；子房椭圆形，有 5 棱，花柱无毛。蒴果长椭圆形，淡黄褐色；种子红褐色，先端尖。花期 10 月至翌年 3 月，果期 12 月至翌年 4 月。

生态环境： 生于污秽阴湿处或半遮阴的地方。

药用部位： 根、叶。

性味功效： 苦、微温。有毒。

主　　治： 风湿跌打，筋骨疼痛，癣疥恶疮和蛇咬伤。

柿科 Ebenaceae

君迁子

拉丁学名： *Diospyros lotus* L. var. *lotus*

药 材 名： 野柿。

别　　名： 软枣、红蓝枣、黑枣。

形态特征： 落叶乔木，高可达 30 米；树冠近球形或扁球形；树皮灰黑色或灰褐色；小枝褐色或棕色；嫩枝通常淡灰色，有时带紫色。冬芽带棕色。叶椭圆形至长椭圆形，上面深绿色，有光泽，下面绿色或粉绿色，有柔毛；叶柄有时有短柔毛，上面有沟。雄花腋生；花萼钟形；花冠壶形，带红色或淡黄色。果近球形或椭圆形，初熟时为淡黄色，后则变为蓝黑色，常被有白色薄蜡层，8 室；种子长圆形，褐色，侧扁。花期 5—6 月，果期 10—11 月。

生态环境： 海拔 500～2 300 米的山地、山坡、山谷的灌丛中，或在林缘。

药用部位： 果实。

性味功效： 止消渴，去烦热。

主　　治： 消渴症。

木犀科 Oleaceae

茉莉花

拉丁学名：*Jasminum sambac*（L.）Ait.

药 材 名：茉莉花。

别　　名：茉莉。

形态特征：直立或攀缘灌木，高达3米。小枝圆柱形或稍压扁状，有时中空，疏被柔毛。叶对生，单叶，叶片纸质，圆形、椭圆形、卵状椭圆形或倒卵形，两端圆或钝，基部有时微心形；聚伞花序顶生，通常有花3朵，有时单花或多达5朵；花序梗长1～4.5厘米，被短柔毛；苞片微小，锥形，长4～8毫米；花梗长0.3～2厘米；花极芳香；花萼无毛或疏被短柔毛，裂片线形，长5～7毫米；花冠白色，花冠管长0.7～1.5厘米，裂片长圆形至近圆形，宽5～9毫米，先端圆或钝。果球形，径约1厘米，呈紫黑色。花期5—8月，果期7—9月。

生态环境：栽培。

药用部位：花、叶。

性味功效：苦、涩，寒。清热解毒，消肿止痛。止咳化痰。

主　　治：目赤肿痛，咳痰。

滇素馨

拉丁学名：*Jasminum subhumile* W. W. Smith

药 材 名：三枝叶。

别　　名：三叉叶、三爪皮、喜叶子。

形态特征：灌木或小乔木，高0.5～5米。小枝无毛或密被柔毛，具棱角。叶互生，三出复叶与单叶混生，小叶3枚，稀2或5枚；叶柄长0.5～6厘米，无毛至被绒毛，具沟；叶片和小叶片苗质，两面光滑或下面沿中脉被短柔毛；小叶片卵形或卵状披针形，长3～12.5厘米，宽1～5厘米，先端急尖至渐尖，基部圆形或楔形，侧脉3～6对，不达叶缘，两面均不明显，小叶柄无或可达3厘米；单叶卵形或宽卵形，有时近圆形或为披针形，长1.5～14厘米，宽1厘米。聚伞花序常多少呈圆锥状排列，顶生，径7～12厘米，有花10～120朵；苞片线形，长1～5（10）毫米；花梗长1～1.2（2）厘米，光滑无毛或疏被短柔毛至茸毛；花芳香；花萼被茸毛或无毛，裂片不明显，浅波状或几近截形；花冠黄色，近漏斗状。果球形或椭圆形，呈黑色或红黑色。花期3—7月，果期8月。

生态环境：生于溪边或林中。

药用部位：根、叶。

性味功效：辛，微苦，性平。祛风除湿，止痛，止血。

主　　治：感冒发热，头痛身痛，风湿痹痛，跌打损伤，外伤出血。

女贞

拉丁学名： *Ligustrum lucidum* Ait.

药 材 名： 女贞子。

别　　名： 白腊树。

形态特征： 灌木或乔木。叶片常绿，革质，卵形、长卵形或椭圆形至宽椭圆形，长6～17厘米，宽3～8厘米，先端锐尖至渐尖或钝，基部圆形或近圆形，有时宽楔形或渐狭，叶缘平坦，上面光亮，两面无毛。圆锥花序顶生，长8～20厘米，宽8～25厘米；花序梗长0～3厘米；花序轴及分枝轴无毛，紫色或黄棕色，果时具棱；花序基部苞片常与叶同型，小苞片披针形或线形，长0.5～6厘米，宽0.2～1.5厘米，凋落；花无梗或近无梗，长不超过1毫米；花萼无毛，长1.5～2毫米，齿不明显或近截形；花冠长4～5毫米，花冠管长1.5～3毫米，裂片长2～2.5毫米，反折。花丝长1.5～3毫米，花药长圆形，长1～1.5毫米；花柱长1.5～2毫米，柱头棒状。果肾形或近肾形，长7～10毫米，径4～6毫米，深蓝黑色，成熟时呈红黑色，被白粉；果梗长0～5毫米。花期5～7月，果期7月至翌年5月。

生态环境： 海拔2 900米以下的疏、密林中；栽培。

药用部位： 果实、叶、树皮、根。

性味功效： 果实：补肝肾，强腰膝。叶：祛风，明目，消肿，止痛。树皮：补腰膝。根：散气血、止气痛。

主　　治： 果实：阴虚内热，头晕，目花，耳鸣，腰膝酸软，须发早白。叶：头目昏痛，风热赤眼，疮肿溃烂，烫伤，口腔炎。树皮：风虚，慢性气管炎。根：咳嗽，白带。

马钱科 Loganiaceae

大叶醉鱼草

拉丁学名： *Buddleja davidii* Franch.

药 材 名： 酒药花。

别　　名： 酒曲花、大蒙花。

形态特征： 灌木，高可达5米。小枝外展而下弯，幼枝、叶片膜质至薄纸质，狭卵形、狭椭圆形至卵状披针形，稀宽卵形，边缘具细锯齿，上面深绿色，被疏星状短柔毛，后变无毛；上面扁平，下面微突起；叶柄间具有2枚卵形或半圆形的托叶，总状或圆锥状聚伞花序，顶生，小苞片线状披针形，花萼钟状，花萼裂片披针形，膜质；花冠淡紫色，后变黄白色至白色，喉部橙黄色，芳香，花冠裂片近圆形，花丝短，花药长圆形，子房卵形，花柱圆柱形，柱头棍棒状，蒴果狭椭圆形或狭卵形，淡褐色，种子长椭圆形，两端具尖翅。5—10月开花，9—12月结果。

生态环境： 生于山沟、路旁、山脚或灌丛中。

药用部位： 枝叶、根皮。

性味功效： 辛，温，有毒。解毒，杀虫，止痒。

主　　治： 蜂窝织炎，疮疖，跌打损伤，脚癣，妇女阴痒。

密蒙花

拉丁学名： *Buddleja officinalis* Maxim.

药 材 名： 密蒙花。

别　　名： 染饭花。

形态特征： 灌木。小枝略呈四棱形，灰褐色；小枝、叶下面、叶柄和花序均密被灰白色星状短茸毛。叶对生，叶片纸质，狭椭圆形、长卵形、卵状披针形或长圆状披针形；叶柄长2～20毫米；托叶在两叶柄基部之间缢缩成一横线。花多而密集，组成顶生聚伞圆锥花序，花序长5～15（30）厘米，宽2～10厘米；花梗极短；小苞片披针形，被短绒毛；花萼钟状；花冠紫堇色，后变白色或淡黄白色，喉部橘黄色，花冠裂片卵形；雄蕊着生于花冠管内壁中部，花丝极短，花药长圆形，黄色，基部耳状，内向，2室；雌蕊长3.5～5毫米，子房卵珠状。蒴果椭圆状。花期3—4月，果期5—8月。

生态环境： 海拔200～2 800米的向阳山坡、河边、村旁的灌木丛中或林缘。适应性较强，石灰岩山地亦能生长。

药用部位： 花、根。

性味功效： 花（包括花序）：清热利湿，明目退翳。根：清热解毒。

主　　治： 目赤肿痛，多泪羞明，眼生翳膜，肝虚目境，视物昏花等症。

白背枫

拉丁学名： *Buddleja asiatica* Lour.

药 材 名： 白背枫。

别　　名： 驳骨丹。

形态特征： 直立灌木或小乔木，嫩枝条四棱形，老枝条圆柱形；幼枝、叶下面、叶柄和花序均密被灰色或淡黄色星状短茸毛。叶对生，叶片膜质至纸质，狭椭圆形、披针形或长披针形；总状花序窄而长，由多个小聚伞花序组成，花萼钟状或圆筒状，蒴果椭圆状，种子灰褐色，椭圆形，两端具短翅。花期1—10月，果期3—12月。

生态环境： 海拔200～3 000米的向阳山坡灌木丛中或疏林缘。

药用部位： 根、叶。

性味功效： 祛风化湿，行气活络。

主　　治： 风湿关节痛，跌打损伤，骨折。

龙胆科 Gentianaceae

云南蔓龙胆

拉丁学名： *Crawfurdia campanulacea* Wall. et Griff. ex C. B. Clarke

形态特征：多年生缠绕草本。叶宽卵形、卵形或椭圆形，先端渐尖呈细短尾，基部圆形或宽楔形，边缘细波状。花成对着生于叶腋或3～5朵呈聚伞花序，腋生或顶生，稀单生；花冠紫色或蓝色，钟形，长4～5厘米，下部狭筒状，从花萼以上扩展加粗；雄蕊着生于冠筒中下部；子房纺锤形，两端渐狭，长1.5～2厘米，具细长的子房柄，长约2厘米，柄基部具5个卵形腺体，花柱极短，连柱头长约6毫米，柱头2裂。蒴果内藏或外露，扁平，椭圆形或倒卵形；种子深褐色，圆形，直径约2毫米，具宽翅。花果期10—12月。

生态环境：生于山坡草地或林下，海拔1 800～3 400米。

药用部位：根。

性味功效：滋补。

粗茎秦艽

拉丁学名：*Gentiana crassicaulis* Duthie ex Burk.

药 材 名：秦艽。

别　　名：麻花艽、小秦艽、大艽。

形态特征：多年生草本，高30～40厘米，全株光滑无毛，基部被枯存的纤维状叶鞘包裹。须根多条。枝少数丛生。莲座丛叶卵状椭圆形或狭椭圆形。长12～20厘米，宽4～6.5厘米。花多数，无花梗，在茎顶簇生呈头状，稀腋生作轮状；花萼筒膜质，长4～6毫米。蒴果内藏，无柄；种子红褐色，有光泽。花果期6—10月。

生态环境：山坡草地、路旁、高山草甸、撂荒地、灌丛中、林下及林缘，海拔2 100～4 500米。

药用部位：根。

性味功效：辛、苦，平。祛风湿，清湿热，止痹痛。

主　　治：风湿痹痛，筋脉拘挛，骨节酸痛，日晡潮热，小儿疳积发热。

滇龙胆草

拉丁学名：*Gentiana rigescens* Fr. ex Hemsl.

药 材 名：龙胆草。

别　　名：坚龙胆、苦草、青鱼胆。

形态特征：多年生草本，高30～50厘米。须根肉质。主茎粗壮，有分枝。花枝多数，丛生，直立，坚硬，紫色或黄绿色，中空，近圆形。花多数，簇生枝端呈头状，稀腋生或簇生小枝顶端；无花梗；花萼倒锥形，裂片绿色；花冠蓝紫色或蓝色，冠檐具多数深蓝色斑点，漏斗形或钟形。蒴果内藏，椭圆形或椭圆状披针形；种子黄褐色，有光泽，矩圆形，表面有蜂窝状网隙。花果期8—12月。

生态环境：海拔1 100～2 400米的山坡草地、灌丛中、林下及山谷中。

药用部位：干燥根及根茎。

性味功效：苦，寒。清热燥湿，泻肝胆火。

主　　治：湿热黄疸，阴肿阴痒，带下，强中，湿疹瘙痒，目赤，耳聋，胁痛，口苦，惊风抽搐。

獐牙菜

拉丁学名： *Swertia bimaculata*（Sieb. et Zucc.）Hook. f. et Thoms. ex C. B. Clarke

药 材 名： 大苦草。

别　　名： 黑节苦草、黑菊黄、走胆草、紫花青叶胆、蓑衣莲。

形态特征： 一年生草本植物，高可达 2 米。根细，茎直立，圆形，中空，叶片椭圆形至卵状披针形，叶脉弧形，大型圆锥状复聚伞花序疏松，开展，多花；花梗较粗，花萼绿色，裂片狭倒披针形或狭椭圆形，花冠黄色，裂片椭圆形或长圆形，花丝线形，花药长圆形，子房无柄，披针形，花柱短，柱头小，头状，蒴果无柄，狭卵形。花果期 6—11 月。

生态环境： 生于河滩、山坡草地、林下、灌丛中、沼泽地，海拔 250～3 000 米。

药用部位： 全草。

性味功效： 苦，寒。清热解毒，舒肝利胆。

主　　治： 急慢性肝炎，胆囊炎，尿路感染，肠胃炎，感冒发热，流感，咽喉炎，牙痛。

夹竹桃科 Apocynaceae

糖胶树

拉丁学名： *Alstonia scholaris*（L.）R. Br.

药 材 名： 橡皮木。

别　　名： 灯台树、理肺散、大树理肺散、鸭脚树

形态特征： 乔木。枝轮生，具乳汁，无毛。叶 3～8 片轮生，倒卵状长圆形、倒披针形或匙形，稀椭圆形或长圆形，无毛，顶端圆形，钝或微凹，稀急尖或渐尖，基部楔形；花白色，多朵组成稠密的聚伞花序，顶生，被柔毛；总花梗长 4～7 厘米；花梗长约 1 毫米；花冠高脚碟状；雄蕊长圆形，长约 1 毫米，着生在花冠筒膨大处，内藏；子房由 2 枚离生心皮组成，密被柔毛，花柱丝状，长 4.5 毫米，柱头棍棒状，顶端 2 深裂；花盘环状。蓇葖 2，细长，线形，长 20～57 厘米，外果皮近革质，灰白色，直径 2～5 毫米；种子长圆形，红棕色。花期 6—11 月，果期 10 月至翌年 4 月。

生态环境： 生于海拔 650 米以下的低丘陵山地疏林中、路旁或水沟边。

药用部位： 树皮、叶。

性味功效： 苦，性凉，清热解毒，祛痰止咳，止血消肿。

主　　治： 感冒发热，肺热咳喘，百日咳，黄疸型肝炎，胃痛吐泻，疟疾，疮疡痈肿，跌打肿痛，外伤出血。

长春花

拉丁学名： *Catharanthus roseus*（L.）G. Don

药 材 名： 长春花。

别　　名： 雁来红、四时春、日日新、三万花。

形态特征： 半灌木。叶膜质，倒卵状长圆形，长3～4厘米，宽1.5～2.5厘米，先端浑圆，有短尖头，基部广楔形至楔形，渐狭而成叶柄；聚伞花序腋生或顶生，有花2～3朵；花萼5深裂，内面无腺体或腺体不明显，萼片披针形或钻状渐尖，长约3毫米；花冠红色，高脚碟状；雄蕊着生于花冠筒的上半部，但花药隐藏于花喉之内，与柱头离生；子房和花盘与属的特征相同。蓇葖双生，直立，平行或略叉开，长约2.5厘米，直径3毫米；外果皮厚纸质，有条纹，被柔毛；种子黑色，长圆状圆筒形，两端截形，具有颗粒状小瘤。花期、果期几乎全年。

生态环境： 栽培。

药用部位： 全株。

性味功效： 镇静安神，平肝降压。

主　　治： 多种癌肿，高血压，痈肿疮毒，烫伤。

夹竹桃

拉丁学名： *Nerium indicum* Mill.

药 材 名： 夹竹桃。

别　　名： 柳叶桃，绮丽，半年红，甲子桃。

形态特征： 常绿直立大灌木，高可达5米，枝条灰绿色，嫩枝条具棱，被微毛，老时毛脱落。叶3～4枚轮生，叶面深绿，叶背浅绿色，中脉在叶面陷入，叶柄扁平，聚伞花序顶生，花冠深红色或粉红色，花冠为单瓣呈5裂时，其花冠为漏斗状，种子长圆形，花期几乎全年，夏秋为最盛；果期一般在冬春季，栽培很少结果。

生态环境： 栽培。

药用部位： 叶及枝皮。

性味功效： 辛、苦，涩，温。有大毒。强心利尿，祛痰杀虫。

主　　治： 心力衰竭，癫痫。外用治甲沟炎，斑秃，杀蝇。

黄花夹竹桃

拉丁学名： *Thevetia peruviana*（Pers.）K. Schum.

药 材 名： 黄花夹竹桃。

别　　名： 黄花状元竹、酒杯花。

形态特征： 乔木；全株具丰富乳汁。叶互生，近革质，无柄，线形或线状披针形，两端长尖。花大，黄色，具香味，顶生聚伞花序，长5～9厘米；花梗长2～4厘米；花萼绿色，5裂、裂片三角形，长5～9毫米，宽1.5～3毫米；花冠漏斗状，花冠筒喉部具5个被毛的鳞片，花冠裂片向左覆盖，比花冠筒长：雄蕊着生于花冠筒的喉部，花丝丝状；子房无毛，2裂，胚珠每室2颗，柱头圆形，端部2裂。核果扁三角状球形，直径2.5～4厘米，内果皮木质，生时绿色而亮，干时黑色；种子2～4颗。花期5—12月，果期8月至翌年春季。

生态环境： 生长于干热地区，路旁、池边、山坡疏林下。

药用部位： 叶、种子。

性味功效： 辛、苦，温。有大毒。

主　　治： 强心，利尿，消肿。用于各种心脏病引起的心力衰竭（对左心衰竭疗效较好），阵发性室上性心动过速，阵发性心房纤颤。叶可灭蝇、蛆、孑孓。

萝芙木

拉丁学名： *Rauvolfia verticillata*（Lour.）Baill.

药 材 名： 萝芙木。

别　　名： 山辣椒、山马蹄、萝芙藤、矮青木、羊屎子、青辣椒。

形态特征： 灌木。叶膜质，干时淡绿色，3～4叶轮生，稀为对生，椭圆形，长圆形或稀披针形，渐尖或急尖，基部楔形或渐尖，长2.6～16厘米，宽0.3～3厘米；伞形式聚伞花序，生于上部的小枝的腋间；总花梗长2～6厘米；花小，白色；花萼5裂，裂片三角形；花冠高脚碟状，花冠筒圆筒状，中部膨大，长10～18毫米；雄蕊着生于冠筒内面的中部，花药背部着生，花丝短而柔弱；花盘环状，长约为子房之半；子房由2个离生心皮所组成，一半埋藏于花盘内，花柱圆柱状，柱头棒状，基部有一环状薄膜。核果卵圆形或椭圆形。花期2—10月，果期4月至翌春。

生态环境： 生于林边、丘陵地带的林中或溪边较潮湿的灌木丛中。

药用部位： 根。

性味功效： 苦，寒。镇静，降压，活血止痛，清热解毒。

主　　治： 高血压病，头痛，眩晕，失眠，高热不退。外用治跌打损伤，毒蛇咬伤。

萝藦科 Asclepiadaceae

青羊参

拉丁学名： *Cynanchum otophyllum* Schneid.

药 材 名： 青羊参。

别　　名： 青阳参、闹狗药、牛尾参、小绿牛角藤。

形态特征： 多年生草质藤本；根圆柱状，灰黑色，直径约8毫米；茎被两列毛。叶对生，膜质，卵状披针形，长7～10厘米，基部宽4～8厘米，顶端长渐尖，基部深耳状心形，叶耳圆形，下垂，两面均被柔毛。伞形聚伞花序腋生，着花20余朵；花萼外面被微毛，基部内面有腺体5个；花冠白色，裂片长圆形，内被微毛；副花冠杯状，比合蕊冠略长，裂片中间有1小齿，或有褶皱或缺；柱头顶端略为2裂。蓇葖双生或仅1枚发育，短披针形，长约8厘米，直径1厘米，向端部渐尖，基部较狭，外果皮有直条纹；种子卵形，长6毫米，宽3毫米；种毛白色绢质，长3厘米。花期6—10月，果期8—11月。

生态环境： 海拔1 500～2 800米的山地、溪谷疏林中或山坡路边。

药用部位： 根。

性味功效： 甘、辛，温。有小毒。祛风除湿，解毒镇痉。

主　　治： 风湿骨痛，风疹瘙痒，癫痫，狂犬咬伤，毒蛇咬伤。

茜草科 Rubiaceae

虎刺

拉丁学名： *Damnacanthus indicus* Gaertn.

药 材 名： 虎刺。

别　　名： 伏牛花、绣花针、黄脚鸡。

形态特征： 具刺灌木，高 0.3～1 米，具肉质链珠状根；茎下部少分枝，上部密集多回二叉分枝，幼嫩枝密被短粗毛。叶常大小叶对相间，大叶长 1～3 厘米，宽 1～1.5 厘米。花萼钟状，长约 3 毫米，绿色或具紫红色斑纹，几无毛。核果红色，近球形，直径 4～6 毫米。花期 3—5 月，果期冬季至翌春。

生态环境： 生于山地和丘陵的疏、密林下和石岩灌丛中。

药用部位： 全草或根。

性味功效： 祛风利湿，活血止痛。祛风利湿，活血消肿。

主　　治： 痛风，风湿痹痛。痰饮咳嗽，肺痈，水肿，痞块，黄疸，妇女经闭，小儿疳积，荨麻疹，跌打损伤。

拉拉藤

拉丁学名： *Galium aparine* L. var. *echinospermum*（Wallr.）Cuf.

药 材 名： 猪殃殃。

别　　名： 锯锯藤、细叶茜草、锯子草、活血草、小禾镰草、锯耳草。

形态特征： 多枝、蔓生或攀缘状草本。茎 4 棱，棱上、叶缘及叶下面中脉上均有倒生小刺毛。叶 4～8 片轮生，叶片条状倒披针形，聚伞花序腋生或顶生，单生或 2～3 个簇生，有黄绿色小花数朵，果干燥，密被钩毛，每一果室有 1 颗平突的种子。

生态环境： 旷野、沟边、河滩、田中、林缘、草地。

药用部位： 全草。

性味功效： 辛、苦，凉。清热解毒，利尿消肿。

主　　治： 感冒，牙龈出血，急、慢性阑尾炎，泌尿系感染，水肿，痛经，崩漏，白带，癌症，白血病；外用治乳腺炎初起，痈疖肿毒，跌打损伤。

小红参

拉丁学名： *Galium elegans* Wall. ex Roxb. var. *elegans*

药 材 名： 小红参。

别　　名： 小活血、西南拉拉藤。

形态特征：多年生直立或攀缘草本，幼时常匍匐，高 0.1～1 米，有紫红色的根；叶常厚，纸质或革质，4 片轮生，卵形至卵状披针形、椭圆形或披针形，长 0.6～3 厘米，宽 0.3～2 厘米，顶端稍钝或短尖，基部钝圆或短尖，边缘常反卷，上面粗糙，下面常有淡黄色、圆形腺点，两面均疏或密被短硬毛或长柔毛，3 脉，稀 5 脉，近无柄或有短柄。聚伞花序顶生和腋生，多花，常成圆锥花序式排列，常 3 歧分枝，分枝常疏散而柔弱；总花梗被疏毛，稀近无毛，长 2～10 厘米；花小，单性，稀两性；花梗长 0.5～2.5 毫米；花冠白色或淡黄色，辐状。果爿单生或双生，密被钩状长毛，稀无毛。花期 4—8 月，果期 5—12 月。

生态环境：生于山地、溪边、旷野的林中、灌丛、草地或岩石上，海拔 650～3 500米。

药用部位：根。

性味功效：补血活血，祛风除湿。

主　　治：头晕，失眠，肺结核、吐血，风湿，跌打损伤，月经不调。

攀茎耳草

拉丁学名：*Hedyotis scandens* Roxb.

药 材 名：大接骨草。

别　　名：凉喉茶。

形态特征：多分枝藤状灌木，除花外其余各部无毛；嫩枝扁圆柱形，后变圆柱形，灰褐色。叶对生，近革质，长圆状披针形或狭椭圆形，通常长 5～10 厘米，宽 3～4 厘米或不及，顶端长渐尖，有时尾状长尖，基部楔形；聚伞花序排成扩展的圆锥花序式，顶生，罕有腋生；花 4 数，有长 2～3 毫米的花梗；花冠白色或黄色，管形，长 6 毫米，花冠裂片长圆形；雄蕊生于冠管基部，花丝中部以下被毛，花药长 1.2 毫米；花柱长约 4 毫米，略短于雄蕊，中部被长毛，柱头 2 裂；裂片长 2 毫米。蒴果扁球形，内有种子数粒。花期 7—8 月。

生态环境：海拔 700～1 300 米的疏林内或山谷湿润土壤上。

药用部位：全株。

性味功效：苦，凉。清火解毒，利水化石，消肿止痛。

主　　治：小便热涩疼痛，尿频，尿急，尿路结石，高热不退，咳嗽，咽喉肿痛，蕈子中毒，四肢关节酸痛麻木，跌打损伤，骨折。

滇丁香

拉丁学名：*Luculia pinceana* Hook.

药 材 名：滇丁香。

别　　名：野丁香、桂丁香、酒瓶花。

形态特征：灌木或乔木。叶纸质，长圆形、长圆状披针形或广椭圆形，长 5～22 厘米，宽 2～8 厘米，顶端短渐尖或尾状渐尖，基部楔形或渐狭，全缘，上面无毛，下面常较苍白，无毛或被柔毛，或仅沿脉上被柔毛，常在脉腋内有簇毛；伞房状的聚伞花序顶生，多花；苞片叶状，线状披针形，长1.5厘米，无毛，脱落；总花梗无毛；花美丽，芳香；花梗长约5毫米，无毛；花冠红色，少为白色，高脚碟状；雄蕊着生在冠管喉部，花丝长约2毫米，花药线状长圆形，长4.5～5.5毫米，内藏或稍伸出；柱头与花柱相似，顶端2裂，内藏或稍伸出，子房2室，胚珠多数。蒴果近圆筒形或倒卵状长圆形，种子多数，近椭圆形，两端具翅。花果期3—11月。

生态环境：海拔1 500～1 700米的山坡林中。

药用部位：花、果。

性味功效：辛，温。止咳化痰。

主　　治：咳嗽，百日咳，慢性支气管炎。

多毛玉叶金花

拉丁学名：*Mussaenda mollissima* C. Y. Wu ex Hsue et H. Wu

形态特征：灌木。叶对生，近革质，椭圆形、广椭圆形或广卵形，长8～11厘米，宽4～7.2厘米，顶端短尖，基部楔形或近圆形，两面均密被淡黄色茸毛；托叶卵形，深2裂，长6毫米，外面密被茸毛，裂片线形，长3.5毫米。聚伞花序的总梗较长，密被绒毛；苞片披针形，长6毫米，外面密被茸毛；花柄短；花叶广倒卵形，纸质，长5.5厘米，宽2.8厘米，有纵脉5条，两面密被茸毛，顶端短尖，基部渐尖，柄长1.4厘米，密被绒毛；花冠橙黄色，花冠管长22.5毫米，向上渐膨大，外面密被黄褐色柔毛，内面密被黄色棒状毛，花冠裂片广卵形，长4毫米，具细尖头，外面密被黄褐色柔毛，内面密生黄色小疣突；雄蕊着生于花冠管中部之上；花柱短。浆果椭圆形，长1.2厘米，宽0.9厘米，略被毛。花期5月，果期6月。

生态环境：生于海拔550～1 500米的林缘、灌丛或路边。

药用部位：根。

性味功效：甘、淡，凉。清热解暑，凉血解毒。

主　　治：中毒，感冒，支气管炎，扁桃体炎，咽喉炎，肾炎水肿，肠炎，子宫出血，毒蛇咬伤。

薄柱草

拉丁学名：*Nertera sinensis* Hemsl.

药 材 名：薄柱草。

别　　名：水泽兰、冷水草。

形态特征：簇生小草，无毛；茎纤细，柔弱，长5～10厘米，近匍匐，节上生根。叶小，具柄，纸质，长圆状披针形，长7～16毫米，宽3.5～5毫米，顶端短尖或微锐尖，基部楔形，两面均有微小秕鳞；叶柄长1.3毫米，叶脉纤细；托叶三角形，基部阔与叶柄合生，顶部长尖，顶端钝。花小，直径1.3毫米，单朵顶生，无花梗，具总苞；总苞小，杯形，有2尖头；萼檐裂片细小，截头形；花冠浅绿色，辐形，顶部4裂，裂片钝；雄蕊4枚，伸出冠管外；花柱2，深裂。核果深蓝色，球形，直径约2毫米，内有小核4颗。花期7—8月。

生态环境： 生于溪边或河旁岩石上。

药用部位： 全草。

性味功效： 苦，凉，清热解毒。

主　　治： 烧伤，烫伤，感冒咳嗽。

鸡矢藤

拉丁学名： *Paederia scandens*（Lour.）Merr.

药 材 名： 鸡矢藤。

别　　名： 狗屁藤、皆治藤、牛皮冻、臭藤。

形态特征： 藤状灌木，无毛或被柔毛。叶对生，膜质，卵形或披针形，长5～10厘米，宽2～4厘米，顶端短尖或削尖，基部浑圆，有时心状，叶上面无毛，在下面脉上被微毛；侧脉每边4～5条，在上面柔弱，在下面突起；叶柄长1～3厘米；托叶卵状披针形，长2～3毫米，顶部2裂。圆锥花序腋生或顶生，长6～18厘米，扩展；小苞片微小，卵形或锥形，有小睫毛；花有小梗，生于柔弱的三歧常作蝎尾状的聚伞花序上；花萼钟形，萼檐裂片钝齿形；花冠紫蓝色，长12～16毫米，通常被绒毛，裂片短。果阔椭圆形，压扁，长和宽均6～8毫米，光亮，顶部冠以圆锥形的花盘和微小宿存的萼檐裂片；小坚果浅黑色，具1阔翅。花期5—6月。

生态环境： 海拔600～2 400米的山坡荒野、路旁、阔叶林缘、灌木丛中。

药用部位： 全草。

性味功效： 甘、微苦，平。祛风利湿，止痛解毒，消食化积，活血消肿。

主　　治： 风湿筋骨痛，跌打损伤，外伤性疼痛，肝胆及胃肠绞痛，消化不良，小儿疳积，支气管炎，放射反应引起的白细胞减少症。外用治皮炎、湿疹及疮疡肿毒。

云南鸡矢藤

拉丁学名： *Paederia yunnanensis*（Levl.）Rehd.

药 材 名： 云南鸡矢藤。

别　　名： 毛叶黄药、狗屁藤、臭屁藤。

形态特征： 藤状灌木，长3～7米，中部直径2～3毫米；枝圆柱形，鲜时灰黄色或深褐色，被茸毛或短粗毛。叶对生，近膜质，卵状心形，长6～10厘米，宽3.5～6厘米，顶端短尖或尾尖，基部心形，上面被柔毛，下面密被茸毛，罕有两面均被微柔毛；圆锥花序腋生或生于顶部的侧枝上，狭窄，延伸，柔弱，长6～12厘米，被柔毛，无叶或罕有叶；苞片托叶状；花蕾长圆形，长2～3毫米，密被短柔毛，花具短梗，常密集生于花序分枝上形成头状，宽约2厘米；萼管倒卵形，被粗毛，萼檐裂片5，长圆状披针形，长约1毫米，被粗毛，扩展；花冠管管状，长约7毫米，外面被粗毛，裂片阔三角形，长1～2.5毫米，宽1.1～2.4毫米，边缘波浪形。果卵形。花期6—10月。

生态环境： 生于海拔2 700米的山谷林缘。

药用部位： 根。

性味功效： 甘、微苦，凉。消炎，止痛。

主　　治： 肝炎，急性结膜炎，骨折。

茜草

拉丁学名： *Rubia cordifolia* L.

药 材 名： 茜草。

别　　名： 活血草、红茜草、四轮车、挂拉豆、红线草、小血藤。

形态特征： 草质攀缘藤木。叶通常 4 片轮生，纸质，披针形或长圆状披针形，长 0.7～3.5 厘米，顶端渐尖，有时钝尖，基部心形，边缘有齿状皮刺，两面粗糙，脉上有微小皮刺；基出脉 3 条，极少外侧有 1 对很小的基出脉。叶柄长通常 1～2.5 厘米，有倒生皮刺。聚伞花序腋生和顶生，多回分枝，有花 10 至数十朵，花序和分枝均细瘦，有微小皮刺；花冠淡黄色，干时淡褐色，盛开时花冠檐部直径 3～3.5 毫米，花冠裂片近卵形，微伸展，长约 1.5 毫米，外面无毛。果球形，直径通常 4～5 毫米，成熟时橘黄色。花期 8—9 月，果期 10—11 月。

生态环境： 常生于疏林、林缘、灌丛或草地上。

药用部位： 全草。

性味功效： 苦，寒。凉血，止血，祛瘀，通经。

主　　治： 吐血，衄血，崩漏，外伤出血，经闭瘀阻，关节痹痛，跌扑肿痛。

旋花科 Convolvulaceae

飞蛾藤

拉丁学名： *Porana racemosa* Roxb.

药 材 名： 飞蛾藤。

别　　名： 白花藤。

形态特征： 多年生攀缘灌木。长达 10 米。茎缠绕，圆柱形，幼时多少被黄色硬毛或近光滑，后来具小瘤或无毛。单叶互生；叶柄长 5～11 厘米，被疏毛至无毛；叶片卵形，长 6～11 厘米，宽 5～10 厘米，先端渐尖或尾状，具钝或锐尖的尖头，基部深心形，两面疏被紧贴的柔毛；掌状脉基生，7～9 条。圆锥花序腋生；苞片叶状，心形，抱茎；小苞片钻形；花柄长 3～6 毫米；萼片 5，线状披针形，通常被柔毛，结果时全部增大，呈长圆状匙形；花冠漏斗形，白色，管部带黄色，5 裂至中部；雄蕊 5，内藏，花丝短于花药；子房无毛，花柱 1，柱头棒状，2 裂。蒴果卵形，长 7～8 毫米，具小短尖头，无毛。种子 1，卵形，长约 6 毫米，暗褐色或黑色，平滑。花期 9 月。

生态环境： 生于海拔 850～2 000 米的山坡路旁或草坡。

药用部位： 全草。

性味功效： 暖胃，补血，祛瘀。

主　　治： 无名肿毒，劳伤疼痛，高烧。

圆叶牵牛

拉丁学名： *Pharbitis purpurea*（L.）Voisgt

药 材 名： 牵牛子。

别　　名： 牵牛花、喇叭花。

形态特征： 一年生缠绕草本植物，叶片圆心形或宽卵状心形，基部圆，心形，顶端锐尖、骤尖或渐尖，两面疏或密被刚伏毛；花腋生，着生于花序梗顶端成伞形聚伞花序，花序梗比叶柄短或近等长，苞片线形，萼片渐尖，花冠漏斗状，紫红色、红色或白色，花冠管通常白色，花丝基部被柔毛；子房无毛，柱头头状；花盘环状。蒴果近球形，种子卵状三棱形，黑褐色或米黄色，被极短的糠秕状毛。花期5—10月，果期8—11月。

生态环境： 生于平地以至海拔2 800米的田边、路边、宅旁或山谷林内，栽培或沦为野生。

药用部位： 种子。

性味功效： 苦、寒；有毒。泻水通便，消痰涤饮，杀虫攻积。

主　　治： 水肿胀满，二便不通，痰饮积聚，气逆喘咳，虫积腹痛，蛔虫、绦虫病。

紫草科 Boraginaceae

倒提壶

拉丁学名： *Cynoglossum amabile* Stapf et J. R. Drumm.

药 材 名： 倒提壶。

别　　名： 狗屎花、蓝布裙、狗屎萝卜。

形态特征： 多年生草本。花序锐角分枝，分枝紧密，向上直伸，集为圆锥状，无苞片；花梗长2～3毫米，果期稍增长；花萼长2.5～3.5毫米，外面密生柔毛，裂片卵形或长圆形，先端尖；花冠通常蓝色，稀白色，檐部直径8～10毫米，裂片圆形，长约2.5毫米，有明显的网脉，喉部具5个梯形附属物，附属物长约1毫米；花丝长约0.5毫米，着生花冠筒中部，花药长圆形，长约1毫米；花柱线状圆柱形，与花萼近等长或较短。小坚果卵形。花果期5—9月。

生态环境： 海拔1 500～2 000米的村旁、路边、荒山草地。

药用部位： 根及全草。

性味功效： 甘、苦，凉。清热利湿，散瘀止血，止咳。

主　　治： 疟疾，肝炎，痢疾，尿痛，白带，肺结核咳嗽。外用治创伤出血，骨折，关节脱臼。

小花琉璃草

拉丁学名： *Cynoglossum lanceolatum* Forssk.

药 材 名： 小花琉璃草。

别　　名： 披针叶琉璃草、狭叶倒提壶、小花倒提壶。

生态环境：海拔 300～2 800 米的丘陵、山坡草地及路边。

形态特征：多年生草本，高 20～90 厘米。茎直立，由中部或下部分枝，分枝开展，密生基部具基盘的硬毛。基生叶及茎下部叶具柄，长圆状披针形，先端尖，基部渐狭，上面被具基盘的硬毛及稠密的伏毛，下面密生短柔毛；茎中部叶无柄或具短柄，披针形，长 4～7 厘米，宽约 1 厘米，茎上部叶极小。花序顶生及腋生，分枝钝角叉状分开，无苞片，果期延长呈总状；花冠淡蓝色，钟状，长 1.5～2.5 毫米，檐部直径 2～2.5 毫米，喉部有 5 个半月形附属物；花药卵圆形，长 0.5 毫米；花柱肥厚，四棱形，果期长约 1 毫米，较花萼为短。小坚果卵球形。花果期 4—9 月。

药用部位：全草。

性味功效：清热解毒，利尿消肿，活血。

主　　治：急性肾炎，月经不调。外用治痈肿疮毒及毒蛇咬伤。

马鞭草科 Verbenaceae

木紫珠

拉丁学名：*Callicarpa arborea* Roxb.

药 材 名：乔木紫珠。

别　　名：马踏皮、豆豉树、南洋紫珠。

形态特征：乔木，高约 8 米；幼枝四棱形，与花序、叶柄都密生黄褐色粉状分枝茸毛。叶片革质，椭圆形或长椭圆形，长 13～37 厘米，宽 7～13 厘米，顶端渐尖，基部楔形、宽楔形或钝圆，通常全缘，表面深绿色有光泽，幼时有毛，老后脱落，背面密生黄褐色星状茸毛，侧脉 8～10 对，主脉、侧脉和细脉在叶背隆起；叶柄粗壮，上面有沟槽，长 3～6（9）厘米。聚伞花序宽 6～11 厘米，6～8 次分歧；花序梗四棱形，长于或等于叶柄，花柄长约 1.5 毫米；苞片细小，线形；花萼杯状，萼齿钝三角形或不明显，外面密生灰白色星状茸毛；花冠紫色或淡紫色，被细毛，长约 3 毫米；雄蕊伸出花冠外，花药细小，卵圆形，药室纵裂；子房圆球形，密生星状毛。果实径约 2 毫米，成熟时紫褐色，干后变黑色。花期 5—7 月，果期 8—12 月。

生态环境：海拔 600～1 800 米的次生林中。

药用部位：根、叶。

性味功效：微苦、涩，平。收敛止血，清热解毒。

主　　治：衄血，咯血，胃肠道出血，妇女崩漏，咽喉肿痛，外伤出血，烧伤。

臭茉莉

拉丁学名：*Clerodendrum philippinum* Schauer var. *simplex* Moldenke

药 材 名：白花臭牡丹。

别　　名：臭牡丹、紫牡丹。

形态特征：落叶灌木。叶片宽卵形或三角状卵形，揉之有臭味，顶端尖至渐尖，基部截形或心形，边缘有粗或细齿，两面多少有糙毛；伞房状聚伞花序较密集，花较多，苞片较多，花单瓣，较大，花萼长 1.3～2.5 厘米，萼裂片披针形，长 1～1.6 厘米，花冠白色或淡红色，花冠管长 2～3 厘米，裂片椭圆形，长约 1 厘米。核果近球形，径 8～10 毫米，成熟时蓝黑色。宿萼增大包果。花果期 5—11 月。

生态环境：海拔 600～2 000 米的河边、路边灌丛中。

药用部位：根与叶。

性味功效：苦、辛，温。祛风湿，强盘骨，活血消肿。

主　　治：风湿痹痛，脚气水肿，跌打扭伤，血瘀肿痛，痔疮脱肛，慢性髓炎。

马缨丹

拉丁学名：*Lantana camara* L.

药 材 名：五彩梅。

别　　名：臭草。

形态特征：直立或蔓性的灌木，高 1～2 米，有时藤状，长达 4 米；茎枝均呈四方形，有短柔毛，通常有短而倒钩状刺。单叶对生，揉烂后有强烈的气味，叶片卵形至卵状长圆形，长 3～8.5 厘米，宽 1.5～5 厘米，顶端急尖或渐尖，基部心形或楔形，边缘有钝齿，表面有粗糙的皱纹和短柔毛，背面有小刚毛，侧脉约 5 对；叶柄长约 1 厘米。花序直径 1.5～2.5 厘米；花序梗粗壮，长于叶柄；苞片披针形，长为花萼的 1～3 倍，外部有粗毛；花萼管状，膜质，长约 1.5 毫米，顶端有极短的齿；花冠黄色或橙黄色，开花后不久转为深红色，花冠管长约 1 厘米，两面有细短毛，直径 4～6 毫米；子房无毛。果圆球形，直径约 4 毫米，成熟时紫黑色。全年开花。

生态环境：海拔 600～1 800 米，栽培或逸生。

药用部位：花。

性味功效：苦、微甘，凉。有毒。清热，止血。

主　　治：肺痨咯血，腹痛吐泻，湿疹，阴痒。

马鞭草

拉丁学名：*Verbena officinalis* L.

药 材 名：马鞭草。

别　　名：大仙鹤草、马鞭梢、狗牙草。

形态特征：多年生草本，高 30～120 厘米。茎四方形，近基部可为圆形，节和棱上有硬毛。叶片卵圆形至倒卵形或长圆状披针形，长 2～8 厘米，宽 1～5 厘米，基生叶的边缘通常有粗锯齿和缺刻，茎生叶多数 3 深裂，裂片边缘有不整齐锯齿，两面均有硬毛，背面脉上儿多。穗状花序顶生和腋生，细弱，花小，无柄，最初密集，结果时疏离；苞片稍短于花萼，具硬毛；花萼长约 2 毫米，有硬毛，有 5 脉，脉间凹穴处质薄而色淡；花冠淡紫至蓝色，长 4～8 毫米，外面有微毛，裂片 5；雄蕊 4，着生于花冠管的中部，花丝短；子房无毛。果长圆形，长约 2 毫米，外果皮薄，成熟时 4 瓣裂。花期 6—8 月，果期 7—10 月。

生态环境：海拔 600～2 400 米的路旁、沟边、荒坡草地。

药用部位： 全草。

性味功效： 苦、辛，微寒。清热解毒，活血通经，利水消肿，截疟。

主　　治： 感冒发热，咽喉肿痛，牙龈肿痛，黄疸，痢疾，血瘀经闭，痛经，症瘕，水肿，小便不利，疟疾，痈疮肿毒，跌打损伤。

唇形科 Labiatae

风轮菜

拉丁学名： *Clinopodium chinense*（Benth.）O. Ktze.

药 材 名： 风轮菜。

别　　名： 落地梅花、九塔草、红九塔花、熊胆草、野凉粉草、苦刀草。

形态特征： 多年生草本。叶卵圆形，先端急尖或钝，基部圆形呈阔楔形，边缘具大小均匀的圆齿状锯齿，坚纸质。轮伞花序多花密集，半球状。花冠紫红色。雄蕊 4，前对稍长，均内藏或前对微露出，花药 2 室，室近水平叉开。花柱微露出，先端不相等 2 浅裂，裂片扁平。花盘平顶。子房无毛。小坚果倒卵形，长约 1.2 毫米，宽约 0.9 毫米，黄褐色。花期 5—8 月，果期 8—10 月。

生态环境： 生于山坡、草丛、路边、沟边、灌丛、林下，海拔 1 000 米以下。

药用部位： 全草。

性味功效： 辛、苦，凉。疏风清热，解毒止痢，止血。

主　　治： 感冒，中暑，痢疾，肝炎。外用治疗疮肿毒、皮肤瘙痒、外伤出血。

香薷

拉丁学名： *Elsholtzia ciliata*（Thunb.）Hyland.

药 材 名： 香薷。

别　　名： 半边苏、野芭子、坝子菜、野芝麻。

形态特征： 直立草本，高 0.3～0.5 米，具密集的须根。茎通常自中部以上分枝，钝四棱形，具槽，无毛或被疏柔毛。叶卵形或椭圆状披针形，长 3～9 厘米，宽 1～4 厘米。穗状花序长 2～7 厘米，宽达 1.3 厘米，偏向一侧，由多花的轮伞花序组成。花期 7—10 月，果期 10 月至翌年 1 月。

生态环境： 海拔 1 200～1 800 米的田园边、山溪旁、草地。

药用部位： 全草。

性味功效： 味辛，性微温。发汗解暑，和中结湿，行水消肿。

主　　治： 急性肠胃炎，腹痛吐泻，夏秋阳暑，头痛发热，恶寒无汗，霍乱，水肿，鼻衄，口臭等。

水香薷

拉丁学名： *Elsholtzia kachinensis* Prain

药 材 名： 水香薷。

别　　名： 水香菜、猪菜草、水薄荷。

形态特征： 铺散草本，茎平卧，长达40厘米，被柔毛，下部节生不定根。叶卵形或卵状披针形，长1～3.5厘米，基部宽楔形，基部以上具圆齿，两面疏被柔毛，下面沿中脉被微柔毛；叶柄长0.3～1.5厘米，疏被柔毛。穗状花序长1.5～2.5厘米，偏向一侧，被柔毛；苞片宽卵形，长3～4毫米，具钻状短尖头，全缘，被柔毛，具缘毛。花梗长约0.5毫米，被柔毛；花萼管形，长约1.5毫米，被柔毛及腺点，萼齿披针状三角形，先端刺状；花冠白或紫色，长约7毫米，被柔毛，喉部径约2毫米，上唇先端微缺，下唇中裂片全缘或浅裂；雄蕊伸出；花柱与雄蕊近等长。

生态环境： 生于河边、路旁、林下、山谷或水中，常见于湿润处，海拔1 200～2 800米。

药用部位： 全草。

性味功效： 性温，味辛甘。祛风解表、清热解毒、止痒、消食健胃。

主　　治： 消化不良，腹泻，风寒感冒，流行性感冒，肺炎，支气管炎，痈疮肿毒，脱肛等疾病。

野拔子

拉丁学名： *Elsholtzia rugulosa* Hemsl.

药 材 名： 野拔子。

别　　名： 野坝篙、野巴子。

形态特征： 草本至半灌木。叶卵形，椭圆形至近菱状卵形。穗状花序着生于主茎及侧枝的顶部。花萼钟形，长约1.5毫米，直径约1毫米，外面被白色粗硬毛，萼齿5，相等或后2齿稍长，长约0.7毫米。花冠白色，有时为紫或淡黄色，长约4毫米，外面被柔毛，内面近喉部具斜向毛环，冠筒长约3毫米，基部宽1毫米，至喉部宽达1.5毫米，冠檐二唇形，上唇直立，长不及1毫米，先端微缺，下唇开展，3裂，中裂片圆形，边缘啮蚀状，长宽约1毫米，侧裂片短，半圆形。雄蕊4，前对较长，伸出，花丝略被毛，花药球形，2室。花柱超出雄蕊，先端2裂。小坚果长圆形，稍压扁，长约1毫米，淡黄色，光滑无毛。花果期10—12月。

生态环境： 山坡草地、旷地、路旁、林中或灌丛中，海拔1 300～2 800米。

药用部位： 枝、叶。

性味功效： 辛，苦，性凉。解表退热，化湿和中。

主　　治： 伤风感冒，消化不良，腹痛腹胀，上吐下泻，胃肠炎，绞肠痧，伤寒发热，痢疾，鼻衄，咳血，产后腹痛，外伤出血，烂疮，蛇咬伤等症。

活血丹

拉丁学名： *Glechoma longituba*（Nakai）Kupr

药 材 名： 连钱草。

别　　名： 金钱薄荷、落地金钱、肺风草、十八缺。

形态特征：多年生草本，具匍匐茎。叶草质，下部者较小，叶片心形或近肾形。轮伞花序通常2花，稀具4～6花；花冠淡蓝、蓝至紫色，下唇具深色斑点，冠筒直立，上部渐膨大成钟形，有长筒与短筒两型。雄蕊4，内藏，无毛，后对着生于上唇下，较长，前对着生于两侧裂片下方花冠筒中部，较短；花药2室，略叉开。子房4裂，无毛。花盘杯状，微斜，前方呈指状膨大。花柱细长，无毛，略伸出，先端近相等2裂。成熟小坚果深褐色，长圆状卵形。花期4—5月，果期5—6月。

生态环境：河边、路边、林间草地、山坡林下。

药用部位：干燥地上部分。

性味功效：寒，味辛、微苦。清热解毒，利尿排石，散瘀消肿。

主　　治：尿路结石，肝胆结石，湿热黄疸，跌扑损伤。

宝盖草

拉丁学名：*Lamium amplexicaule* L.

药 材 名：宝盖草。

别　　名：接骨草、蜡烛扦草、莲台夏枯草、佛座草、灯笼草。

形态特征：一年生或二年生植物。茎高10～30厘米，基部多分枝，常为深蓝色。茎下部叶具长柄，柄与叶片等长或超过之，叶片均圆形或肾形，基部截形或截状阔楔形，半抱茎，边缘具极深的圆齿。轮伞花序6～10花，花冠紫红或粉红色。雄蕊花丝无毛，花药被长硬毛。花柱丝状，先端不相等2浅裂。花盘杯状，具圆齿。子房无毛。小坚果倒卵圆形，具三棱，先端近截状，基部收缩，长约2毫米，宽约1毫米，淡灰黄色，表面有白色大疣状突起。花期3—5月，果期7—8月。

生态环境：生于路旁、林缘、沼泽草地及宅旁等地，或为田间杂草，海拔可高达4 000米。

药用部位：全草。

性味功效：辛、苦，平；清热利湿，活血祛风，消肿解毒。

主　　治：黄疸型肝炎，淋巴结结核，高血压，面神经麻痹，半身不遂；外用治跌打伤痛，骨折，黄水疮。

益母草

拉丁学名：*Leonurus artemisia*（Lour.）S. Y. Hu

药 材 名：益母草。

别　　名：地母草、野麻、灯笼草。

形态特征：一年生或二年生草本。叶轮廓变化很大，茎下部叶轮廓为卵形；茎中部叶轮廓为菱形；花序最上部的苞叶近于无柄，线形或线状披针形。轮伞花序腋生，具8～15花，轮廓为圆球形，径2～2.5厘米，多数远离而组成长穗状花序；花梗无。花萼管状钟形。花冠粉红至淡紫红色。雄蕊4，均延伸至上唇片之下，平行，前对较长，花丝丝状，扁平，疏被鳞状毛，花药卵圆形，二室。花柱丝状，略超出于雄蕊而与上唇片等长，无毛，先端相等2浅裂，裂片钻形。花盘平顶。子房褐色，无毛。小坚果长圆状三棱形，长 2.5 毫米，顶端截平而略宽大，基部楔形，淡褐色，光滑。花期通常在 6—9 月，果期 9—10 月。

生态环境：海拔 600～1 800 米的田边、荒地、路边。

药用部位：全草和果实。

性味功效：辛、苦，凉。活血，祛瘀，调经，消水。

主　　治：月经不调，胎漏难产，胞衣不下，产后血晕，瘀血腹痛，崩中漏下，尿血，泻血，痈肿疮疡。

米团花

拉丁学名：*Leucosceptrum canum* Smith

药 材 名：蜂蜜树。

别　　名：蜂糖树、大灰果、白杖木、山蜂蜜、渍糖花。

形态特征：大灌木至小乔木；叶片纸质或坚纸质，椭圆状披针形，长 10～23 厘米或 23 厘米以上，宽 5～9 厘米或 9 厘米以上，先端渐尖，基部楔形，边缘具浅锯齿或锯齿，有时几为圆齿。花序为由轮伞花序排列成长 10～13 厘米或 13 厘米以上的顶生稠密圆柱状穗状花序；苞片大，近肾形，先端急尖，全缘或具不规则的齿，外被星状绒毛，果时脱落，小苞片微小，线形，长约 1 毫米，外密被星状茸毛；花梗短，长约 1 毫米，密被星状茸毛。花萼钟形，长 6～8 毫米，外面被浓密的淡黄色簇生星状茸毛及粉囊状小突起，内面无毛而明显可见约 15 脉，萼齿 5（7），整齐，三角形，长 1.5 毫米或稍短。花冠白色或粉红至紫红，筒状，长 8～9 毫米，外面被簇生星状茸毛，冠筒内藏，冠檐二唇形，上唇顶端微凹，下唇 3 裂，中裂片较大。小坚果长圆状三棱形。花期 11 月至翌年 3 月，果期 3—5 月。

生态环境：生于干燥的开阔荒地、路边及谷地溪边、林缘、小乔木灌丛中及石灰岩上。

药用部位：叶、皮。

性味功效：苦，凉。清热解毒，利湿消肿，止血。

主　　治：皮肤溃疡，外伤出血，无名肿毒，骨折，骨髓炎，肌炎，高热无汗无涕。还可治肝炎、肺结核等症。

蜜蜂花

拉丁学名：*Melissa axillaris*（Benth.）Bakh. f.

药 材 名：鼻血草。

别　　名：红活美、滇荆芥、土荆芥。

形态特征：多年生草本。叶片卵圆形，长 1.2～6.0 厘米，宽 0.9～3.0 厘米，先端急尖或短渐尖，基部圆形、钝、近心形或急尖，边缘具锯齿状圆齿，草质。轮伞花序少花或多花，在茎、枝叶腋内腋生，疏离；苞片小，近线形，具缘毛；花梗长约 2 毫米，被短柔毛。花萼钟形。花冠白色或淡红色，长约 1 厘米，外被短柔毛，内面无毛，冠筒稍伸出，至喉部扩大，冠檐二唇形，上唇直立，先端微缺，下唇开展，3 裂，中裂片较大。雄蕊 4，前对较长，不伸出，花药 2 室，室略叉开。花柱略超出雄蕊，先端相等 2 浅裂，裂片外卷。花盘浅盘状，4 裂。小坚果卵圆形。花果期 6—11 月。

生态环境：生于路旁、山地、山坡、谷地。

药用部位：全草。

性味功效：苦、涩，平。清热解毒。

主　　治：吐血，鼻出血，麻风，皮肤瘙痒，疥疮。

薄荷

拉丁学名：*Mentha haplocalyx* Briq.

药 材 名：薄荷。

别　　名：水薄荷、土薄荷。

形态特征：多年生草本。茎直立，下部数节具纤细的须根及水平匍匐根状茎。叶片长圆状披针形，披针形，椭圆形或卵状披针形，稀长圆形。轮伞花序腋生，轮廓球形，花时径约 18 毫米，具梗或无梗，具梗时梗长可达 3 毫米，被微柔毛；花梗纤细，长 2.5 毫米，被微柔毛或近于无毛。花萼管状钟形，长约 2.5 毫米，外被微柔毛及腺点，内面无毛，10 脉，不明显，萼齿 5，狭三角状钻形，先端长锐尖，长 1 毫米。花冠淡紫，外面略被微柔毛，内面在喉部以下被微柔毛。雄蕊 4，前对较长，长约 5 毫米，均伸出于花冠之外，花丝丝状，无毛，花药卵圆形，2 室，室平行。花柱略超出雄蕊，先端近相等 2 浅裂，裂片钻形。花盘平顶。小坚果卵珠形，黄褐色，具小腺窝。花期 7—9 月，果期 10 月。

生态环境：水旁潮湿或栽培。

药用部位：全草。

性味功效：宣散风热。清头目，透疹。

主　　治：感冒发热喉痛，头痛，目赤痛，皮肤风疹瘙痒，麻疹不透等症，此外对痈、疽、疥、癣、漆疮亦有效。

罗勒

拉丁学名：*Ocimum basilicum* L.

药 材 名：罗勒。

别　　名：荆芥、九层塔、零陵香、香草。

形态特征：一年生草本。叶卵圆形至卵圆状长圆形。总状花序顶生于茎、枝上，各部均被微柔毛，通常长 10～20 厘米，由多数具 6 花交互对生的轮伞花序组成。花冠淡紫色。雄蕊 4，分离，略超出花冠，插生于花冠筒中部，花丝丝状，后对花丝基部具齿状附属物，其上有微柔毛，花药卵圆形，汇合成 1 室。花柱超出雄蕊之上，先端相等 2 浅裂。花盘平顶，具 4 齿，齿不超出子房。小坚果卵珠形，长 2.5 毫米，宽 1 毫米，黑褐色，有具腺的穴陷，基部有 1 白色果脐。花期通常 7—9 月，果期 9—12 月。

生态环境：栽培或逸生。

药用部位：全草。

性味功效： 辛，温。发汗解表，祛风利湿，散瘀止痛。

主　　治： 风寒感冒，头痛，胃腹胀满，消化不良，胃痛，泄泻，月经不调，跌打损伤；外用虫蛇咬伤，湿疹，皮炎。

夏枯草

拉丁学名： *Prunella vulgaris* L.

药 材 名： 夏枯草。

别　　名： 棒槌草、铁色草、大头花、夏枯头。

形态特征： 多年生草本；茎叶卵状长圆形或卵圆形，大小不等，长 1.5～6.0 厘米，宽 0.7～2.5 厘米，先端钝，基部圆形、截形至宽楔形，下延至叶柄成狭翅，边缘具不明显的波状齿或几近全缘，草质，上面橄榄绿色，具短硬毛或几无毛，下面淡绿色，几无毛，侧脉 3～4 对，在下面略突出，叶柄长 0.7～2.5 厘米，自下部向上渐变短；花序下方的一对苞叶似茎叶，近卵圆形，无柄或具不明显的短柄。轮伞花序密集组成顶生长 2～4 厘米的穗状花序，每一轮伞花序下承以苞片；苞片宽心形。花萼钟形，连齿长约 10 毫米，筒长 4 毫米，倒圆锥形，外面疏生刚毛。花冠紫、蓝紫或红紫色。雄蕊 4，花药 2 室，室极叉开。花柱纤细，先端相等 2 裂，裂片钻形，外弯。花盘近平顶。子房无毛。小坚果黄褐色，长圆状卵珠形，长 1.8 毫米，宽约 0.9 毫米，微具沟纹。花期 4—6 月，果期 7—10 月。

生态环境： 荒坡、草地、溪边及路旁等湿润地上。

药用部位： 全株。

性味功效： 味苦，微辛，性微温，入肝经，祛肝风，行经络。

主　　治： 口眼歪斜，止筋骨疼，舒肝气，开肝郁。治目珠夜（胀）痛，消散瘰疬（周身结核），手足周身节骨酸疼。

紫苏

拉丁学名： *Perilla frutescens*（L.）Britton

药 材 名： 紫苏。

别　　名： 白苏、红苏、白紫苏。

形态特征： 一年生直立草本。叶阔卵形或圆形，长 7～13 厘米，宽 4.5～10 厘米，先端短尖或突尖，基部圆形或阔楔形，边缘在基部以上有粗锯齿，膜质或草质，两面绿色或紫色，或仅下面紫色，上面被疏柔毛，下面被贴生柔毛。轮伞花序，2 花，组成长 1.5～15 厘米、密被长柔毛、偏向一侧的顶生及腋生总状花序；苞片宽卵圆形或近圆形，长、宽约 4 毫米，先端具短尖，外被红褐色腺点，无毛，边缘膜质；花梗长 1.5 毫米，密被柔毛。花萼钟形，10 脉。花冠白色至紫红色，长 3～4 毫米，外面略被微柔毛，内面在下唇片基部略被微柔毛，冠筒短，长 2～2.5 毫米，喉部斜钟形，冠檐近二唇形，上唇微缺，下唇 3 裂，中裂片较大，侧裂片与上唇相近似。雄蕊 4，几不伸出，前对稍长，离生，插生喉部，花丝扁平，花药 2 室，室平行，其后略叉开或极叉开。花柱先端相等 2 浅裂。花盘前方呈指状膨大。小坚果近球形，灰褐色，直径约 1.5 毫米，具网纹。花期 8—

11月，果期8—12月。

生态环境：多生于山地路旁、村边荒地，或栽培。

药用部位：带枝嫩叶。

性味功效：辛，温。发汗解表，理气宽中，解鱼蟹毒。

主　　治：风寒感冒，头痛，咳嗽，胸腹胀满，鱼蟹中毒。

香茶菜

拉丁学名：*Rabdosia amethystoides*（Benth.）Hara

药 材 名：香茶菜。

别　　名：蛇总管、蛇通管、铁生姜、盘龙七。

形态特征：多年生直立草本。叶卵状圆形，卵形至披针形，大小不一，生于主茎中、下部的较大，生于侧枝及主茎上部的较小，长0.8～11厘米，宽0.7～3.5厘米，先端渐尖、急尖或钝，基部骤然收缩后长渐狭或阔楔状渐狭而成具狭翅的柄，边缘除基部全缘外具圆齿，草质，上面榄绿色，被疏或密的短刚毛，有些近无毛，下面较淡，被疏柔毛至短茸毛，有时近无毛，但均密被白色或黄色小腺点；叶柄长0.2～2.5厘米不等。花序为由聚伞花序组成的顶生圆锥花序，疏散，聚伞花序多花，长2～9厘米，直径1.5～8.0厘米，分枝纤细而极叉开；苞叶与茎叶同形，通常卵形，较小，近无柄，向上变苞片状，苞片卵形或针状，小，但较显著；花梗长3～8毫米，总梗长1～4厘米。花萼钟形。花冠白、蓝白或紫色，上唇带紫蓝色，长约7毫米，外疏被短柔毛，内面无毛，冠筒在基部上方明显浅囊状突起，略弯曲，至喉部宽约2毫米，长为花冠长之1/2，冠檐二唇形，上唇先端具4圆裂，下唇阔圆形。雄蕊及花柱与花冠等长，均内藏。花盘环状。成熟小坚果卵形，长约2毫米，宽约1.5毫米，黄栗色，被黄色及白色腺点。花期6—10月，果期9—11月。

生态环境：生于林下或草丛中的湿润处，海拔200～920米。

药用部位：全草、根。

性味功效：辛、苦，凉。

主　　治：毒蛇咬伤，跌打肿痛，筋骨酸痛，疮疡。

荔枝草

拉丁学名：*Salvia plebeia* R. Br.

药 材 名：荔枝草。

别　　名：雪里青、过冬青、凤眼草。

形态特征：一年生或二年生草本。叶椭圆状卵圆形或椭圆状披针形，长2～6厘米，宽0.8～2.5厘米，先端钝或急尖，基部圆形或楔形，边缘具圆齿、牙齿或尖锯齿，草质，上面被稀疏的微硬毛，下面被短疏柔毛，余部散布黄褐色腺点；叶柄长4～15毫米，腹凹背突，密被疏柔毛。轮伞花序6花，多数，在茎、枝顶端密集组成总状或总状圆锥花序，花序长10～25厘米，结果时延长；苞片披针形，长于或短于花萼；先端渐尖，基部渐狭，全缘，两面被疏柔毛，下面较密，边缘具缘毛；花梗长约1毫米，与花序轴密被疏柔毛。

花萼钟形。花冠淡红、淡紫、紫、蓝紫至蓝色，稀白色。能育雄蕊 2，着生于下唇基部，略伸出花冠外，花丝长 1.5 毫米，药隔长约 1.5 毫米，弯成弧形，上臂和下臂等长，上臂具药室，二下臂不育，膨大，互相联合。花柱和花冠等长，先端不相等 2 裂，前裂片较长。花盘前方微隆起。小坚果倒卵圆形，直径 0.4 毫米，成熟时干燥，光滑。花期 4—5 月，果期 6—7 月。

生态环境：生于山坡、路旁、沟边、田野潮湿的土壤上，海拔可至 2 800 米。

药用部位：全草。

性味功效：苦、辛，凉。清热解毒，利尿消肿，凉血止血。

主　　治：跌打损伤，无名肿毒，流感，咽喉肿痛，小儿惊风，吐血，鼻衄，乳痈，淋巴腺炎，哮喘，腹水肿胀，肾炎水肿，疔疮疖肿，痔疮肿痛，子宫脱出，尿道炎，高血压，一切疼痛及胃癌等症。

铁轴草

拉丁学名：*Teucrium quadrifarium* Buch. -Ham.

药 材 名：铁轴草。

别　　名：红杆一棵蒿、黑头草。

形态特征：半灌木。叶片卵圆形或长圆状卵圆形，长 3.0～7.5 厘米，宽 1.5～4.0 厘米，茎上部及分枝上的变小，先端钝或急尖，有时钝圆，基部近心形、截平或圆形，边缘为有重齿的细锯齿或圆齿。假穗状花序由密集或有时较疏松的具 2 花的轮伞花序组成，自茎的 2/3 以上叶腋内的腋生侧枝上及主茎顶端生出，因此在茎顶则俨如圆锥花序，序轴上被有与茎相同的长柔毛；苞片极发达，菱状三角形或卵圆形，长 4～8 毫米，宽 2～4 毫米，先端渐尖或尾状渐尖，疏被长柔毛。花萼钟形。花冠淡红色，长 1.2～1.3 厘米，外面极疏被短柔毛，散布淡黄色腺点，内面在喉部下方有白色微柔毛。雄蕊稍短于花冠。花柱先端 2 浅裂。花盘盘状，4 浅裂。子房近球形。小坚果倒卵状近圆形，常非 4 枚同等发育，长约 1 毫米，暗栗棕色，背面具网纹。花期 7—9 月。

生态环境：生于山地阳坡、林下及灌丛中，海拔 350～2 400 米。

药用部位：全草、根、叶。

性味功效：益气利水，止血，止痢。

主　　治：全草：劳伤水肿。根：肚胀、泻痢。叶：刀枪伤。

茄科 Solanaceae

夜香树

拉丁学名：*Cestrum nocturnum* L.

药 材 名：夜香树。

别　　名：夜香花、洋素馨、夜来香。

形态特征：直立或近攀缘状灌木，高 2～3 米，全体无毛；叶片矩圆状卵形或矩圆状披针形，长 6～15 厘米，宽 2～4.5 厘米，全缘，顶端渐尖，基部近圆形或宽楔形，两面秃净而发亮，有 6～7 对侧脉。伞房式聚伞花序，腋生或顶生，疏散，长 7～10 厘米，有极多花；花绿白色至黄绿色，晚间极香。花萼钟状，长约 3 毫米，5 浅裂，裂片长约为筒部的 1/4；花冠高脚碟状，长约 2 厘米，筒部伸长，下部极细，向上渐扩大，喉部稍缢缩，裂片 5，直立或稍开张，卵形，急尖，长约为筒部的 1/4；雄蕊伸达花冠喉部，每花丝基部有 1 齿状附属物，花药极短，褐色；子房有短的子房柄，卵状，长约 1 毫米，花柱伸达花冠喉部。浆果矩圆状，种子长卵状。

生态环境： 栽培。

药用部位： 叶、花、种子。

性味功效： 苦，凉。清热消肿。

主　　治： 外用于乳痈、痈疮。

洋金花

拉丁学名： *Datura metel* L.

药 材 名： 紫花曼陀罗。

别　　名： 狗核桃、白花曼陀罗。

形态特征： 一年生直立草木而呈半灌木状，高 0.5～1.5 米，全体近无毛；茎基部稍木质化。叶卵形或广卵形，顶端渐尖，基部不对称圆形、截形或楔形，长 5～20 厘米，宽 4～15 厘米，边缘有不规则的短齿或浅裂、或全缘而波状，侧脉每边 4～6 条；叶柄长 2～5 厘米。花单生于枝杈间或叶腋，花梗长约 1 厘米。花萼筒状，长 4～9 厘米，直径 2 厘米，裂片狭三角形或披针形，果时宿存部分增大成浅盘状；花冠长漏斗状，长 14～20 厘米，檐部直径 6～10 厘米，筒中部之下较细，向上扩大呈喇叭状，裂片顶端有小尖头，白色、黄色或浅紫色，单瓣、在栽培类型中有 2 重瓣或 3 重瓣；雄蕊 5，在重瓣类型中常变态成 15 枚左右，花药长约 1.2 厘米；子房疏生短刺毛，花柱长 11～16 厘米。蒴果近球状或扁球状，疏生粗短刺，直径约 3 厘米，不规则 4 瓣裂。种子淡褐色，宽约 3 毫米。花果期 3—12 月。

生态环境： 生于路边、荒地，或栽培。

药用部位： 花。

性味功效： 辛、苦，温。有大毒。麻醉镇痛，平喘止咳。

主　　治： 胃痛，风湿痛。亦可作手术麻醉药。

假酸浆

拉丁学名： *Nicandra physalodes*（L.）Gaertn.

药 材 名： 假酸浆。

别　　名： 冰粉、兰花天仙子。

形态特征： 茎直立，有棱条，无毛，高 0.4～1.5 米，上部交互不等的二歧分枝。叶卵形或椭圆形，草质，长 4～12 厘米，宽 2～8 厘米，顶端急尖或短渐尖，基部楔形，边缘有具圆缺的粗齿或浅裂，两面有稀疏毛；叶柄长为叶片长的 1/4～1/3。花单生于枝腋而与叶对生，通常具较叶柄长的花梗，俯垂；花萼5深裂，裂片顶端尖锐，基部心脏状箭形，有2尖锐的耳片，果时包围果实，直径2.5～4.0厘米；花冠钟状，浅蓝色，直径达4厘米，檐部有折襞，5浅裂。浆果球状，直径1.5～2.0厘米，黄色。种子淡褐色，直径约1毫米。花果期夏秋季。

生态环境：海拔1 200～2 400米的地边、荒地中。

药用部位：全草、果实和花。

性味功效：甘、微苦，平。小毒。清热解毒，利尿镇静。

主　　治：感冒发热，鼻渊，热淋，痈肿疮疖，癫痫，狂犬病。

刺天茄

拉丁学名：*Solanum indicum* L.

药 材 名：刺天茄。

别　　名：天茄子、紫花茄。

形态特征：多枝灌木。叶卵形，先端钝，基部心形，截形或不相等，边缘5～7深裂或呈波状浅圆裂，裂片边缘有时又作波状浅裂。蝎尾状花序腋外生；花蓝紫色，或少为白色，直径约2厘米；花冠辐状，筒部长约1.5毫米，隐于萼内；花丝长约1毫米，基部稍宽大，花药黄色，长约为花丝长度的7倍，顶孔向上；子房长圆形，具棱，顶端被星状茸毛，花柱丝状，除柱头以下1毫米外余均被星状茸毛，柱头截形。浆果球形，光亮，成熟时橙红色，直径约1厘米，宿存萼反卷。种子淡黄色，近盘状，直径约2毫米。全年开花结果。

生态环境：海拔600～2 000米的平坝、荒地、灌木丛中。

药用部位：全株。

性味功效：微苦，凉。消炎止痛，消肿散瘀。

主　　治：乳蛾，咽喉痛，瘰疬，胃痛，牙痛，偏头痛，肠痈，疝气，风湿痛，消化不良，腹胀，疟疾，痈疮肿毒，跌打损伤。

喀西茄

拉丁学名：*Solanum khasianum* C. B. Clarke

药 材 名：喀西茄。

别　　名：苦颠茄。

形态特征：直立草本至亚灌木植物，高可达3米，叶阔卵形，裂片边缘又作不规则的齿裂及浅裂；上面深绿，下面淡绿，蝎尾状花序，腋外生，短而少花，萼钟状，绿色，裂片长圆状披针形，花冠筒淡黄色，冠檐白色，花药在顶端延长，子房球形，成熟时淡黄色，花期春夏，果期冬季。

生态环境：海拔1 300～2 300米的沟边、路边、灌丛、草地。

药用部位：根、果实。

性味功效：微苦，寒。消炎解毒，镇痉止痛。

主　　治：风湿，跌打疼痛，神经性头痛，胃痛，牙痛，乳痈，痄腮。

少花龙葵

拉丁学名：*Solanum photeinocarpum* Nakamura et S. Odashima

药 材 名：龙葵。

别　　名：天茄、苦圈圈。

形态特征：纤弱草本，茎无毛或近于无毛，高约1米。叶薄，卵形至卵状长圆形，长4～8厘米，宽2～4厘米，先端渐尖，基部楔形下延至叶柄而成翅，叶缘近全缘，波状或有不规则的粗齿，两面均具疏柔毛，有时下面近于无毛；叶柄纤细，长1～2厘米，具疏柔毛。花序近伞形，腋外生，纤细，具微柔毛，着生1～6朵花，总花梗长1～2厘米，花梗长5～8毫米，花小，直径约7毫米；萼绿色，直径约2毫米，5裂达中部，裂片卵形，先端钝，长约1毫米，具缘毛；花冠白色，筒部隐于萼内，长不及1毫米，冠檐长约3.5毫米，5裂，裂片卵状披针形，长约2.5毫米；花丝极短，花药黄色，长圆形，长1.5毫米，为花丝长度的3～4倍，顶孔向内；子房近圆形，直径不及1毫米，花柱纤细，长约2毫米，中部以下具白色茸毛，柱头小，头状。浆果球状，直径约5毫米，幼时绿色，成熟后黑色；种子近卵形，两侧压扁，直径1～1.5毫米。几全年均开花结果。

生态环境：海拔600～2 400米的荒地杂草丛中、田边地角。

药用部位：全草。

性味功效：苦，寒。清热，解毒。

主　　治：喉痛。

水茄

拉丁学名：*Solanum torvum* Sw.

药 材 名：水茄。

别　　名：山颠茄、刺茄、天茄子、野茄子。

形态特征：灌木，高可达3米，叶单生或双生，叶片卵形至椭圆形，先端尖，基部心脏形或楔形，两边不相等，裂片通常上面绿色，毛被较下面薄，下面灰绿，伞房花序腋外生，毛被厚，花白色；萼杯状，不孕花的花柱短于花药，能孕花的花柱较长于花药；柱头截形；浆果黄色，光滑无毛，圆球形，种子盘状，全年均开花结果。

生态环境：海拔600～1 700米的向阳荒坡。

药用部位：根、叶。

性味功效：辛，微凉。散瘀消肿，活血止痛，止咳，发汗，通经。

主　　治：感冒，久咳，胃痛，牙痛，经闭，跌打瘀痛，腰肌劳损，疖疮，痈肿。

假烟叶树

拉丁学名：*Solanum verbascifolium* L.

药 材 名：假烟叶树。

别　　名：野烟叶、山烟、洗碗叶、大毛叶。

形态特征：小乔木。叶大而厚，卵状长圆形，长10～29厘米，宽4～12厘米，先端短渐尖，基部阔楔形或钝。聚伞花序多花，形成近顶生圆锥状平顶花序，总花梗长3～10

厘米，花梗长 3～5 毫米，均密被与叶下面相似的毛被。花白色，直径约 1.5 厘米，萼钟形；花冠筒隐于萼内，长约 2 毫米，冠檐深 5 裂，裂片长圆形，端尖，长 6～7 毫米，宽 3～4 毫米，中脉明显，在外面被星状簇茸毛，雄蕊 5 枚，花丝长约 1 毫米，花药长约为花丝长度的 2 倍，顶孔略向内；子房卵形，直径约 2 毫米，密被硬毛状簇茸毛，花柱光滑，长 4～6 毫米，柱头头状。浆果球状，具宿存萼，直径约 1.2 厘米，黄褐色，初被星状簇茸毛，后渐脱落。种子扁平，直径 1～2 毫米。几全年开花结果。

生态环境：荒山荒地灌丛中，海拔 300～2 100 米。

药用部位：根皮。

性味功效：性温、味苦、有毒。消炎解毒，祛风散表。

主　　治：疮毒，癣疥。

玄参科 Scrophulariaceae

鞭打绣球

拉丁学名：*Hemiphragma heterophyllum* Wall.

药 材 名：鞭打绣球。

别　　名：红顶珠、地红参、地红豆、地胡椒、月月换叶、连线草。

形态特征：多年生铺散匍匐草本，全体被短柔毛。茎纤细，多分枝，节上生根，茎皮薄，老后易于破损剥落。叶 2 型；主茎上的叶对生，叶柄短，长 2～5 毫米或有时近于无柄或柄长至 10 毫米，叶片圆形，心形至肾形，长 8～20 毫米，顶端钝或渐尖，基部截形，微心形或宽楔形，边缘共有锯齿 5～9 对，叶脉不明显；分枝上的叶簇生，稠密，针形，长 3～5 毫米，有时枝顶端的叶稍扩大为条状披针形。花单生叶腋，近于无梗；花萼裂片 5 近于相等，三角状狭披针形，长 3～5 毫米；花冠白色至玫瑰色，辐射对称，长约 6 毫米，花冠裂片 5，圆形至矩圆形，近于相等，大而开展，有时上有透明小点；雄蕊 4，内藏；花柱长约 1 毫米，柱头小，不增大，钻状或 2 叉裂。果实卵球形，红色，长 5～6 毫米，可达 10 毫米，近于肉质，有光泽；种子卵形，长不及 1 毫米，浅棕黄色，光滑。花期 4—6 月，果期 6—8 月。

生态环境：生于山谷阴湿处及草丛中。

药用部位：全草。

性味功效：益气止痛，去瘀止血，除湿祛风。

主　　治：咳嗽吐血，神经衰弱，风湿腰疼，经闭腹痛，瘰疬，疮肿湿毒，跌打损伤，破伤风。

泥花草

拉丁学名：*Lindernia antipoda*（L.）Alston

药 材 名：水虾子草。

别　　名：鸭脷草、定经草。

形态特征：一年生草本。叶片矩圆形、矩圆状披针形、矩圆状倒披针形或几为条状披针形，长0.3～4厘米，宽0.6～1.2厘米，顶端急尖或圆钝，基部下延有宽短叶柄，而近于抱茎，边缘有少数不明显的锯齿至有明显的锐锯齿或近于全缘，两面无毛。花多在茎枝之顶成总状着生，花序长者可达15厘米，含花2～20朵；苞片钻形；花梗有条纹，顶端变粗，长者可达1.5厘米，花期上升或斜展，在果期平展或反折；萼仅基部联合，齿5，条状披针形，沿中肋和边缘略有短硬毛；花冠紫色、紫白色或白色，长可达1厘米，管长可达7毫米，上唇2裂，下唇3裂，上、下唇近等长；后方一对雄蕊有性，前方一对退化，药消失，花丝端钩曲有腺；花柱细，柱头扁平，片状。蒴果圆柱形，顶端渐尖，长约为宿萼的2倍或较多；种子为不规则三棱状卵形，褐色，有网状孔纹。花果期春季至秋季。

生态环境：生于水稻田边或低湿处。

药用部位：全草。

性味功效：甘、微苦，平。清热，解毒，消肿。

主　　治：肺热咳嗽，喉炎，蛇咬伤，扭伤。

宽叶母草

拉丁学名：*Lindernia nummularifolia*（D. Don）Wettst.

药 材 名：小地扭。

别　　名：飞疔药、元叶毒草、五角苓。

形态特征：一年生矮小草本。茎直立，不分枝或有时多枝丛密。叶宽卵形或近圆形，先端圆钝，基部宽楔形或近心形，边缘有齿。花少数，在茎顶端和叶腋成亚伞形，二型；花萼常结合至中部，花冠紫色，稀蓝或白色，上唇直立，下唇开展，3裂；雄蕊4，全育。蒴果长椭圆形，顶端渐尖。花期7—9月，果期8—11月。

生态环境：喜生于海拔1 800米以下的田边、沟旁等湿润处。

药用部位：全草。

性味功效：味苦，性凉。凉血解毒，散瘀消肿。

主　　治：咳血，疔疮肿毒，蛇咬伤，跌打损伤。

野甘草

拉丁学名：*Scoparia dulcis* L.

药 材 名：野甘草。

别　　名：冰糖草、土甘草。

形态特征：直立草本或为半灌木状，高可达100厘米，茎多分枝，枝有棱角及狭翅，无毛。叶对生或轮生，菱状卵形至菱状披针形，长者达35毫米，宽者达15毫米，枝上部叶较小而多，顶端钝，基部长渐狭，全缘而成短柄，前半部有齿，齿有时颇深多少缺刻状而重出，有时近全缘，两面无毛。花单朵或更多成对生于叶腋，花梗细，长5～10毫米，无毛；无小苞片，萼分生，齿4，卵状矩圆形，长约2毫米，顶端有钝头，具睫毛，花冠小，白色，直径约4毫米，有极短的管，喉部生有密毛，瓣片4，上方1枚稍稍较大，钝头，而缘有啮痕状细齿，长 2～3 毫米；雄蕊 4，近等长，花药箭形，花柱挺直，柱头截形或凹入。蒴果卵圆形至球形。花期夏秋季。

生态环境：喜生于荒地、路旁，亦偶见于山坡。

药用部位：全株。

性味功效：甘，凉。疏风止咳，清热利湿。

主　　治：感冒发热，肺热咳嗽，咽喉肿痛，肠炎，痢疾，小便不利，脚气水肿，湿疹，痱子。

紫葳科 Bignoniaceae

木蝴蝶

拉丁学名：*Oroxylum indicum*（L.）Kurz

药 材 名：木蝴蝶。

别　　名：千张纸。

形态特征：直立小乔木。大型奇数 2～3（4）回羽状复叶，着生于茎干近顶端；小叶三角状卵形，长 5～13 厘米，宽 3～10 厘米，顶端短渐尖，基部近圆形或心形，偏斜，两面无毛，全缘。总状聚伞花序顶生，粗壮，长 40～150 厘米；花梗长 3～7 厘米；花大、紫红色。花萼钟状，紫色，膜质，果期近木质，长 2.2～4.5 厘米，宽 2～3 厘米，光滑，顶端平截，具小苞片。花冠肉质，长 3～9 厘米，基部粗 1～1.5 厘米，口部直径 5.5～8 厘米；檐部下唇 3 裂，上唇 2 裂，裂片微反折，花冠在傍晚开放，有恶臭气味。雄蕊插生于花冠筒中部，花丝长 4 厘米，微伸出花冠外，花丝基部被绵毛，花药椭圆形，长 8～10 毫米，略叉开。花盘大，肉质，5 浅裂，厚 4～5 毫米，直径约 1.5 厘米。花柱长 5～7 厘米，柱头 2 片开裂，长约 7 毫米，宽约 5 毫米。蒴果木质，常悬垂于树梢，2 瓣开裂，果瓣具有中肋，边缘肋状突起。种子多数，圆形，连翅长 6～7 厘米，宽 3.5～4.0 厘米，周翅薄如纸，故有千张纸之称。

生态环境：海拔 500～900 米的热带及亚热带低丘河谷密林，以及公路边丛林中。常单株生长。

药用部位：成熟种子、树皮。

性味功效：微苦、甘，微寒。利咽润肺，疏肝和胃，敛疮生肌。消炎镇痛。

主　　治：咽痛喉痹，声音嘶哑，咳嗽，肝胃气痛，疮疡久溃不敛，浸淫疮。心气痛，肝气痛，支气管炎及胃、十二指肠溃疡。

爵床科 Acanthaceae

板蓝

拉丁学名：*Baphicacanthus cusia*（Nees）Bremek.

药 材 名： 马蓝。

别　　名： 南板蓝根、蓝靛。

形态特征： 草本，多年生一次性结实，茎直立或基部外倾。稍木质化，高约1米，通常成对分枝，幼嫩部分和花序均被锈色、鳞片状毛，叶柔软，纸质，椭圆形或卵形，长10～20（25）厘米，宽4～9厘米，顶端短渐尖，基部楔形，边缘有稍粗的锯齿，两面无毛，干时黑色；侧脉每边约8条，两面均突起；叶柄长1.5～2.0厘米。穗状花序直立，长10～30厘米；苞片对生，长1.5～2.5厘米。蒴果长2～2.2厘米，无毛；种子卵形，长3.5毫米。花期11月。

生态环境： 海拔1 800～2 100米的林下阴湿地，亦有栽培。

药用部位： 根茎、叶。

性味功效： 微苦。清热解毒，凉血消肿。

主　　治： 预防流脑，流感。治中暑，腮腺炎，肿毒，毒蛇咬伤，菌痢，急性肠炎，咽喉炎，口腔炎，扁桃体炎，肝炎，丹毒。

三花枪刀药

拉丁学名： *Hypoestes triflora* Roem. et Schult.

药 材 名： 三花枪刀药。

别　　名： 大青草、小九头。

形态特征： 多年生草本，高达1.5米。茎多分枝，有关节，节间通长伸长。叶卵形状椭圆形至椭圆状矩圆形，顶端渐尖，边缘具极浅的钝齿，长3～10厘米，宽1.5～5.0厘米，两面疏生短柔毛。花序由1～5个聚伞花序集成，交互生枝顶或上部叶腋，聚伞花序近无梗，苞片不等，外方2枚相连成总苞状，倒披针状矩圆形至倒卵状矩圆形，基部楔形，顶端绿色而带肉质，有短柔毛，其余4～6枚仅基部相连，较小，线状-披针形，急尖，干膜质而非绿色；花萼裂片4，条状披针形，长约5毫米；花冠长约1.5厘米，外生短柔毛，2唇形，下唇微3裂；雄蕊2，花药1室。蒴果长约9毫米，上部具4粒种子，下部实心；种子有小疣状突起。

生态环境： 生于海拔300～2 100米的路边或林下。

药用部位： 全草。

性味功效： 微涩，凉。清热解毒。

主　　治： 止咳化痰，止血生肌。

碗花草

拉丁学名： *Thunbergia fragrans* Roxb. subsp. *fragrans* Roxb.

药 材 名： 碗花草。

别　　名： 老鸦嘴、铁贯藤。

形态特征： 多年生攀缘草本，茎细，被倒硬毛或无毛，有块根。叶柄纤细，长0.8～4.5厘米，渐尖，基部圆，有时截形至近心形，两侧基部戟形、箭形或具2～3开展的裂片，两面初被柔毛或短柔毛，后渐稀疏，仅脉上被毛；脉5出。花通常单生叶腋，花梗长

1.5～8.5 厘米，被倒向柔毛；小苞片卵形，长 16～24 厘米，宽 8～13 厘米，急尖，被疏柔毛或短毛；萼具 13 个大小不等的齿，无毛；花冠管长 4～7 毫米，喉长 18～23 毫米，冠檐裂片倒卵形，先端平截，或多或少成“山”字形，白色；花丝长 9～15 毫米和 4～11 毫米，无毛，花药披针形，先端药隔突出成小尖头，基部叉开，一侧较长，长 4～5 毫米；子房无毛；柱头漏斗状，外露，花柱无毛，长 2.5～3.0 厘米；蒴果无毛，带有种子部分直径 10 毫米，高 7 毫米，喙长 15 毫米，基部宽 4.5 毫米。种子腹面平滑，种脐大。

生态环境：生于海拔 1 100～2 300 米的山坡灌丛中。

药用部位：茎叶。

性味功效：味辛，微酸。健胃消食，解毒消肿。

主　　治：消化不良，脘腹胀痛，腹泻，痈肿疮疖。

苦苣苔科 Gesneriaceae

珊瑚苣苔

拉丁学名：*Corallodiscus cordatulus*（Craib.）Burtt.

药 材 名：珊瑚苣苔。

别　　名：还魂草、虎耳还魂草、九倒生。

形态特征：多年生草本。叶全部基生，莲座状，外层叶具柄；叶片革质，卵形，长圆形，长 2～4 厘米，宽 1～2.2 厘米，顶端圆形，基部楔形，边缘具细圆齿。聚伞花序 2～3 次分枝，1～5 条，每花序具 3～10 花；花序梗长 5～14 厘米，与花梗疏生淡褐色长柔毛至无毛；苞片不存在；花梗长 4～10 毫米。花萼 5 裂至近基部，裂片长圆形至长圆状披针形，长 2～2.2 毫米，宽约 1 毫米，外面疏被柔毛至无毛，内面无毛，具 3 脉。花冠筒状，淡紫色、紫蓝色。雄蕊 4，上雄蕊长 3～4 毫米，着生于距花冠基部 2.5 毫米处，下雄蕊长 3.5～5 毫米，着生于距花冠基部约 3.5 毫米处，花丝线形，无毛，花药长圆形，长约 0.6 毫米，药室汇合，基部极叉开；退化雄蕊长约 1 毫米，着生于距花冠基部 2 毫米处。花盘高约 0.5 毫米。雌蕊无毛，子房长圆形，长约 2 毫米，花柱与子房等长或稍短于子房，柱头头状，微凹。蒴果线形，长约 2 厘米。花期 6 月，果期 8 月。

生态环境：生于山坡岩石上，海拔 1 000～2 300 米。

药用部位：全草。

性味功效：淡，平。健脾，止血，化瘀。

主　　治：跌打损伤。

车前科 Plantaginaceae

疏花车前

拉丁学名：*Plantago asiatica* L. subsp. *erosa*（Wall.）Z. Y. Li

药 材 名：车前。

别　　名：癞蛤蟆叶、小车前。

形态特征：二年生或多年生草本。须根多数。根茎短，稍粗。叶基生呈莲座状，平卧、斜展或直立；叶片薄纸质或纸质，宽卵形至宽椭圆形，叶脉 3～5 条；穗状花序通常稀疏、间断；花萼长 2～2.5 毫米，龙骨突通常延至萼片顶端；花冠裂片较小，长（0.7）1～1.1 毫米；蒴果圆锥状卵形，长 3～4 毫米；种子 6～15，长 1.2～1.7（2）毫米。花期 5—7 月，果期 8—9 月。

生态环境：生于山坡草地、河岸、沟边、田边及火烧迹地，海拔 350～3 800 米。

药用部位：全草、种子。

性味功效：甘，寒。清热利尿，祛痰，凉血，解毒。

主　　治：水肿尿少，热淋涩痛，暑湿泻痢，痰热咳嗽，吐血衄血，痈肿疮毒。

忍冬科 Caprifoliaceae

鬼吹箫

拉丁学名：*Leycesteria formosa* Wall.

药 材 名：空心木。

别　　名：鬼吹哨、来色木、吹鼓清、泡掌筒、炮竹筒、鬼竹子。

形态特征：灌木。叶纸质，卵状披针形、卵状矩圆形至卵形，长（4）6～12（13）厘米，先端长尾尖、渐尖或短尖，基部圆形至近心形或阔楔形，边常全缘，有时波状或具疏齿或有不整齐浅缺刻。穗状花序顶生或腋生，每节具 6 朵花，具 3 朵花的聚伞花序对生，中央 1 花无柄，侧生 2 花具极短的柄，总花梗长（8）10～25（30）毫米；花冠白色或粉红色，有时带紫红色，漏斗状，长（1.2）1.4～1.8 厘米，外面被短柔毛，裂片圆卵形，长 5 毫米左右，筒外面基部具 5 个膨大成近圆形的囊肿，囊内密生淡黄褐色蜜腺；雄蕊约与花冠等长，花药矩圆形；花柱稍伸出花冠，柱头盾状；子房 5 室。果实由红色变黑紫色，卵圆形或近圆形，直径 5～7 毫米，具宿存萼齿；种子微小，多数，淡棕褐色，广椭圆形至矩圆形，稍扁平，长 1.2～1.5 毫米。花期（5）6—9（10）月，果期（8）9—10 月。

生态环境：生于山坡、山谷、溪沟边或河边的林下、林缘或灌丛中，海拔 1 100～3 300米。

药用部位：全株。

性味功效：味苦，性凉。利湿清热，活血止血。

主　　治：湿热黄疸，风湿痹痛，哮喘，月经不调，外伤出血，膀胱炎，骨折损伤。

忍冬

拉丁学名：*Lonicera japonica* Thunb.

药 材 名：金银花。

别　　名： 双花、银花、忍冬花、土银花、灵通草。

形态特征： 半常绿藤本；叶纸质，卵形至矩圆状卵形；叶柄长 4～8 毫米，密被短柔毛。总花梗通常单生于小枝上部叶腋，与叶柄等长或稍较短，下方者则长达 2～4 厘米，密被短柔后，并夹杂腺毛；苞片大，叶状，卵形至椭圆形，长达 2～3 厘米，两面均有短柔毛或有时近无毛；小苞片顶端圆形或截形，长约 1 毫米，为萼筒的 1/2～4/5，有短糙毛和腺毛；萼筒长约 2 毫米，无毛，萼齿卵状三角形或长三角形，顶端尖而有长毛，外面和边缘都有密毛；花冠白色，有时基部向阳面呈微红，后变黄色；雄蕊和花柱均高出花冠。果实圆形，熟时蓝黑色，有光泽；种子卵圆形或椭圆形，褐色。花期 4—6 月（秋季亦常开花），果期 10—11 月。

生态环境： 海拔 1 700～2 000 米的山谷、林边、亦有栽培。

药用部位： 茎叶、花。

性味功效： 甘，凉。解毒，通经活络。

主　　治： 咽喉痛，流行感冒，风湿关节痛，风热咳喘，痄腮，瘾疹，疔疮肿毒。

血满草

拉丁学名： *Sambucus adnata* Wall. ex DC.

药 材 名： 血满草。

别　　名： 大血草、接骨丹、血管草。

形态特征： 多年生高大草本或半灌木，高 1～2 米；根和根茎红色，折断后流出红色汁液。茎草质，具明显的棱条。羽状复叶具叶片状或条形的托叶；小叶 3～5 对，长椭圆形、长卵形或披针形，长 4～15 厘米，宽 1.5～2.5 厘米，先端渐尖，基部钝圆，两边不等，边缘有锯齿，上面疏被短柔毛，脉上毛较密，顶端一对小叶基部常沿柄相连，有时亦与顶生小叶片相连，其他小叶在叶轴上互生，亦有近于对生；小叶的托叶退化成瓶状突起的腺体。聚伞花序顶生，伞形式，长约 15 厘米，具总花梗，3～5 出的分枝呈锐角，初时密被黄色短柔毛，多少杂有腺毛；花小，有恶臭；萼被短柔毛；花冠白色；花丝基部膨大，花药黄色；子房 3 室，花柱极短或几乎无，柱头 3 裂。果实红色，圆形。花期 5—7 月，果熟期 9—10 月。

生态环境： 生于林下、沟边、灌丛中、山谷斜坡湿地以及高山草地等处，海拔1 600～3 600米。

药用部位： 全草。

性味功效： 活血散瘀，亦可去风湿，利尿。

主　　治： 跌打损伤。

接骨草

拉丁学名： *Sambucus chinensis* Lindl.

药 材 名： 陆英。

别　　名： 陆英。

形态特征： 高大草本或半灌木，高 1～2 米；茎有棱条，髓部白色。羽状复叶的托叶叶状或有时退化成蓝色的腺体；小叶 2～3 对，互生或对生，狭卵形，长 6～13 厘米，宽 2～3 厘米，嫩时上面被疏长柔毛，先端长渐尖，基部钝圆，两侧不等，边缘具细锯齿，近基部或中部以下边缘常有 1 或数枚腺齿；顶生小叶卵形或倒卵形，基部楔形，有时与第一对小叶相连，小叶无托叶，基部一对小叶有时有短柄。复伞形花序顶生，大而疏散，总花梗基部托以叶状总苞片，分枝三至五出，纤细，被黄色疏柔毛；杯形不孕性花不脱落，可孕性花小；萼筒杯状，萼齿三角形；花冠白色，仅基部联合，花药黄色或紫色；子房 3 室，花柱极短或几无，柱头 3 裂。果实红色，近圆形，直径 3～4 毫米；核 2～3 粒，卵形，长 2.5 毫米，表面有小疣状突起。花期 4—5 月，果期 8—9 月。

生态环境： 生于林下、沟边或山坡草丛。

药用部位： 全株。

性味功效： 去风湿、通经活血、解毒消炎。

主　　治： 跌打损伤。

水红木

拉丁学名： *Viburnum cylindricum* Buch. -Ham. ex D. Don

药 材 名： 灰灰叶。

别　　名： 狗勒巴、羊脆骨、炒面叶。

形态特征： 常绿灌木或小乔木。叶革质，椭圆形至矩圆形或卵状矩圆形，长 8～16（24）厘米，顶端渐尖或急渐尖，基部渐狭至圆形，全缘或中上部疏生少数钝或尖的不整齐浅齿，通常无毛；叶柄长 1～3.5（5）厘米，无毛或被簇状短毛。聚伞花序伞形式，顶圆形，直径 4～10（18）厘米，无毛或散生簇状微毛，连同萼和花冠有时被微细鳞腺，总花梗长 1～6 厘米，第一级辐射枝通常 7 条，苞片和小苞片早落，花通常生于第三级辐射枝上；萼筒卵圆形或倒圆锥形，长约 1.5 毫米，有微小腺点，萼齿极小而不显著；花冠白色或有红晕，钟状，长 4～6 毫米，有微细鳞腺，裂片圆卵形，直立，长约1 毫米；雄蕊高出花冠约 3 毫米，花药紫色，矩圆形，长 1～1.8 毫米。果实先红色后变蓝黑色，卵圆形。花期 6—10 月，果熟期 10—12 月。

生态环境： 海拔 1 100～1 800 米的稀疏灌木丛中。

药用部位： 花。

性味功效： 苦，凉。润肺止咳。

主　　治： 肺燥咳嗽。

败酱科 Valerianaceae

蜘蛛香

拉丁学名： *Valeriana jatamansi* Jones

药 材 名： 蜘蛛香。

别　　名： 马蹄香、土细辛。

形态特征：植株高 20～70 厘米；根茎粗厚，块柱状，节密，有浓烈香味；茎 1 至数株丛生。基生叶发达，叶片心状圆形至卵状心形，长 2～9 厘米，宽 3～8 厘米，边缘具疏浅波齿，被短毛或有时无毛，叶柄长为叶片的 2～3 倍；茎生叶不发达，每茎 2 对，有时 3 对，下部的心状圆形，近无柄，上部的常羽裂，无柄。花序为顶生的聚伞花序，苞片和小苞片长钻形，中肋明显，最上部的小苞片常与果实等长。花白色或微红色，杂性；雌花小，长 1.5 毫米，不育花药着生在极短的花丝上，位于花冠喉部；雌蕊伸长于花冠之外，柱头深 3 裂；两性花较大，长 3～4 毫米、雌雄蕊与花冠等长。瘦果长卵形，两面被毛。花期 5—7 月，果期 6—9 月。

生态环境：生于山顶草地、林中或溪边，海拔 2 500 米以下。

药用部位：根状茎及根。

性味功效：辛、微苦，温。消食健胃，理气止痛，祛风解毒。

主　　治：胃痛腹胀，消化不良，小儿疳积，胃肠炎，痢疾，风湿疼痛，腰膝酸软。

川续断科 Dipsacaceae

川续断

拉丁学名：*Dipsacus asperoides* C. Y. Cheng et T. M. Ai

药 材 名：续断。

别　　名：和尚头、山萝卜。

形态特征：多年生草本植物，高可达 2 米；主根圆柱形，黄褐色，稍肉质；茎中空，基生叶稀疏丛生，叶片琴状羽裂，顶端裂片大，卵形，叶面被白色刺毛或乳头状刺毛，背面沿脉密被刺毛；茎生叶在茎的中下部为羽状深裂，中裂片披针形，头状花序球形，总花梗长；总苞片叶状，披针形或线形，被硬毛；小苞片倒卵形，喙尖两侧密生刺毛或稀疏刺毛，小总苞四棱倒卵柱状、每个侧面具两条纵沟；花萼四棱、皿状、花丝扁平，花药椭圆形，紫色；子房下位，瘦果长倒卵柱状。花期 7—9 月，果期 9—11 月。

生态环境：生于沟边、草丛、林缘和田野路旁。

药用部位：根状茎及根。

性味功效：行血消肿，生肌止痛，续筋接骨，补肝肾，强腰膝，安胎。

主　　治：腰膝酸软，风湿痹痛，崩漏，胎漏，跌扑损伤。

桔梗科 Campanulaceae

大花金钱豹

拉丁学名：*Campanumoea javanica* Blume subsp. *javanica*

药 材 名：土党参。

别　　名：棱子党参、古灯茶根、摆衣古登。

形态特征：草质缠绕藤本，长可达2米，有乳汁，全体具白色粉霜。根茎极短，根肥大、肉质，有分枝，外皮淡黄色。叶通常对生，叶柄与叶片近等长；叶片卵状心形，长3～7厘米，宽1.5～6厘米，先端钝尖，基部心形，边缘有浅钝齿。花1～2朵腋生，萼管短，与子房贴生，5深裂，裂片三角状披针形，长1～1.5厘米，花冠钟状，长2～3厘米，下部与子房连生，5裂近中等，裂片卵状三角形，向外反卷，外面淡黄绿色，内面下部紫色；雄蕊5，线形，花丝窄线形，基部变宽；子房半下位，花柱无毛，柱头通常5裂。浆果近球形，熟时黑紫色，直径1～2厘米。花期8—9月，果期9—10月。

生态环境：海拔700～2 000米的林缘、灌木丛中。

药用部位：根。

性味功效：甘，平。补中益气，润肺生津。

主　　治：气虚乏力，脾虚腹泻，肺虚咳嗽，小儿疳积，乳汁稀少。

西南风铃草

拉丁学名：*Campanula pallida* Wall.

药 材 名：兰花石。

别　　名：小石参、土桔梗、山鹅儿肠、土人参。

形态特征：多年生草本，根胡萝卜状，有时仅比茎稍粗。茎单生，少2支，更少为数支丛生于一条茎基上，上升或直立，高可达60厘米，被开展的硬毛。茎下部的叶有带翅的柄，上部的无柄，椭圆形，菱状椭圆形或矩圆形，顶端急尖或钝，边缘有疏锯齿或近全缘，长1～4厘米，宽0.5～1.5厘米，上面被贴伏刚毛，下面仅叶脉有刚毛或密被硬毛。花下垂，顶生于主茎及分枝上，有时组成聚伞花序；花萼筒部倒圆锥状，被粗刚毛，裂片三角形至三角状钻形，长3～7毫米，宽1～5毫米，全缘或有细齿，背面仅脉上有刚毛或全面被刚毛；花冠紫色或蓝紫色或蓝色，管状钟形，长8～15毫米，分裂达1/3～1/2；花柱长不及花冠长的2/3，内藏于花冠筒内。蒴果倒圆锥状。种子矩圆状，稍扁。花期5—9月。

生态环境：生于海拔1 000～4 000米的山坡草地和疏林下。

药用部位：根。

性味功效：味甘，性温，祛风除湿，补虚止血。

主　　治：风湿痹痛，瘫痪，破伤风，虚痨咳血，病后体虚。

西南山梗菜

拉丁学名：*Lobelia seguinii* H. Lév. et Vaniot

药 材 名：大将军。

别　　名：野烟、红雪柳、大将军。

形态特征：半灌木状草本，高1～2.5（5）米。茎多分枝，无毛。叶纸质，螺旋状排列，下部的长矩圆形，长达25厘米，具长柄，中部以上的披针形，长6～20厘米，宽1.2～4厘米，先端长渐尖，基部渐狭，边缘有重锯齿或锯齿，两面无毛；有短柄或无柄。总状花序生主茎和分枝的顶端，花较密集，偏向花序轴一侧；花序下部的几枚苞片条状披针形，边缘有细锯齿，长于花，上部的变窄成条形，全缘，短于花；花梗长5～8毫米，稍背腹压扁，向后弓垂，顶端生2枚条状小苞片；花冠紫红色、紫蓝色或淡蓝色；雄蕊连合成筒，花丝筒约与花冠筒等长，除基部外无毛，花药管长5～7毫米，基部有数丛短毛，背部无毛，下方2花药顶端生笔毛状髯毛。蒴果矩圆状。花果期8—10月。

生态环境：海拔500～2 400米的山坡草地、林边和路旁。

药用部位：根或全草。

性味功效：有剧毒。消炎，清热解毒，通气血，止痛，除风杀虫。

主　　治：风湿性关节炎，跌打损伤，疮疡肿毒。

铜锤玉带草

拉丁学名：*Pratia nummularia*（Lam.）A. Braun et Asch.

药 材 名：铜锤玉带草。

别　　名：珍珠草、红头带、紫背铜锤、紫花玉带、地茄子。

形态特征：多年生草本，有白色乳汁。茎平卧，长12～55厘米，被开展的柔毛，不分枝或在基部有长或短的分枝，节上生根。叶互生，叶片圆卵形、心形或卵形，长0.8～1.6厘米，宽0.6～1.8厘米。花单生叶腋；花梗长0.7～3.5厘米，无毛；花萼筒坛状，长3～4毫米，宽2～3毫米，无毛，裂片条状披针形，伸直，长3～4毫米；雄蕊在花丝中部以上连合，花丝筒无毛，花药管长1毫米余，背部生柔毛，下方2枚花药顶端生髯毛。果为浆果，紫红色，椭圆状球形，长1～1.3厘米。种子多数，近圆球状，稍压扁，表面有小疣突。在热带地区整年可开花结果。

生态环境：海拔600～2 300米的潮湿草地、沼泽地、田边、沟边石上。

药用部位：全草。

性味功效：辛、苦，平。祛风利湿，活血散瘀。

主　　治：风湿疼痛，月经不调，白带，遗精；外用治跌打损伤，创伤出血。

菊科 Compositae

藿香蓟

拉丁学名：*Ageratum conyzoides* L.

药 材 名：胜红蓟。

别　　名：重阳草、臭草。

形态特征：一年生草本，高50～100厘米，有时又不足10厘米。无明显主根。茎粗壮，基部径4毫米，不分枝或自基部或自中部以上分枝。全部茎枝淡红色，或上部绿色，被白色尘状短柔毛或上部被稠密开展的长茸毛。叶对生，有时上部互生，卵形或长圆形，有时植株全部叶小型，基出三脉或不明显五出脉。头状花序4～18个在茎顶排成通常紧密的伞房状花序，总苞钟状或半球形，宽5毫米。总苞片2层，长圆形或披针状长圆形。花冠长1.5～2.5毫米，外面无毛或顶端有尘状微柔毛，檐部5裂，淡紫色。瘦果黑褐色，5

棱。花果期全年。

生态环境：生于山谷、山坡林下或林缘、河边或山坡草地、田边或荒地上。

药用部位：全草。

性味功效：臭，苦，凉。清火解毒，除风止痛，行气止呕，凉血止血。

主　　治：感冒发热，疗疮湿疹，外伤出血，烧烫伤。

香青

拉丁学名：*Anaphalis sinica* Hance

药 材 名：香青。

别　　名：五花草、翅茎香青、午香草、通肠香、萩、籁箫、白冷风、白四轮风。

形态特征：多年生草本。通常不分枝或在花后及断茎上分枝，被白色或灰白色棉毛，全部有密生的叶。头状花序多数或极多数，密集成复伞房状或多次复伞房状；花序梗细。总苞钟状或近倒圆锥状；雄株的总苞片常较钝。雌株头状花序有多层雌花，中央有1～4个雄花；雄株头状花托有短毛。花序全部有雄花。花冠长2.8～3.0毫米。冠毛常较花冠稍长；雄花冠毛上部渐宽扁，有锯齿。瘦果长0.7～1.0毫米，被小腺点。花期6—9月，果期8—10月。

生态环境：生于低山或亚高山灌丛、草地、山坡和溪岸，海拔400～2 000米。

药用部位：全草。

性味功效：辛、苦，温。解表祛风，消炎止痛，镇咳平喘。

主　　治：感冒头痛，咳嗽慢性气管炎，急性胃肠炎，痢疾。

牛蒡

拉丁学名：*Arctium lappa* L.

药 材 名：牛蒡子。

别　　名：大力子、恶实。

形态特征：二年生草本，具粗大的肉质直根，有分枝。基生叶宽卵形，长达30厘米，宽达21厘米，边缘稀疏的浅波状凹齿或齿尖，基部心形，有长达32厘米的叶柄。茎生叶与基生叶同形或近同形，具等样、等量的毛被，接花序下部的叶小，基部平截或浅心形。头状花序多数或少数在茎枝顶端排成疏松的伞房花序或圆锥状伞房花序，花序梗粗壮。总苞卵形或卵球形，直径1.5～2.0厘米。小花紫红色，花冠长1.4厘米，细管部长8毫米，檐部长6毫米，外面无腺点，花冠裂片长约2毫米。瘦果倒长卵形或偏斜倒长卵形。花果期6—9月。

生态环境：海拔1 600米的荒野、山坡、草地、路边、栽培或野生。

药用部位：根。

性味功效：苦、辛，凉。清热解毒，疏风利咽，消肿。茎叶：甘。果实（牛蒡子）：辛、苦，凉。疏风散热，宣肺透疹，解毒利咽。

主　　治：风热感冒，咳嗽，咽喉痛，疮疖肿毒，脚癣，湿疹。茎叶：头风痛，烦闷，金疮，乳痛，皮肤风痒。果实（牛蒡子）：风热感冒，头痛，咽喉痛，痄腮，疹出不透，痈疖疮疡。

白苞蒿

拉丁学名： *Artemisia lactiflora* Wall. ex DC.

药 材 名： 鸭脚艾。

别　　名： 鸭脚艾、白花蒿、白花艾。

生态环境： 多生于林下、林缘、灌丛边缘、山谷等湿润或略为干燥的地区。

形态特征： 多年生直立草本，全株无毛。茎直立，高 80～150 厘米。下部叶花时凋落，中部叶有柄与假托叶，上部叶无柄，叶片羽状分裂至羽状深裂，裂片卵形至长椭圆状披针形，锯齿深或浅；两面光滑无毛。头状花序黄白色，直径约 2 毫米，密集呈穗状，而构成大型圆锥花丛；总苞片薄膜质，3～4 层，最外层较短，卵形，内层椭圆形；花托裸、平或微突；两性花发育。瘦果椭圆形。花果期 9—12 月。

药用部位： 全草。

性味功效： 清热，解毒，止咳，消炎，活血，散瘀，通经。

主　　治： 肝、肾疾病，血丝虫病。

白花鬼针草

拉丁学名： *Bidens pilosa* L. var. *radiata* Sch. -Bip.

药 材 名： 白花鬼针草。

别　　名： 金杯银盏、金盏银盆、盲肠草。

形态特征： 一年生直立草本。茎钝四棱形，无毛或上部被极稀的柔毛。茎下部叶较小，3 裂或不分裂，通常在开花前枯萎；中部叶具长 1.5～5 厘米无翅的柄，三出；小叶常为 3 格，很少为具 5（7）小叶的羽状复叶，两侧小叶椭圆形或卵状椭圆形，长 2～4.5 厘米，宽 1.5～2.5 厘米，先端锐尖，基部近圆形或阔楔形，有时偏斜，不对称，边缘有锯齿，顶生小叶长椭圆形或卵状长圆形，长 3.5～7 厘米，先端渐尖，基部渐狭或近圆形，具长 1～2 厘米的柄，边缘锯齿，上部叶小，3 裂或不分裂，条状披针形。头状花序；总苞苞片 7～8 枚，条状匙形，外层托片披针形，内层条状披针形；舌状花 5～7 枚，舌片椭圆状倒卵形，白色，长 5～8 毫米，宽 3.5～5 毫米，先端钝或有缺刻；盘花筒状，长约 4.5 毫米，冠檐 5 齿裂。瘦果黑色，条形，长 7～13 毫米，先端芒刺 3～4 枚，长 1.5～2.5 毫米，具倒刺毛。

生态环境： 生于村旁、路边及荒地中。

药用部位： 全草。

性味功效： 清热解毒，散瘀活血。

主　　治： 上呼吸道感染，咽喉肿痛，急性阑尾炎，急性黄疸型肝炎，胃肠炎，风湿关节疼痛，疟疾；外用治疮疖，毒蛇咬伤，跌打肿痛。

艾纳香

拉丁学名： *Blumea balsamifera*（L.）DC.

药 材 名：艾纳香。

别　　名：大风艾。

形态特征：多年生草本或亚灌木植物。茎粗壮，直立，高1～3米；下部叶宽椭圆形或长圆状披针形，具柄，柄两侧有3～5对狭线形的附属物；上部叶长圆状披针形或卵状披针形，无柄或有短柄，柄的两侧常有1～3对狭线形的附属物；头状花序多数，总苞钟形，花托蜂窝状，径2～3毫米，无毛。花黄色，雌花多数，花冠细管状，两性花较少数，花冠管状；瘦果圆柱形，被密柔毛。冠毛红褐色，糙毛状。花期几乎全年。

生态环境：海拔600～1 800米的次生林缘、灌木丛、河谷、草地上。

药用部位：叶及嫩枝。

性味功效：辛、微苦，微温。祛风消肿，活血散瘀。

主　　治：感冒，风湿关节痛。

白酒草

拉丁学名：*Conyza japonica*（Thunb.）Less.

药 材 名：白酒草。

别　　名：山地菊、假蓬。

形态特征：一年生或二年生草本。叶通常密集于茎较下部，呈莲座状，基部叶倒卵形或匙形，顶端圆形；中部叶疏生，倒披针状长圆形或长圆状披针形。头状花序较多数，通常在茎及枝端密集成球状或伞房状，干时径11毫米；花序梗纤细，长4～6，毫米，密被长柔毛。花全部结实，黄色，外围的雌花极多数，花冠丝状，长1.7～2毫米，顶端有微毛，短于花柱的2.5倍；中央的两性花少数（15～16个），花冠管状，长约4毫米，上部膨大，有5个卵形裂片，裂片顶端有微毛；花托半球形，中央明显突起，两性花的窝孔较外围雌花的大，具短齿。瘦果长圆形，黄色，长1～1.2毫米，扁压，两端缩小，边缘脉状，两面无肋，有微毛；冠毛污白色或稍红色，长4.5毫米，糙毛状，近等长，顶端狭。花期5—9月。

生态环境：常生于山谷田边、山坡草地或林缘，海拔700～2 500米。

药用部位：根或全草。

性味功效：辛、微苦，平。消炎镇痛，祛风化痰。

主　　治：肋膜炎，小儿肺炎，喉头炎，小儿惊风。

烟管头草

拉丁学名：*Carpesium cernuum* L.

药 材 名：杓儿菜。

别　　名：挖耳草、毛叶草、金挖耳。

形态特征：多年生草本，高50～100厘米。茎直立，分枝，被白色长柔毛，上部毛较密。下部叶匙状长圆形，长9～20（25）厘米，宽4～6厘米，先端锐尖或钝尖，基部楔状收缩成具翅的叶柄，边缘有不规则的锯齿，两面有白色长柔毛和腺点；中部叶向上渐小，长圆形或长圆状披针形，叶柄短。头状花序在茎和枝的顶端单生，直径15～18毫米，下垂，基部有数个条状披针形不等长的苞片；总苞杯状，长7～8毫米；总苞片4层，外层卵状长圆形，有长柔毛，中层和内层干膜质，长圆形，钝尖，无毛；花黄色，外围的雌花筒状，3～5齿裂，结实；中央的两性花有5个裂片。瘦果条形，长约5毫米，有细纵条，先端有短喙和腺点；无冠毛。花期秋季。

生态环境：路边荒地及山坡、沟边等处。

药用部位：根。

性味功效：味苦，辛，性寒。清热解毒，消肿止痛。

主　　治：感冒发热，咽喉肿痛，牙痛。

小鱼眼草

拉丁学名：*Dichrocephala benthamii* C. B. Clarke

药 材 名：小鱼眼草。

别　　名：翳子草、地细辛、菊叶鱼眼草。

形态特征：一年生草本。叶倒卵形、长倒卵形，匙形或长圆形。头状花序小，扁球形，径约5毫米，生枝端，少数或多数头状花序在茎顶和枝端排成疏松或紧密的伞房花序或圆锥状伞房花序；花序梗稍粗，被尘状微柔毛或几无毛。总苞片1～2层，长圆形，稍不等长，长约1毫米，边缘锯齿状微裂。花托半圆球形突起，顶端平。外围雌花多层，白色，花冠卵形或坛形，基部膨大，上端收窄，长0.6～0.7毫米，顶端2～3个微齿。中央两性花少数，黄绿色，花冠管状，长0.8～0.9毫米，管部短，狭细，檐部长钟状，有4～5裂齿。瘦果压扁，光滑倒披针形，边缘脉状加厚。无冠毛，或两性花瘦果的顶端有1～2个细毛状冠毛。花果期全年。

生态环境：生于山坡与山谷草地、河岸、溪旁、路旁或田边荒地。海拔1 350～3 200米。

药用部位：全草。

性味功效：苦，凉。清热解毒，祛风明目。

主　　治：肝炎，小儿消化不良，小儿感冒高烧，肺炎，痢疾，疟疾，牙痛，夜盲症；外用治疮疡，蛇咬伤，皮炎，湿疹，子宫脱垂，脱肛。

菊花

拉丁学名：*Dendranthema morifolium*（Ramat.）Tzvel.

药 材 名：菊花。

别　　名：节华、日精、女节、甘菊花、白菊花、黄甘菊。

形态特征：多年生草本，高60～150厘米。茎直立，分枝或不分枝，被柔毛。叶互生，有短柄，叶片卵形至披针形，羽状浅裂或半裂，基部楔形，下面被白色短柔毛，边缘有粗大锯齿或深裂，基部楔形，有柄。头状花序单生或数个集生于茎枝顶端，直径2.5～20厘米，大小不一，单个或数个集生于茎枝顶端；总苞片多层，外层绿色，条形，边缘膜质，外面被柔毛；舌状花白色、红色、紫色、黄色等各色；雄蕊、雌蕊和果实多不发育。花期9—11月。

生态环境：庭院栽培。

药用部位：花。

性味功效：味寒，甘苦。散风清热，明目平肝。

主　　治：风热感冒，头痛眩晕，目赤肿痛，眼目昏花。

地胆草

拉丁学名：*Elephantopus scaber* L.

药 材 名：苦地胆、地胆草。

别　　名：地胆头。

形态特征：多年生草本。根状茎平卧或斜升，具多数纤维状根；基部叶花期生存，莲座状，匙形或倒披针状匙形；茎叶少数而小，倒披针形或长圆状披针形，向上渐小，全部叶上面被疏长糙毛，下面密被长硬毛和腺点；头状花序多数，在茎或枝端束生的团球状的复头状花序，基部被3个叶状苞片所包围；花4个，淡紫色或粉红色，花冠长7～9毫米，管部长4～5毫米；瘦果长圆状线形，长约4毫米，顶端截形，基部缩小，具棱，被短柔毛；冠毛污白色，具5稀6条硬刚毛，长4～5毫米，基部宽扁。花期7—11月。

生态环境：海拔700～1 400米的山坡草地、路边旷地草丛中。

药用部位：全草。

性味功效：苦，凉。清热解毒，利尿消肿。

主　　治：感冒，菌痢，胃肠炎，扁桃体炎，咽喉炎，肾炎水肿，结膜炎，疖肿等症。

白头婆

拉丁学名：*Eupatorium japonicum* Thunb.

药 材 名：白头婆。

别　　名：南佩兰、红升麻、土升麻、泽兰。

形态特征：多年生草本。叶对生，有叶柄，柄长1～2厘米，质地稍厚；头状花序在茎顶或枝端排成紧密的伞房花序，花序径通常3～6厘米，少有大型复伞房花序而花序径达20厘米的。总苞钟状，长5～6毫米，含5个小花；总苞片覆瓦状排列，3层；外层极短，长1～2毫米，披针形；中层及内层苞片渐长，长5～6毫米，长椭圆形或长椭圆状披针形；全部苞片绿色或带紫红色，顶端钝或圆形。花白色或带红紫色或粉红色，花冠长5毫米，外面有较稠密的黄色腺点。瘦果淡黑褐色，椭圆状，长3.5毫米，5棱，被多数黄色腺点，无毛；冠毛白色，长约5毫米。花果期6—11月。

生态环境：山坡草地、密疏林下、灌丛中、水湿地及河岸水旁。

药用部位：全草。

性味功效：味辛，苦，性平，性凉，消热消炎。祛暑发表，化湿和中，理气活血，解毒。

主　　治：百般伤暑湿，发热头痛，胸闷腹胀，消化不良，胃肠炎，感冒，咳嗽，咽喉炎，扁桃体炎，月经不调，跌打损伤，痈肿，蛇咬伤。

鳢肠

拉丁学名： *Eclipta prostrata*（L.）L.

药 材 名： 旱莲草。

别　　名： 墨斗草。

形态特征： 一年生草本。茎直立，斜升或平卧，高达60厘米，通常自基部分枝，被贴生糙毛。叶长圆状披针形或披针形，无柄或有极短的柄，长3～10厘米，宽0.5～2.5厘米，顶端尖或渐尖，边缘有细锯齿或有时仅波状，两面被密硬糙毛。头状花序径6～8毫米，有长2～4厘米的细花序梗；总苞球状钟形，总苞片绿色，草质，5～6个排成2层，长圆形或长圆状披针形，外层较内层稍短，背面及边缘被白色短伏毛；外围的雌花2层，舌状，长2～3毫米，舌片短，顶端2浅裂或全缘，中央的两性花多数，花冠管状，白色，长约1.5毫米，顶端4齿裂；花柱分枝钝，有乳头状突起；花托突，有披针形或线形的托片。托片中部以上有微毛；瘦果暗褐色，长2.8毫米，雌花的瘦果三棱形，两性花的瘦果扁四棱形，顶端截形，具1～3个细齿，基部稍缩小，边缘具白色的肋，表面有小瘤状突起，无毛。花期6—9月。

生态环境： 低、中山路边、河边草丛或旷地上。

药用部位： 全草。

性味功效： 臭，苦、涩，凉。清火解毒，解痉止痛，涩肠止涩。

主　　治： 下痢红白、腹部扭痛，四肢冰冷，痉挛剧痛，高热惊厥，抽搐，疮疡溃烂。

蒲公英

拉丁学名： *Taraxacum mongolicum* Hand.-Mazz.

药 材 名： 蒲公英。

别　　名： 黄花地丁、婆婆丁。

形态特征： 多年生草本。根圆柱状，黑褐色，粗壮。叶倒卵状披针形、倒披针形或长圆状披针形，长4～20厘米，宽1～5厘米，先端钝或急尖，边缘有时具波状齿或羽状深裂，有时倒向羽状深裂或大头羽状深裂，顶端裂片较大，三角形或三角状戟形，全缘或具齿，每侧裂片3～5片，裂片三角形或三角状披针形，通常具齿，平展或倒向，裂片间常夹生小齿，基部渐狭成叶柄，叶柄及主脉常带红紫色，疏被蛛丝状白色柔毛或几无毛。花葶1至数个，与叶等长或稍长，高10～25厘米，上部紫红色，密被蛛丝状白色长柔毛；头状花序直径30～40毫米；总苞钟状，长12～14毫米，淡绿色；总苞片2～3层，外层总苞片卵状披针形或披针形，长8～10毫米，宽1～2毫米，边缘宽膜质，基部淡绿色，上部紫红色，先端增厚或具小到中等的角状突起；内层总苞片线状披针形，长10～16毫米，宽2～3毫米，先端紫红色，具小角状突起；舌状花黄色，舌片长约8毫米，宽约1.5毫米，边缘花舌片背面具紫红色条纹，花药和柱头暗绿色。瘦果倒卵状披针形。花期4—9月，果期5—10月。

生态环境： 广泛生于中、低海拔地区的山坡草地、路边、田野、河滩。

药用部位： 全草。

性味功效： 清热解毒、消肿散结。

主　　治： 急性乳腺炎，淋巴腺炎，瘰疬，疔毒疮肿，急性结膜炎，感冒发热，急性扁桃体炎，急性支气管炎，胃炎，肝炎，胆囊炎，尿路感染。

毛大丁草

拉丁学名： *Gerbera piloselloides*（L.）Cass.

药 材 名： 白头翁。

别　　名： 兔耳风、大一支箭、小一支箭。

形态特征： 多年生草本。根茎短而粗壮，密被白色绵毛；须根多数，暗褐色。叶基生；有短柄；叶片质软而厚，长圆形或倒卵形，长 5～10 厘米，宽 2.5～4.5 厘米，先端钝圆，基部楔形，边缘全缘，幼时上面具柔毛，老时脱落，下面密被白色绵毛。花茎直立，单生，高 10～40 厘米，被淡褐色绵毛；头状花序单生于花茎顶端，直径 3.5 厘米；总苞片 2 层，条状披针形，外层稍短，背面密被淡褐色绵毛；舌状花白色，雌性，二唇形，外唇伸长，3 齿裂，内层细小，2 深裂；筒状花两性，花冠稍二唇形。瘦果条状披针形，长约 5 毫米，稍扁，有纵肋和细柔毛，喙在花时极短，成熟时则与瘦果等长；冠毛长约 1 厘米，淡红色，有光泽。花期 5—6 月。

生态环境： 海拔 600～2 000 米的山坡草地。

药用部位： 根及根茎。

性味功效： 苦，平。清热解毒，理气和血。

主　　治： 痢疾，乳蛾，痄肋，胞胁痞气，疝气，瘰疬，便血，尿血，肿毒。

秋鼠麹草

拉丁学名： *Gnaphalium hypoleucum* DC.

药 材 名： 下白鼠曲草。

别　　名： 下白鼠曲草。

形态特征： 粗壮草本。茎直立。下部叶线形，无柄，长约 8 厘米，宽约 3 毫米，基部略狭，稍抱茎，顶端渐尖，上面有腺毛，或有时沿中脉被疏蛛丝状毛，下面厚，被白色棉毛，叶脉 1 条，上面明显，在下面不明显；中部和上部叶较小。头状花序多数，径约 4 毫米，无或有短梗，在枝端密集成伞房花序；花黄色；总苞球形，径约 4 毫米，长 4～5 毫米；总苞片 4 层，全部金黄色或黄色，有光泽，膜质或上半部膜质，外层倒卵形，长 3～5 毫米，顶端圆或钝，基部渐狭，背面被白色棉毛，内层线形，长 4～5 毫米，顶端尖或锐尖，背面通常无毛。雌花多数，花冠丝状，长约 3 毫米，顶端 3 齿裂，无毛。两性花较少数，花冠管状，长约 4 毫米，两端向中部渐狭，檐部 5 浅裂，裂片卵状渐尖，无毛。瘦果卵形或卵状圆柱形，顶端截平，无毛，长约 0.4 毫米。花期 8—12 月。

生态环境： 海拔 600～2 000 米的空旷山地、山坡上。

药用部位： 全草。

性味功效： 甘、苦，凉。祛风止咳，清热利湿。

主　　治： 感冒，肺热咳嗽，痢疾，瘰疬，下肢溃疡。

菊三七

拉丁学名： *Gynura japonica*（Thunb.）Juel.

药 材 名： 土三七。

别　　名： 天青地红。

形态特征： 高大多年生草本，根粗大成块状。叶片椭圆形或长圆状椭圆形。头状花序多数，直径1.5～1.8厘米，花茎枝端排成伞房状圆锥花序；每一花序枝有3～8个头状花序；花序梗细，长1～3（6）厘米，被短柔毛，有1～3线形的苞片；总苞狭钟状或钟状，长10～15毫米，宽8～15毫米，基部有9～11线形小苞片；总苞片1层，13个，线状披针形，长10～15毫米，宽1～1.5毫米，顶端渐尖，边缘干膜质，背面无毛或被疏毛。小花50～100个，花冠黄色或橙黄色，长13～15毫米，管部细，长10～12毫米上部扩大，裂片卵形，顶端尖；花药基部钝；花柱分枝有钻形附器，被乳头状毛。瘦果圆柱形。花果期8—10月。

生态环境： 灌木丛、杂草丛、沟边等处。

药用部位： 全草或根。

性味功效： 温，淡。活血，消肿。

主　　治： 跌打损伤，瘀积肿痛，痈疮肿疡，乳痈。

羊耳菊

拉丁学名： *Inula cappa*（Buch.-Ham. ex D. Don）DC.

药 材 名： 羊耳菊。

别　　名： 白牛胆、马甘蔗、山白芷、大力王。

形态特征： 亚灌木。根状茎粗壮，多分枝。茎直立，全部被污白色或浅褐色绢状或棉状密茸毛，上部或从中部起有分枝，全部有多少密生的叶；下部叶在花期脱落后留有被白色或污白色棉毛的腋芽。叶多少开展，长圆形或长圆状披针形；中部叶长10～16厘米，有长约0.5厘米的柄，上部叶渐小近无柄；全部叶基部圆形或近楔形，顶端钝或急尖，边缘有小尖头状细齿或浅齿，上面被基部疣状的密糙毛，沿中脉被较密的毛，下面被白色或污白色绢状厚茸毛；中脉和10～12对侧脉在下面高起，网脉明显。头状花序倒卵圆形，宽5～8毫米，多数密集于茎和枝端成聚伞圆锥花序；被绢状密茸毛。有线形的苞叶。总苞近钟形，长5～7毫米；总苞片约5层，线状披针形，外层较内层短3～4倍，顶端稍尖，外面被污白色或带褐色绢状茸毛。小花长4～5.5毫米；边缘的小花舌片短小，有3～4裂片，或无舌片而有4个退化雄蕊；中央的小花管状，上部有三角卵圆形裂片；冠毛污白色，约与管状花花冠同长，具20余个糙毛。瘦果长圆柱形，长约1.8毫米，被白色长绢毛。花期6—10月，果期8—12月。

生态环境： 海拔600～2 400米的阔叶林下、林缘灌丛中。

药用部位： 根或全草。

性味功效： 辛、微苦，温。散寒解表，祛风消肿，行气止痛。

主　　治： 风寒感冒，咳嗽，神经性头痛，胃痛，风湿腰腿痛，跌打肿痛，月经不调，白带，血吸虫病。

翼齿六棱菊

拉丁学名： *Laggera pterodonta*（DC.）Benth.

药 材 名： 臭灵丹。

别　　名： 臭叶子、六棱菊、大黑药、假六棱菊。

形态特征： 草本。茎直立。中部叶倒卵形或倒卵状椭圆形，稀椭圆形，无柄，长7～10（15）厘米，宽2～3.5（7）厘米，基部长渐狭或渐狭，沿茎下延成茎翅，顶端短尖或钝，两面疏被柔毛和杂以腺体，中脉和7～10对侧脉在下面稍突起，网脉络明显；上部叶小，倒卵形或长圆形，长2～3厘米，宽5～10毫米，顶端钝或短尖，边缘锯齿较小。头状花序多数，径约10毫米，在茎枝顶端排列成总状或近伞房状的大型圆锥花序，花序梗长约2厘米，无翅，密被腺状短柔毛；总苞近钟形，长约8毫米；总苞片约7层，外层绿色或中部以上绿色，叶质或基部之边缘干膜质，长圆形或长圆状披针形，长4～5毫米，顶端短尖，背面被腺状短柔毛，内层上部有时紫红色，干膜质，线形，长6～8毫米，顶端渐尖，背面脊处被腺状短柔毛或无毛，最内层极狭，通常丝状。雌花多数，花冠丝状，长约7毫米，顶端有4～5小齿。两性花约与雌花等长，花冠管状，向上渐扩大，檐部通常5裂，裂片卵状或卵状渐尖，背面有乳头状突起。瘦果近纺锤形，有10棱，长约10毫米，被白色长柔毛。花期4—10月。

生态环境： 海拔700～1 300米的空旷草地上或山谷疏林中。

药用部位： 根或全草。

性味功效： 苦、辛，寒。清热，解毒，消肿。

主　　治： 感冒，流行性感冒，中暑，口腔炎，扁桃体炎，咽喉炎，腮腺炎，中耳炎，支气管炎，疟疾；外用治疮疖肿毒，烧烫伤，毒蛇咬伤，跌打损伤，骨折。

云木香

拉丁学名： *Saussurea costus*（Falc.）Lipech.

药 材 名： 云木香。

别　　名： 广木香、青木香。

形态特征： 多年生高大草本。基生叶有长翼柄，翼柄圆齿状浅裂，叶片心形或戟状三角形，长24厘米，宽26厘米，顶端急尖，边缘有大锯齿，齿缘有缘毛。下部与中部茎叶有具翼的柄或无柄，叶片卵形或三角状卵形，长30～50厘米，宽10～30厘米，边缘有不规则的大或小锯齿；上部叶渐小，三角形或卵形，无柄或有短翼柄；全部叶上面褐色、深褐色或褐绿色，被稀疏的短糙毛，下面绿色，沿脉有稀疏的短柔毛。头状花序单生茎端或枝端，或3～5个在茎端集成稠密的束生伞房花序。总苞直径3～4厘米，半球形，黑色，初时被蛛丝状毛，后变无毛；总苞片7层，外层长三角形，长8毫米，毫1.5～2.0毫米，顶端短针刺状软骨质渐尖，中层披针形或椭圆形，长1.4～1.6厘米，宽3毫米，顶端针刺状软骨质渐尖，内层线状长椭圆形，长2厘米，宽3毫米，顶端软骨质针刺头短渐尖；全部总苞片直立。小花暗紫色，长1.5厘米，细管部长7毫米，檐部长8毫米。瘦果浅褐色，三棱状。花果期7月。

生态环境： 栽培。

药用部位： 根。

性味功效： 辛、苦，温。行气止痛，温中和胃。

主　　治： 胸腹胀痛，呕吐，泄泻，痢疾里急后重。

千里光

拉丁学名： *Senecio scandens* Buch. -Ham. ex D. Don

药 材 名： 千里光。

别　　名： 千里及、九里明、九领光、蔓黄菀。

形态特征： 多年生攀缘草本。叶片卵状披针形至长三角形，长 2.5～12.0 厘米，宽 2.0～4.5 厘米，顶端渐尖，基部宽楔形、截形、戟形或稀心形，通常具浅或深齿，稀全缘。头状花序有舌状花，多数，在茎枝端排列成顶生复聚伞圆锥花序；分枝和花序梗被密至疏短柔毛；花序梗长 1～2 厘米，具苞片，小苞片通常 1～10，线状钻形。总苞圆柱状钟形，长 5～8 毫米，宽 3～6 毫米，具外层苞片；苞片约 8，线状钻形，长 2～3 毫米。总苞片 12～13，线状披针形，渐尖，上端和上部边缘有缘毛状短柔毛，草质，边缘宽干膜质，背面有短柔毛或无毛，具 3 脉。舌状花 8～10，管部长 4.5 毫米；舌片黄色，长圆形，长 9～10 毫米，宽 2 毫米，钝，具 3 细齿，具 4 脉；管状花多数；花冠黄色，长 7.5 毫米，管部长 3.5 毫米，檐部漏斗状；裂片卵状长圆形，尖，上端有乳头状毛。花药长 2.3 毫米，基部有钝耳；耳长约为花药颈部 1/7；附片卵状披针形；花药颈部伸长，向基部略膨大；花柱分枝长 1.8 毫米，顶端截形，有乳头状毛。瘦果圆柱形，长 3 毫米，被柔毛；冠毛白色，长 7.5 毫米。

生态环境： 常生于森林、灌丛中，攀缘于灌木、岩石上或溪边，海拔 50～3 200 米。

药用部位： 全草。

性味功效： 苦，辛，凉。有小毒。清热解毒，凉血消肿，清肝明目。

主　　治： 风火赤眼，疮疖肿毒，皮肤湿疹，痢疾腹痛等。

豨莶

拉丁学名： *Siegesbeckia orientalis* L.

药 材 名： 豨莶。

别　　名： 黏糊菜、虾柑草、肥猪菜、黏苍子。

形态特征： 一年生草本。茎直立，高 30～100 厘米，分枝斜升，上部的分枝常呈复二歧状；全部分枝被灰白色短柔毛。基部叶花期枯萎；中部叶三角状卵圆形或卵状披针形，长 4～10 厘米，宽 1.8～6.5 厘米。头状花序径 15～20 毫米，多数聚生于枝端，排列成具叶的圆锥花序。瘦果倒卵圆形，有 4 棱，顶端有灰褐色环状突起，长 3～3.5 毫米，宽1～1.5 毫米。花期 4—9 月，果期 6—11 月。

生态环境： 海拔 600～2 000 米的路边、房前屋后。

药用部位： 全草。

性味功效： 苦，寒。祛风湿，利筋骨，降血压。

主　　治： 四肢麻痹，筋骨疼痛，腰膝无力，疟疾，急性肝炎，高血压病，疔疮肿毒，外伤出血。

夜香牛

拉丁学名： *Vernonia cinerea*（L.）Less.

药 材 名： 夜香牛。

别　　名： 伤寒草、消山虎。

形态特征： 一年生或多年生草本。下部和中部叶具柄，菱状卵形，菱状长圆形或卵形，长 3～6.5 厘米，宽 1.5～3 厘米，顶端尖或稍钝，基部楔状狭成具翅的柄，边缘有具小尖的疏锯齿，或波状，侧脉 3～4 对，上面绿色，被疏短毛，下面特别沿脉被灰白色或淡黄色短柔毛，两面均有腺点；叶柄长 10～20 毫米；上部叶渐尖，狭长圆状披针形或线形，具短柄或近无柄；头状花序多数，或稀少数，径 6～8 毫米，具 19～23 个花，在茎枝端排列成伞房状圆锥花序；花序梗细长 5～15 毫米，具线形小苞片或无苞片，被密短柔毛；总苞钟状，长 4～5 毫米，宽 6～8 毫米；总苞片 4 层，绿色或有时变紫色，背面被短柔毛和腺，外层线形，长 1.5～2.0 毫米，顶端渐尖，中层线形，内层线状披针形，顶端刺状尖，具 1 条脉或有时上部具多少明显 3 脉；花托平，具边缘具细齿的窝孔；花淡红紫色，花冠管状，长 5～6 毫米被疏短微毛，具腺，上部稍扩大，裂片线状披针形，顶端外面被短微毛及腺；瘦果圆柱形。花期全年。

生态环境： 山坡旷野、荒地、田边、路旁。

药用部位： 全草。

性味功效： 苦、微甘，凉。疏风散热，凉血解毒，安神。

主　　治： 感冒发热，咳嗽，痢疾，黄疸型肝炎，神经衰弱；外用治痈疖肿毒，蛇咬伤。

斑鸠菊

拉丁学名： *Vernonia esculenta* Hemsl.

药 材 名： 斑鸠菊。

别　　名： 鸡菊花、火炭叶、火烧叶。

形态特征： 灌木或小乔木；叶具柄，硬纸质，长圆状披针形或披针形，长 10～23 厘米，宽 3～8 厘米，顶端尖或渐尖，基部楔尖，稀近圆形，边缘具有小尖的细齿，波状或全缘；叶柄长 5～20 毫米，密被灰色短绒毛；头状花序多数，径 2～4 毫米，具 5～6 个花，在枝端或上部叶腋排列成密或较密的宽圆锥花序；花序梗细，长 2～5 毫米，或近无柄，被密绒毛；总苞倒锥状，径 2～3 毫米，基部尖，总苞片少数，革质，约 4 层，卵状或卵状长圆形或长圆形，全部或上部暗绿色，顶端尖或稍尖，具小尖头，背面及边缘灰色短柔毛；花托小，具窝孔；花淡红紫色，花冠管状，长约 7 毫米，具腺，向上部稍扩大，裂片线状披针形，顶端外面具腺；瘦果淡黄褐色，近圆柱状。花期 7—12 月。

生态环境： 海拔 1 200～2 100 米的山坡林中、林缘。

药用部位： 根。

性味功效： 甘、涩，温。消肿，解毒。

主　　治：肠痈，疮疖。叶：烫伤，火伤。

苍耳

拉丁学名：*Xanthium sibiricum* Patrin ex Widder

药 材 名：苍耳子。

别　　名：粘头婆、虱马头、苍耳子。

形态特征：一年生草本。叶三角状卵形或心形，长4～9厘米，宽5～10厘米，近全缘，或有3～5不明显浅裂，顶端尖或钝，基部稍心形或截形，与叶柄连接处成相等的楔形，边缘有不规则的粗锯齿。雄性的头状花序球形，径4～6毫米，有或无花序梗，总苞片长圆状披针形，长1～1.5毫米，被短柔毛，花托柱状，托片倒披针形，长约2毫米，顶端尖，有微毛，有多数的雄花，花冠钟形，管部上端有5宽裂片；花药长圆状线形；雌性的头状花序椭圆形，外层总苞片小，披针形，长约3毫米，被短柔毛，内层总苞片结合成囊状，宽卵形或椭圆形，绿色，淡黄绿色或有时带红褐色，在瘦果成熟时变坚硬，连同喙部长12～15毫米，宽4～7毫米，外面有疏生的具钩状的刺，刺极细而直，基部微增粗或几不增粗，长1～1.5毫米，基部被柔毛，常有腺点，或全部无毛；喙坚硬，锥形，上端略呈镰刀状，长1.5～2.5毫米，常不等长，少有结合而成1个喙。瘦果2，倒卵形。花期7—8月，果期9—10月。

生态环境：多生于平坝荒田、荒地常成群生长。

药用部位：果实。

性味功效：微苦。

主　　治：肾炎，睾丸炎，尿中夹杂沙石，尿痛。

单子叶植物纲 Monocotyledoneae

泽泻科 Alismataceae

野慈姑

拉丁学名：*Sagittaria trifolia* L.

药 材 名：野慈姑。

别　　名：剪刀草、水慈姑、燕尾草。

形态特征：多年生沼生草本。具匍匐茎或球茎；球茎小，最长2～3厘米。叶基生，挺水；叶片箭形，大小变异很大，顶端裂片与基部裂片间不缢缩，顶端裂片短于基部裂片，比值1∶（1.2～1.5），基部裂片尾端线尖；叶柄基部鞘状。花序圆锥状或总状，总花梗长20～70厘米，花多轮，最下一轮常具1～2分枝；苞片3，基部多少合生。花单性，下部1～3轮为雌花，上部多轮为雄花；萼片椭圆形或宽卵形，长3～5毫米，反折；花瓣白色，约为萼片2倍。雄花：雄蕊多数，花丝丝状，长1.5～2.5毫米，花药黄色，长 1.0～1.5 毫米。雌花：心皮多数，离生。瘦果两侧扁，倒卵圆形，具翅，背翅宽于腹翅，具微齿，喙顶生，直立。

生态环境： 湖泊、池塘、沼泽、沟渠、水田等水域。

药用部位： 球茎。

性味功效： 苦甘，微寒。解毒疗疮，清热利胆。

主　　治： 黄疸，瘰疬，蛇咬伤。

慈姑

拉丁学名： *Sagittaria trifolia* L. var. *sinensis*（Sims.）Makino

药 材 名： 慈姑。

别　　名： 茨菇、河凫茨、白地栗、慈菇。

形态特征： 植株高大，粗壮；叶片宽大，肥厚，顶裂片先端钝圆，卵形至宽卵形；匍匐茎末端膨大呈球茎，球茎卵圆形或球形，可达（5～8）厘米×（4～6）厘米；圆锥花序高大，长 20～60 厘米，有时可达 80 厘米以上，分枝（1）2（3），着生于下部，具 1～2 轮雌花，主轴雌花 3～4 轮，位于侧枝上；雄花多轮，生于上部，组成大型圆锥花序，果期常斜卧水中；果期花托扁球形，直径 4～5 毫米，高约 3 毫米。种子褐色，具小突起。

生态环境： 生于池塘、沼泽、沟渠、水田等水域，野生或栽培。

药用部位： 球茎。

性味功效： 甘、微苦、微辛，微寒。活血凉血，止咳通淋，散结解毒。

主　　治： 产后血闷，胎衣不下，带下，崩漏，衄血，呕血，咳嗽痰血，淋浊，疮肿，目赤肿痛，角膜白斑，瘰疬，骨膜炎，毒蛇咬伤。

百合科 Liliaceae

韭

拉丁学名： *Allium tuberosum*

药 材 名： 韭菜。

别　　名： 扁菜、久菜。

形态特征： 草本，具根状茎。鳞茎狭圆锥形，簇生；鳞茎外皮黄褐色，网状纤维质。花葶圆柱形，高 25～60 厘米。叶基生，条形，扁平，长 15～30 厘米，宽 1.5～7 毫米。总苞 2 裂，比花序短，宿存；伞形花序簇生状或球状，多花；花梗为花被的 2～4 倍长，具苞片；花白色或微带红色；花被片 6，狭卵形至矩圆状披针形，长 4.5～7.0 毫米；花丝基部合生并与花被贴生，长为花被片的 4/5，狭三角状锥形；子房外壁具细的疣状突起。果具倒心形的果瓣。

生态环境： 栽培。

药用部位： 种子。

性味功效： 辛甘，温，无毒；补肝肾，暖腰膝，壮阳固精。

主　　治： 阳痿梦遗，小便频数，遗尿，腰膝酸软冷痛，泻痢，带下，淋浊。

羊齿天门冬

拉丁学名： *Asparagus filicinus* D. Don

药 材 名： 羊齿天冬。

别　　名： 月牙一支蒿、千锤打、广麦冬、小天冬、土百部、九重根。

形态特征： 直立草本，高50～70厘米；块根粗5～10毫米，成簇。茎近平滑，分枝通常具棱，有时稍有软骨质齿。叶状枝每5～8枚成簇，扁平，镰刀状，长3～15毫米，宽0.8～2.0毫米，顶端渐尖，具中脉；叶鳞片状，基部无刺，花每1～2朵腋生，单性，雌雄异株，淡绿色，有时稍带紫色；花梗纤细，长12～17（20）毫米，关节位于近中部；雄花：花被片6，长约2.5毫米；雄蕊短于花被；花丝不贴生于花被片上；花药卵形，长约0.8毫米；具退化雌蕊；雌花与雄花大小相等或略小，具6枚退化雄蕊。浆果球形，直径5～6毫米，具2～3颗种子。

生态环境： 生于山间疏林、灌木丛下，山谷及沟底阴湿处。

药用部位： 块根。

性味功效： 甘、淡、平。润肺止咳。

主　　治： 肺结核久咳，肺脓疡，百日咳，咯痰带血，支气管哮喘。

大百合

拉丁学名： *Cardiocrinum giganteum*（Wall.）Makino

药 材 名： 心叶百合。

别　　名： 大叶百合、山菠萝根、荞麦叶贝母、荞麦叶大百合。

形态特征： 小鳞茎卵形，高3.5～4.0厘米，直径1.2～2.0厘米，干时淡褐色。茎直立，中空，高1～2米，直径2～3厘米，无毛。叶纸质，网状脉；基生叶卵状心形或近宽矩圆状心形，茎生叶卵状心形，下面的长15～20厘米，宽12～15厘米，叶柄长15～20厘米，向上渐小，靠近花序的几枚为船形。总状花序有花10～16朵，无苞片；花狭喇叭形，白色，里面具淡紫红色条纹；花被片条状倒披针形，长12～15厘米，宽1.5～2.0厘米；雄蕊长6.5～7.5厘米，长约为花被片的1/2；花丝向下渐扩大，扁平；花药长椭圆形，长约8毫米，宽约2毫米；子房圆柱形，长2.5～3.0厘米，宽4～5毫米；花柱长5～6厘米，柱头膨大，微3裂。蒴果近球形，长3.5～4.0厘米，宽3.5～4.0厘米，顶端有1小尖突，基部有粗短果柄，红褐色，具6钝棱和多数细横纹，3瓣裂。种子呈扁钝三角形，红棕色，长4～5毫米，宽2～3毫米，周围具淡红棕色半透明的膜质翅。花期6—7月，果期9—10月。

生态环境： 生于林下草丛中，海拔1 450～2 300米。

药用部位： 鳞茎。

性味功效： 甘、淡，凉。清肺止咳，解毒。

主　　治： 肺结核咯血，鼻窦炎，中耳炎。

万寿竹

拉丁学名： *Disporum cantoniense*（Lour.）Merr.

药 材 名： 竹叶参、竹背七。

别　　名： 白龙须、迎风不动草、竹叶七。

形态特征： 根状茎横出，质地硬，呈结节状；根粗长，肉质。茎高50～150厘米，直径约1厘米，上部有较多的叉状分枝。叶纸质，披针形至狭椭圆状披针形，长5～12厘米，宽1～5厘米，先端渐尖至长渐尖，基部近圆形，有明显的3～7脉，下面脉上和边缘有乳头状突起，叶柄短。伞形花序有花3～10朵，着生在与上部叶对生的短枝顶端；花梗长（1）2～4厘米，稍粗糙；花紫色；花被片斜出，倒披针形，长1.5～2.8厘米，宽4～5毫米，先端尖，边缘有乳头状突起，基部有长2～3毫米的距；雄蕊内藏，花药长3～4毫米，花丝长8～11毫米；子房长约3毫米，花柱连同柱头长为子房的3～4倍。浆果直径8～10毫米，具2～3（5）颗种子。种子暗棕色，直径约5毫米。花期5—7月，果期8—10月。

生态环境： 海拔600～2 000米的灌木丛、杂草丛中。

药用部位： 根茎及根。

性味功效： 苦、辛，凉。清热解毒，祛风湿，舒筋活血。

主　　治： 肺热咳嗽，虚劳损伤，风湿疼痛，手足麻木，小儿高烧，骨折，烧烫伤，毒蛇咬伤。

西南萱草

拉丁学名： *Hemerocallis forrestii* Diels

形态特征： 根状茎较明显；根稍肉质，中下部有纺锤状膨大。叶长30～60厘米，宽10～21毫米。花葶与叶近等长，具假二歧状的圆锥花序；花3至多朵，花梗一般较长，长8～30毫米；苞片披针形，长5～25毫米，宽3～4毫米；花被金黄色或橘黄色，花被管长约1厘米，花被裂片长5.5～6.5厘米，内三片宽约1.5厘米。蒴果椭圆形，长约2厘米，宽约1.5厘米。花果期6—10月。

生态环境： 生于海拔2 300～3 200米的松林下或草坡上。

药用部位： 根及根状茎。

性味功效： 甘，凉。利水消肿，润肺，凉血。

主　　治： 胃病，肠刺痛，虫病，疮疡，湿疹，烧伤。

紫萼

拉丁学名： *Hosta ventricosa*（Salisb.）Stearn

药 材 名： 紫玉簪。

别　　名： 山玉簪。

形态特征： 根状茎粗0.3～1.0厘米。叶卵状心形、卵形至卵圆形，长8～19厘米，宽4～17厘米，先端通常近短尾状或骤尖，基部心形或近截形，极少叶片基部下延而略呈楔形，具7～11对侧脉；叶柄长6～30厘米。花葶高60～100厘米，具10～30朵花；苞片矩圆状披针形，长 1～2 厘米，白色，膜质；花单生，长 4.0～5.8 厘米，盛开时从花被管向上骤然作近漏斗状扩大，紫红色；花梗长 7～10 毫米；雄蕊伸出花被之外，完全离生。蒴果圆柱状，有三棱，长 2.5～4.5 厘米，直径 6～7 毫米。花期 6—7 月，果期 7—9 月。

生态环境：林下、草坡或路旁，海拔 500～2 400 米。

药用部位：全草或根入药。

性味功效：微甘，凉。

主　　治：散瘀止痛，解毒。用于胃痛，跌打损伤，鱼骨梗喉；外用治虫蛇咬伤，痈肿疔疮。

西南菝葜

拉丁学名：*Heterosmilax japonica* Kunth

药 材 名：白土茯苓。

别　　名：白萆薢、白土苓、土茯苓、土萆薢。

形态特征：攀缘灌木，具粗短的根状茎。茎长 2～5 米，无刺。叶纸质或薄革质，矩圆状披针形、条状披针形至狭卵状披针形，长 7～15 厘米，宽 1～5 厘米，先端长渐尖，基部浅心形至宽楔形，中脉区在上面多少凹陷，主脉 5～7 条，最外侧的几与叶缘结合；叶柄长 5～20 毫米，具鞘部分不及全长的 1/3，有卷须，脱落点位于近顶端。伞形花序生于叶腋或苞片腋部，具几朵至 10 余朵花；总花梗纤细，比叶柄长许多倍；花序托稍膨大；花紫红色或绿黄色；雄花内外花被片相似，长 2.5～3.0 毫米，宽约 1 毫米；雌花略小于雄花，具 3 枚退化雄蕊。浆果直径 8～10 毫米，熟时蓝黑色。花期 5—7 月，果期 10—11 月。

生态环境：山坡密林中或路边杂木林下。

药用部位：块茎。

性味功效：甘，淡，平。清热利湿，解毒消肿。

主　　治：小便淋涩，白浊，带下，痈肿疮毒。

滇百合

拉丁学名：*Lilium bakerianum* Coll. et Hemsl.

药 材 名：百合。

别　　名：野百合、百合。

生态环境：林缘。

形态特征：鳞茎宽卵形至近球形，高 2.5～3.0 厘米，直径约 2.5 厘米；鳞片卵形或卵状披针形，长 2.0～2.2 厘米，宽 7～10 毫米，白色。茎高 60～90 厘米，有小乳头状突起。叶散生于茎的中上部，条形或条状披针形，长 4.0～7.5 厘米，宽 4～7 毫米，先端渐尖，基部渐狭，边缘及下面沿中脉有乳头状突起。花 1～3 朵，钟形，直立或倾斜，白色，内有紫红色斑点；外轮花被片披针形，长 6.5～8.3 厘米，宽 1.4～1.8 厘米，先端急尖；内轮花被片较宽，倒披针形或倒披针状匙形，长 6.5～8.0 厘米，宽 1.1～2.3 厘米，先端近圆形，蜜腺两边无乳头状突起；花丝钻状，长约 3 厘米，无毛，花药长 1.6 厘米，橙黄色；子房圆柱形，长 1.7～2.0 厘米，宽 2～4 毫米；花柱长 2.2～2.6 厘米，柱头近球形，径 2.5～5.0 毫米，3 裂。蒴果矩圆形，长约 3.5 厘米，宽约 2.5 厘米。花期 7 月。

药用部位：鳞茎。

性味功效：性味甘、平，润肺止咳，清心安神。

主　　治：结核久咳，痰中带血，或热性病余热未退，虚烦惊悸，心神恍惚，神经衰弱，失眠等。

长柱重楼

拉丁学名：*Paris longistigmata* H. li. sp. nov.

药 材 名：重楼。

别　　名：南重楼。

形态特征：根状茎圆柱形，长 1.5～4.5 厘米，径 0.8～2.0 厘米，棕褐色。茎高达 65 厘米，无毛。叶 4～7，卵状长圆形、长圆形或倒卵状长圆形，基部心形，长 6.5～17.0 厘米，宽 2.5～6.0 厘米，绿色；叶柄长 1.5～5.0 厘米。花梗长 2.5～34.0 厘米；花基数 4～6；萼片卵形、卵状披针形或椭圆形，长 1.5～5.0 厘米，宽 0.6～2.0 厘米；花瓣黄绿色，丝状，长 2.5～7.5 厘米，径约 1 毫米；雄蕊 2 轮，花丝长 3～7 毫米，花药长 5～9 毫米，药隔不外突；子房红色，具不明显 4～6 棱，4～6 室，中轴胎座，花柱基圆锥形，红色，花柱红色，柱头 4～6，长 0.4～1.3 厘米。浆果近球形，长 2～4 厘米，成熟时紫色，不裂。种子卵圆形，白或黄红色，假种皮为一膨大的楔形珠柄、包种脐一侧。花期 5 月，果期 10—11 月。

生态环境：海拔 2 000 米以上的常绿阔叶林、沟谷阔叶林、铁杉林或冷杉林下；栽培。

药用部位：根状茎。

性味功效：苦，微寒。有小毒。清热解毒，消肿止痛，凉肝定惊。

主　　治：痈疽疮疡，咽喉肿痛，无名肿毒，毒蛇咬伤，大头瘟，蛇虫咬伤，腮腺炎，扁桃体炎。

七叶一枝花

拉丁学名：*Paris polyphylla* Sm.

药 材 名：重楼。

别　　名：蚤休、重楼、草河车、七叶莲、灯台七。

形态特征：植株高 35～100 厘米，无毛；根状茎粗厚，直径达 1～2.5 厘米，外面棕褐色，密生多数环节和许多须根。茎通常带紫红色，直径（0.8）1～1.5 厘米，基部有灰白色干膜质的鞘 1～3 枚。叶（5）7～10 枚，矩圆形、椭圆形或倒卵状披针形，长7～15 厘米，宽 2.5～5 厘米，先端短尖或渐尖，基部圆形或宽楔形；叶柄明显，长 2～6 厘米，带紫红色。花梗长 5～16（30）厘米；外轮花被片绿色，（3）4～6 枚，狭卵状披针形，长（3）4.5～7 厘米；内轮花被片狭条形，通常比外轮长；雄蕊 8～12 枚，花药短，长 5～8

毫米，与花丝近等长或稍长，药隔突出部分长 0.5～1（2）毫米；子房近球形，具棱，顶端具一盘状花柱基，花柱粗短，具（4）5 分枝。蒴果紫色，直径1.5～2.5 厘米，3～6 瓣裂开。种子多数，具鲜红色多浆汁的外种皮。花期 4—7 月，果期 8—11 月。

生态环境：海拔 800～1 800 米的常绿阔叶林、竹林下阴湿处。

药用部位：根状茎。

性味功效：苦，微寒。有小毒。清热解毒，消肿止痛，凉肝定惊。

主　　治：咽喉肿痛，小儿惊风，毒蛇咬伤，疔疮肿毒；外用于疖肿，痄腮。

宽瓣重楼

拉丁学名：*Paris polyphylla* var. *yunnanensis*（Franch.）Hand. -Mazz.

药 材 名：重楼。

别　　名：滇重楼。

形态特征：叶（6）8～10（12）枚，厚纸质、披针形、卵状矩圆形或倒卵状披针形，叶柄长 0.5～2.0 厘米。外轮花被片披针形或狭披针形，长 3～4.5 厘米，内轮花被片 6～8（12）枚，条形，中部以上宽达 3～6 毫米，长为外轮的 1/2 或近等长；雄蕊（8）10～12 枚，花药长 1～1.5 厘米，花丝极短，药隔突出部分长 1～2（3）毫米；子房球形，花柱粗短，上端具 5～6（10）分枝。花期 6—7 月，果期 9—10 月。

生态环境：海拔 800～1 800 米的常绿阔叶林、竹林下阴湿处。

药用部位：根状茎。

性味功效：苦，微寒。有小毒。清热解毒，消肿止痛，凉肝定惊。

主　　治：咽喉肿痛，小儿惊风，毒蛇咬伤，疔疮肿毒；外用于疖肿，痄腮。

滇黄精

拉丁学名：*Polygonatum kingianum* Collett et Hemsl.

药 材 名：黄精。

别　　名：节节高、仙人饭。

形态特征：根状茎近圆柱形或近连珠状，结节有时作不规则菱状，肥厚，直径 1～3 厘米。茎高 1～3 米，顶端作攀缘状。叶轮生，每轮 3～10 枚，条形、条状披针形或披针形，长 6～20（25）厘米，宽 3～30 毫米，先端拳卷。花序具（1）2～4（6）花，总花梗下垂，长 1～2 厘米，花梗长 0.5～1.5 厘米，苞片膜质，微小，通常位于花梗下部；花被粉红色，长 18～25 毫米，裂片长 3～5 毫米；花丝长 3～5 毫米，丝状或两侧扁，花药长 4～6 毫米；子房长 4～6 毫米，花柱长（8）10～14 毫米。浆果红色，直径 1～1.5 厘米，具 7～12 颗种子。花期 3—5 月，果期 9—10 月。

生态环境：海拔 700～2 000 米的阴湿山坡下。

药用部位：根茎。

性味功效：甘，平。补中益气，润心肺，强筋骨。

主　　治：虚损寒热，肺痨咳血，病后体虚食少，筋骨软弱，风湿疼痛，风癞癣疾。

点花黄精

拉丁学名： *Polygonatum punctatum* Royle ex Kunth

药 材 名： 玉竹。

别　　名： 树吊、葳参、玉术、竹叶黄根、竹节参。

形态特征： 根状茎多少呈连珠状，直径 1～1.5 厘米，密生肉质须根。茎高（10）30～70 厘米，通常具紫红色斑点，有时上部生乳头状突起。叶互生，有时二叶可较接近，幼时稍肉质而横脉不显，老时厚纸质或近革质而横脉较显，常有光泽，卵形、卵状矩圆形至矩圆状披针形，长 6～14 厘米，宽 1.5～5.0 厘米，先端尖至渐尖，具短柄。花序具 2～6（8）花，常呈总状，总花梗长 5～12 毫米，上举而花后平展，花梗长 2～10 毫米，苞片早落或不存在；花被白色，全长 7～9（11）毫米，花被筒在口部稍缢缩而略呈坛状，裂片长 1.5～2.0 毫米；花丝长 0.5～1.0 毫米，花药长 1.5～2.0 毫米；子房长 2～2.5（4）毫米，花柱长 1.5～2.5 毫米，柱头稍膨大。浆果红色，直径约 7 毫米，具 8～10 余颗种子。花期 4—6 月，果期 9—11 月。

生态环境： 海拔 1 100～2 000 米的山谷林下、岩石缝中。

药用部位： 根状茎。

性味功效： 辛，平。清热解毒。

主　　治： 外用于肿毒，疥疮。

马甲菝葜

拉丁学名： *Smilax lanceifolia* Roxb.

别　　名： 柳叶菝葜、光滑菝葜。

形态特征： 攀缘灌木。茎长达 2 米，无刺或稀具疏刺。叶常纸质，卵状长圆形或披针形，长 6～17 厘米，宽 2～8 厘米，干后暗绿色，有时稍变淡黑色；叶柄长 1～2.5 厘米，窄鞘长为叶柄 1/4～1/5，常有卷须，脱落点位于近中部。伞形花序常单生叶腋，有数十朵花，稀两个伞形花序并生；花序梗常短于叶柄，近基部有关节，着生点上方有 1 枚鳞片(先出叶)；花序托稍膨大。花黄绿色；雄花外花被片长 4～5 毫米，宽约 1 毫米，内花被片稍窄；雄蕊与花被片近等长或稍长，离生，花药近长圆形；雌花小于雄花 1/2，具 6 枚退化雄蕊。浆果径 6～7 毫米，种子 1～2。种子无沟或有 1～3 纵沟。花期 10 月至翌年 3 月，果期 10 月。

生态环境： 海拔 600～2 300 米的林下、山坡荫处。

药用部位： 根状茎。

性味功效： 甘、酸，平。清热解毒，除湿，利尿。

主　　治： 关节疼痛，肌肉麻木，泄泻，痢疾，水肿。

无刺菝葜

拉丁学名： *Smilax mairei* Levl.

药 材 名： 红萆薢。

别　　名： 红萆薢。

形态特征：攀缘灌木。茎长1～5米，枝条平滑或稍粗糙，无刺。叶纸质或薄革质，通常卵形、矩圆状卵形或三角状披针形，长3.5～9.0厘米，宽1～5厘米，先端急尖并具尖突，基部钝或浅心形，干后一般暗绿色，下面苍白色；叶柄长0.5～1.5（2）厘米，占全长的1/2～2/3具狭鞘，脱落点位于近顶端，一般有卷须。伞形花序具几朵或更多的花；总花梗多少扁平，宽0.5～1.0毫米，一般短于叶柄；花序托膨大，连同多枚宿存的小苞片多少呈莲座状；花淡绿色或红色；雄花外花被片长2.0～2.5毫米，宽约1毫米，内花被片稍狭而短；雌花与雄花大小相似，具6枚退化雄蕊。浆果直径5～7毫米，熟时蓝黑色。花期5—6月，果期12月。

生态环境：海拔1 000～3 000米的林下、灌丛中或山谷沟边。

药用部位：地下部分。

性味功效：祛风除湿，利水消炎。

主　　治：风湿性关节炎，泌尿系感染，肾炎水肿，慢性胃炎，月经不调。

石蒜科 Amaryllidaceae

大叶仙茅

拉丁学名：*Curculigo capitulata*（Lour.）O. Ktze.

药 材 名：头花仙茅。

别　　名：大仙茅、大白笈、野棕。

形态特征：多年生草本，高达1米余。根状茎粗厚、块状，走茎细长。叶常4～7，纸质，长圆状披针形或近长圆形，长40～90厘米，宽5～14厘米，先端长渐尖，全缘，具折扇状脉，有时被短毛；叶柄长30～80厘米。花茎长10～30厘米，被褐色茸毛；总状花序密生多花，呈头状或近卵圆形，长2.5～5.0厘米，俯垂。花黄色；花梗长约7毫米；花被裂片卵状长圆形，长约8毫米，外轮3枚背面被毛，内轮3枚背面中脉被毛；雄蕊长5～6毫米，花丝长不及1毫米，花药线形，长约5毫米；子房长圆形或近球形，被毛，无喙，花柱长于雄蕊，纤细，柱头近头状。浆果近球形，白色，无喙，径4～5毫米。花期5—6月，果期8—9月。

生态环境：海拔700～2 400米的密林中。

药用部位：根茎。

性味功效：辛、微苦，温。补肾壮阳，祛风除湿，活血调经。

主　　治：肾虚咳喘，阳痿遗精，白浊带下，腰膝酸软，风湿痹痛，宫冷不孕，月经不调，崩漏，子宫脱垂，跌打损伤。

韭莲

拉丁学名：*Zephyranthes grandiflora* Lindl.

药 材 名：赛番红花。

别　　名：红玉帘、风雨花、旱水仙。

形态特征：多年生草本。鳞茎卵球形，直径 2～3 厘米。基生叶常数枚簇生，线形，扁平，长 15～30 厘米，宽 6～8 毫米。花单生于花茎顶端，下有佛焰苞状总苞，总苞片常带淡紫红色，长 4～5 厘米，下部合生成管；花梗长 2～3 厘米；花玫瑰红色或粉红色；花被管长 1.0～2.5 厘米，花被裂片 6，裂片倒卵形，顶端略尖，长 3～6 厘米；雄蕊 6，长为花被的 2/3～4/5，花药“丁”字形着生；子房下位，3 室，胚珠多数，花柱细长，柱头深 3 裂。蒴果近球形；种子黑色。花期夏秋。

生态环境：栽培。

药用部位：干燥全草及鳞茎。

性味功效：散热解毒，活血凉血。

主　　治：跌伤红肿，毒蛇咬伤，吐血，血崩等。

薯蓣科 Dioscoreaceae

参薯

拉丁学名：*Dioscorea alata* L.

药 材 名：毛薯。

别　　名：大薯、薯子、脚板薯、鸡窝薯、红毛薯。

形态特征：缠绕草质藤本。野生块茎多长圆柱形，栽培块茎圆锥形或球形，外皮褐或紫黑色，断面白色带紫色，其余形状的块茎外皮为淡灰黄色，断面白色，有时带黄色。茎右旋，常有 4 条窄翅，基部有时有刺。叶在茎下部互生，在中上部对生，绿色或带紫红色，纸质，卵形，长 6～20 厘米，先端尾尖或突尖，基部心形、深心形或箭形，有时为戟形，两耳钝；叶柄绿或带紫红色，长 4～15 厘米；叶腋珠芽卵圆形，有时扁平。雄花序为穗状花序，常 2 至数个簇生或组成圆锥花序，或单生叶腋；花序轴呈“之”字形曲折；雄花外轮花被片宽卵形，内轮倒卵形；雄蕊 6。雌花序为穗状花序；退化雄蕊 6。蒴果不反折，棱状扁圆形。种子四周有膜质翅。花期 11 月至翌年 1 月，果期 12 月至翌年 1 月。

生态环境：栽培或野生。

药用部位：块茎。

性味功效：甘，平，无毒。健脾止泻，益肺滋肾，解毒敛疮。

主　　治：脾虚泄泻，肾虚遗精，带下，小便频数，虚劳咳嗽，消渴，疮疡溃烂。

黄独

拉丁学名：*Dioscorea bulbifera* L.

药 材 名：黄药子。

别　　名：山慈姑、蓑衣包、黄金子、零余薯、黄狗头。

形态特征：缠绕草质藤本。块茎卵圆形或梨形，近于地面，棕褐色，密生细长须根。茎左旋，淡绿或稍带红紫色。叶腋有紫棕色、球形或卵圆形，具圆形斑点的珠芽。单叶互生，宽卵状心形或卵状心形，长 15～26 厘米，先端尾尖，全缘或边缘微波状。雄花序穗状，下垂，常数序簇生叶腋，有时分枝呈圆锥状；雄花花被片披针形，鲜时紫色；基部有卵形苞片 2。雌花序与雄花序相似，常 2 至数序簇生叶腋；退化雄蕊 6，长约为花被片 1/4。蒴果反曲下垂，三棱状长圆形，长 1.3～3.0 厘米，径 0.5～1.0 厘米，两端圆，成熟时草黄色，密被紫色小斑点，每室 2 种子，着生果轴顶部。种子深褐色，扁卵形，种翅栗褐色，向种子基部延伸呈长圆形。花期 7—10 月，果期 8—11 月。

生态环境：海拔 800～2 300 米的山坡路旁、村边灌木丛中。

药用部位：块茎。

性味功效：苦，寒。小毒。散结消瘿，清热解毒，凉血止血。

主　　治：瘿瘤，喉痹，痈肿疮毒，毒蛇咬伤，肿瘤，吐血，衄血，百日咳，肺热咳喘。

薯蓣

拉丁学名：*Dioscorea opposita* Thunb.

药 材 名：山药藤。

别　　名：野脚板薯、面山药、淮山。

形态特征：缠绕草质藤本。块茎长圆柱形，垂直生长，长可达 1 米多，断面干时白色。茎通常带紫红色，右旋，无毛。单叶，在茎下部的互生，中部以上的对生，很少 3 叶轮生；叶片变异大，卵状三角形至宽卵形或戟形，长 3～9（16）厘米，宽 2～7（14）厘米，顶端渐尖，基部深心形、宽心形或近截形，边缘常 3 浅裂至 3 深裂，中裂片卵状椭圆形至披针形，侧裂片耳状，圆形、近方形至长圆形；幼苗时一般叶片为宽卵形或卵圆形，基部深心形。叶腋内常有珠芽。雌雄异株。雄花序为穗状花序，长 2～8 厘米，近直立，2～8 个着生于叶腋，偶尔呈圆锥状排列；花序轴明显地呈“之”字状曲折；苞片和花被片有紫褐色斑点；雄花的外轮花被片为宽卵形，内轮卵形，较小；雄蕊 6。雌花序为穗状花序，1～3 个着生于叶腋。蒴果不反折，三棱状扁圆形或三棱状圆形，长 1.2～2.0 厘米，宽 1.5～3.0 厘米，外面有白粉；种子着生于每室中轴中部，四周有膜质翅。花期 6—9 月，果期 7—11 月。

生态环境：生于山坡、山谷林下、溪边、路旁的灌丛或杂草中；或为栽培。

药用部位：茎藤。

性味功效：微苦，甘，平。清利湿热，凉血解毒。

主　　治：湿疹，丹毒。

雨久花科 Pontederiaceae

鸭舌草

拉丁学名：*Monochoria vaginalis*（Burm. f.）Presl，Rel.

药 材 名：鸭舌草。

别　　名：水锦葵。

形态特征： 水生草本；根状茎极短，具柔软须根。茎直立或斜上，高（6）12～35（50）厘米，全株光滑无毛。叶基生和茎生；叶片形状和大小变化较大，由心状宽卵形、长卵形至披针形，长2～7厘米，宽0.8～5.0厘米，顶端短突尖或渐尖，基部圆形或浅心形，全缘，具弧状脉；叶柄长10～20厘米，基部扩大成开裂的鞘，鞘长2～4厘米，顶端有舌状体，长7～10毫米。总状花序从叶柄中部抽出，该处叶柄扩大呈鞘状；花序梗短，长1～1.5厘米，基部有1披针形苞片；花序在花期直立，果期下弯；花通常3～5朵（稀有10余朵），蓝色；花被片卵状披针形或长圆形，长10～15毫米；花梗长不及1厘米；雄蕊6枚，其中1枚较大；花药长圆形，其余5枚较小；花丝丝状。蒴果卵形至长圆形，长约1厘米。种子多数，椭圆形，长约1毫米，灰褐色，具8～12纵条纹。花期8—9月，果期9—10月。

生态环境： 生于平原至海拔1 500米的稻田、沟旁、浅水池塘等水湿处。

药用部位： 全草。

性味功效： 性味苦凉，清热解毒。

主　　治： 痢疾，肠炎，急性扁桃体炎，丹毒，疔疮。

鸢尾科 Iridaceae

雄黄兰

拉丁学名： *Crocosmia crocosmiflora*（Nichols.）N. E. Br.

药 材 名： 雄黄兰。

别　　名： 标竿花、倒挂金钩、黄大蒜。

形态特征： 多年生草本；高50～100厘米。球茎扁圆球形，外包有棕褐色网状的膜质包被。叶多基生，剑形，长40～60厘米，基部鞘状，顶端渐尖，中脉明显；茎生叶较短而狭，披针形。花茎常2～4分枝，由多花组成疏散的穗状花序；每朵花基部有2枚膜质的苞片；花两侧对称，橙黄色，直径3.5～4.0厘米；花被管略弯曲，花被裂片6，2轮排列，披针形或倒卵形，长约2厘米，宽约5毫米，内轮较外轮的花被裂片略宽而长，外轮花被裂片顶端略尖；雄蕊3，长1.5～1.8厘米，偏向花的一侧，花丝着生在花被管上，花药“丁”字形着生；花柱长2.8～3.0厘米，顶端3裂，柱头略膨大。蒴果三棱状球形。花期7—8月，果期8—10月。

生态环境： 栽培。

药用部位： 球茎。

性味功效： 甘、辛，平。解素养，消肿，止痛。

主　　治： 全身筋骨疼痛，各种疮肿，跌打损伤，外伤出血及腮腺炎等症。

扁竹兰

拉丁学名： *Iris confusa* Sealy

药 材 名： 都拉鸢尾。

别　　名： 兰花扁竹、扁竹鸢尾、扁竹。

形态特征： 多年生草本。根状茎横走。地上茎直立，高 80～120 厘米，扁圆柱形，节明显，节上常残留有老叶的叶鞘。叶 10 余枚，密集于茎顶，基部鞘状，互相嵌迭，排列成扇状，叶片宽剑形，长 28～80 厘米，宽 3～6 厘米，黄绿色，两面略带白粉，顶端渐尖，无明显的纵脉。花茎长 20～30 厘米，总状分枝，每个分枝处着生 4～6 枚膜质的苞片；苞片卵形，长约 1.5 厘米，钝头，其中包含有 3～5 朵花；花浅蓝色或白色，直径5～5.5 厘米；花梗与苞片等长或略长；花被管长约 1.5 厘米，外花被裂片椭圆形，长约 3 厘米，宽约 2 厘米，顶端微凹，边缘波状皱褶，有疏牙齿，爪部楔形，内花被裂片倒宽披针形，长约 2.5 厘米，宽约 1 厘米，顶端微凹；雄蕊长约 1.5 厘米，花药黄白色；花柱分枝淡蓝色，长约 2 厘米，宽约 8 毫米，顶端裂片呈繸状，子房绿色，柱状纺锤形，长约 6 毫米。蒴果椭圆形，种子黑褐色。花期 4 月，果期 5—7 月。

生态环境： 生于林缘、灌丛、溪边及草地，海拔 1 500～2 300 米。

药用部位： 根状茎。

性味功效： 苦，寒。清热解毒。

主　　治： 急性扁桃体炎，急性咽喉炎；乌头、蕈类等食物中毒。

灯心草科 Juncaceae

灯心草

拉丁学名： *Juncus effusus* L.

药 材 名： 灯心草。

别　　名： 秧草。

形态特征： 多年生草本；根状茎粗壮横走，具黄褐色稍粗的须根。茎丛生，直立，圆柱形，淡绿色，具纵条纹，直径（1）1.5～3（4）毫米，茎内充满白色的髓心。叶全部为低出叶，呈鞘状或鳞片状，包围在茎的基部，长 1～22 厘米，基部红褐至黑褐色；叶片退化为刺芒状。聚伞花序假侧生，含多花，排列紧密或疏散；总苞片圆柱形，生于顶端，似茎的延伸，直立，长 5～28 厘米，顶端尖锐；小苞片 2 枚，宽卵形，膜质，顶端尖；花淡绿色；花被片线状披针形，长 2～12.7 毫米，宽约 0.8 毫米，顶端锐尖，背脊增厚突出，黄绿色，边缘膜质，外轮者稍长于内轮；雄蕊 3 枚（偶有 6 枚），长约为花被片的 2/3；花药长圆形，黄色，长约 0.7 毫米，稍短于花丝；雌蕊具 3 室子房；花柱极短；柱头 3 分叉，长约 1 毫米。蒴果长圆形或卵形，种子卵状长圆形。花期 4—7 月，果期 6—9 月。

生态环境： 海拔 1 650～3 400 米的河边、池旁、水沟、稻田旁、草地及沼泽湿处。

药用部位： 茎内白色髓心。

性味功效： 利尿，清凉，镇静。

主　　治： 心烦失眠，尿少涩痛，口舌生疮。

鸭跖草科 Commelinaceae

大苞鸭跖草

拉丁学名： *Commelina paludosa* Blume

药 材 名： 大苞甲跖草。

别　　名： 大苞地地藕。

形态特征： 多年生粗壮大草本。茎常直立，有时基部节生根，高达1米，不分枝或上部分枝，无毛或疏生短毛（幼时一侧被1列棕色柔毛）。叶无柄；叶片披针形或卵状披针形，长7～20厘米，宽2～7厘米，两面无毛或上面生粒状毛，下面密被细长硬毛；叶鞘长1.8～3.0厘米，通常口沿及一侧密生棕色长刚毛，有时几无毛，有的全面被细长硬毛。佛焰苞漏斗状，长约2厘米，宽1.5～2.0厘米，无毛，无柄，常数个（4～10）在茎顶端集成头状，下缘合生，上缘尖或短尖；蝎尾状聚伞花序有数花，几不伸出，花序梗长约1.2厘米。花梗长约7毫米，折曲；萼片膜质，长3～6毫米，披针形；花瓣蓝色，匙形或倒卵状圆形，长5～8毫米，宽4毫米，内面2枚具爪。蒴果卵球状三棱形，3室，3爿裂，每室1种子，长4毫米。种子椭圆状，黑褐色，腹面稍扁，长约3.5毫米，具细网纹。花期8—10月，果期10月至翌年4月。

生态环境： 海拔2 400米以下的林下及山谷溪边。

药用部位： 全草。

性味功效： 甘、淡，寒。清热解毒，利水消肿，退烧。

主　　治： 感冒发热，丹毒，痄腮，黄疸，咽喉肿痛，淋证，水肿，痈疽疔毒，毒蛇咬伤。

鸭跖草

拉丁学名： *Commelina communis* L.

药 材 名： 鸭跖草。

别　　名： 竹叶菜、地地藕、竹节菜。

形态特征： 一年生披散草本。茎匍匐生根，多分枝，长可达1米，下部无毛，上部被短毛。叶披针形至卵状披针形，长3～9厘米，宽1.5～2.0厘米。总苞片佛焰苞状，有1.5～4.0厘米的柄，与叶对生，折叠状，展开后为心形，顶端短急尖，基部心形，长1.2～2.5厘米，边缘常有硬毛；聚伞花序，下面一枝仅有花1朵，具长8毫米的梗，不孕；上面一枝具花3～4朵，具短梗，几乎不伸出佛焰苞。花梗花期长仅3毫米，果期弯曲，长不过6毫米；萼片膜质，长约5毫米，内面2枚常靠近或合生；花瓣深蓝色；内面2枚具爪，长近1厘米。蒴果椭圆形，长5～7毫米，2室，2爿裂，有种子4颗。种子长2～3毫米，棕黄色，一端平截、腹面平，有不规则窝孔。

生态环境： 生于湿地。

药用部位： 全草。

性味功效：消肿利尿，清热解毒。

主　　治：麦粒肿，咽炎，扁桃腺炎，宫颈糜烂，蝮蛇咬伤。

杜若

拉丁学名：*Pollia japonica* Thunb.

药 材 名：杜若。

别　　名：地藕、竹叶莲、山竹壳菜。

形态特征：多年生草本，根状茎长而横走。茎直立或上升，粗壮，不分枝，高30～80厘米，被短柔毛。叶鞘无毛；叶无柄或叶基渐狭，而延成带翅的柄；叶片长椭圆形，长10～30厘米，宽3～7厘米，基部楔形，顶端长渐尖，近无毛，上面粗糙。蝎尾状聚伞花序长2～4厘米，常多个成轮排列，形成数个疏离的轮，也有不成轮的，一般地集成圆锥花序，花序总梗长15～30厘米，花序远远地伸出叶子，各级花序轴和花梗被相当密的钩状毛；总苞片披针形，花梗长约5毫米；萼片3枚，长约5毫米，无毛，宿存；花瓣白色，倒卵状匙形，长约3毫米；雄蕊6枚全育，近相等，或有时3枚略小些，偶有1～2枚不育的。果球状，果皮黑色，直径约5毫米，每室有种子数颗。种子灰色带紫色。花期7—9月，果期9—10月。

生态环境：生于海拔1 200米以下的山谷林下。

药用部位：全草。

性味功效：味辛，微温，无毒。

主　　治：蛇、虫咬伤，腰痛。

竹叶子

拉丁学名：*Streptolirion volubile* Edgew.

药 材 名：竹叶子。

别　　名：猪鼻子菜、大叶竹菜、猪鼻孔、酸猪草、小竹叶菜。

形态特征：多年生攀缘草本，极少茎近于直立。茎长0.5～6.0米，常无毛。叶柄长3～10厘米，叶片心状圆形，有时心状卵形，长5～15厘米，宽3～15厘米，顶端常尾尖，基部深心形，上面多少被柔毛。蝎尾状聚伞花序有花1至数朵，集成圆锥状，圆锥花序下面的总苞片叶状，长2～6厘米，上部的小而卵状披针形。花无梗；萼片长3～5毫米，顶端急尖；花瓣白色、淡紫色而后变白色，线形，略比萼长。蒴果长4～7毫米，顶端有长达3毫米的芒状突尖。种子褐灰色，长约2.5毫米。花期7—8月，果期9—10月。

生态环境：海拔500～3 000米的山谷、灌丛、密林下或草地。

药用部位：全草。

性味功效：清热，利水，解毒，化瘀。

主　　治：感冒发热，肺痨咳嗽，口渴心烦，水肿，热淋，白带，咽喉疼痛，痈疮肿毒，跌打损伤，风湿骨痛。

禾本科 Gramineae

薏苡

拉丁学名： *Coix lacryma*-jobi L.

药 材 名： 薏苡仁。

别　　名： 六谷米、珠珠米、裕米、益米。

形态特征： 一年生粗壮草本，须根黄白色，海绵质，直径约3毫米。秆直立丛生，高1～2米，具10多节，节多分枝。叶鞘短于其节间，无毛；叶舌干膜质，长约1毫米；叶片扁平宽大，开展，长10～40厘米，宽1.5～3.0厘米，基部圆形或近心形，中脉粗厚，在下面隆起，边缘粗糙，通常无毛。总状花序腋生成束，长4～10厘米，直立或下垂，具长梗。雌小穗位于花序之下部，外面包以骨质念珠状之总苞，总苞卵圆形，长7～10毫米，直径6～8毫米，珐琅质，坚硬，有光泽；第一颖卵圆形，顶端渐尖呈喙状，具10余脉，包围着第二颖及第一外稃；第二外稃短于颖，具3脉，第二内稃较小；雄蕊常退化；雌蕊具细长之柱头，从总苞之顶端伸出。颖果小，含淀粉少，常不饱满。雄小穗2～3对，着生于总状花序上部，长1～2厘米；无柄雄小穗长6～7毫米，第一颖草质，边缘内折成脊，具有不等宽之翼，顶端钝，具多数脉，第二颖舟形；外稃与内稃膜质；第一及第二小花常具雄蕊3枚，花药橘黄色，长4～5毫米；有柄雄小穗与无柄者相似，或较小而呈不同程度的退化。花果期6—12月。

生态环境： 多生湿润的屋旁、池塘、河沟、山谷、溪涧或易受涝的农田等地方，海拔600～2 000米处常见，野生或栽培。

药用部位： 种仁。

性味功效： 甘、淡，凉。健脾渗湿，除痹止泻，清热排脓。

主　　治： 水肿，脚气，小便不利，湿痹拘挛，脾虚泄泻，肺痈，肠痈；外用扁平疣。

狗牙根

拉丁学名： *Cynodon dactylon*（L.）Pers.

药 材 名： 狗牙根。

别　　名： 铁线草。

形态特征： 低矮草本，具根茎。秆细而坚韧，下部匍匐地面蔓延甚长，节上常生不定根，直立部分高10～30厘米，直径0.1～1.5毫米，秆壁厚，光滑无毛，有时略两侧压扁。叶鞘微具脊，无毛或有疏柔毛，鞘口常具柔毛；叶舌仅为一轮纤毛；叶片线形，长1～12厘米，宽1～3毫米，通常两面无毛。穗状花序（2）3～5（6）枚，长2～5（6）厘米；小穗灰绿色或带紫色，长2～2.5毫米，仅含1小花；颖长1.5～2.0毫米，第二颖稍长，均具1脉，背部成脊而边缘膜质；外稃舟形，具3脉，背部明显成脊，脊上被柔毛；内稃与外稃近等长，具2脉。鳞被上缘近截平；花药淡紫色；子房无毛，柱头紫红色。颖果长圆柱形。花果期 5—10 月。

生态环境： 旷野、路边及草地。

药用部位： 全草。

性味功效： 苦，微甘，凉。祛风活络，凉血止血，解毒。

主　　治： 风湿痹痛，半身不遂，劳伤吐血，鼻衄，便血，跌打损伤，疮疡肿毒。

牛筋草

拉丁学名： *Eleusine indica* （L.） Gaertn.

药 材 名： 牛筋草。

别　　名： 蟋蟀草。

形态特征： 一年生草本。根系极发达。秆丛生，基部倾斜，高 10～90 厘米。叶鞘两侧压扁而具脊，松弛，无毛或疏生疣毛；叶舌长约 1 毫米；叶片平展，线形，长 10～15 厘米，宽 3～5 毫米，无毛或上面被疣基柔毛。穗状花序 2～7 个指状着生于秆顶，很少单生，长 3～10 厘米，宽 3～5 毫米；小穗长 4～7 毫米，宽 2～3 毫米，含 3～6 小花；颖披针形，具脊，脊粗糙；第一颖长 1.5～2.0 毫米；第二颖长 2～3 毫米；第一外稃长 3～4 毫米，卵形，膜质，具脊，脊上有狭翼，内稃短于外稃，具 2 脊，脊上具狭翼。囊果卵形，长约 1.5 毫米，基部下凹，具明显的波状皱纹。鳞被 2，折叠，具 5 脉。花果期 6—10 月。

生态环境： 荒芜之地及道路旁。

药用部位： 全草。

性味功效： 甘、淡，平。清热解毒，祛风利湿，散瘀止血。

主　　治： 风湿性关节炎，黄疸型肝炎，小儿消化不良，肠炎，痢疾，尿道炎；外用治跌打损伤，外伤出血，狗咬伤。防治流行性乙型脑炎、流行性脑脊髓膜炎。

白茅

拉丁学名： *Imperata cylindrica* （L.） P. Beauv.

药 材 名： 白茅根。

别　　名： 白花茅根、丝茅、万根草。

形态特征： 多年生，具粗壮的长根状茎。叶鞘聚集于秆基，甚长于其节间，质地较厚，老后破碎呈纤维状；叶舌膜质，长约 2 毫米，紧贴其背部或鞘口具柔毛，分蘖叶片长约 20 厘米，宽约 8 毫米，扁平，质地较薄；秆生叶片长 1～3 厘米，窄线形，通常内卷，顶端渐尖呈刺状，下部渐窄，或具柄，质硬，被有白粉，基部上面具柔毛。圆锥花序稠密，长 20 厘米，宽达 3 厘米，小穗长 4.5～5（6）毫米，基盘具长 12～16 毫米的丝状柔毛；两颖草质及边缘膜质，近相等，具 5～9 脉，顶端渐尖或稍钝，常具纤毛，脉间疏生长丝状毛，第一外稃卵状披针形，长为颖片的 2/3，透明膜质，无脉，顶端尖或齿裂，第二外稃与其内稃近相等，长约为颖之半，卵圆形，顶端具齿裂及纤毛；雄蕊 2 枚，花药长 3～4 毫米；花柱细长，基部多少连合，柱头 2，紫黑色，羽状，长约 4 毫米，自小穗顶端伸出。颖果椭圆形。花果期 4—6 月。

生态环境：海拔 700～2 400 米的荒地、山坡草地。

药用部位：根状茎、花。

性味功效：甘，寒、温。凉血止血，清热利尿。

主　　治：血热吐血，尿血，热病烦渴，黄疸，水肿，热淋涩痛止血，定痛。

芦苇

拉丁学名：*Phragmites australis*（Cav.）Trin. ex Steud.

药 材 名：芦根。

别　　名：苇根、芦头。

形态特征：多年生，根状茎十分发达。叶鞘下部短于而上部，长于其节间；叶舌边缘密生一圈长约 1 毫米的短纤毛，两侧缘毛长 3～5 毫米，易脱落；叶片披针状线形，长 30 厘米，宽 2 厘米，无毛，顶端长渐尖呈丝形。圆锥花序大型，长 20～40 厘米，宽约 10 厘米，分枝多数，长 5～20 厘米，着生稠密下垂的小穗；小穗柄长 2～4 毫米，无毛；小穗长约 12 毫米，含 4 花；颖具 3 脉，第一颖长 4 毫米；第二颖长约 7 毫米；第一不孕外稃雄性，长约 12 毫米，第二外稃长 11 毫米，具 3 脉，顶端长渐尖，基盘延长，两侧密生等长于外稃的丝状柔毛，与无毛的小穗轴相连接处具明显关节，成熟后易自关节上脱落；内稃长约 3 毫米，两脊粗糙；雄蕊 3，花药长 1.5～2.0 毫米，黄色；颖果长约 1.5 毫米。

生态环境：生于江河湖泽、池塘沟渠沿岸和低湿地。

药用部位：根茎。

性味功效：甘，寒。清热生津，除烦止呕，利尿，透疹。

主　　治：热病烦渴，胃热呕吐，肺热咳嗽，肺痈吐脓，热淋，麻疹。

金发草

拉丁学名：*Pogonatherum paniceum*（Lam.）Hack.

药 材 名：金发草。

别　　名：竹蒿草、笔须、龙奶草、羊丕草。

形态特征：秆硬似小竹，基部具被密毛的鳞片，直立或基部倾斜；节常稍突起而被髯毛，上部各节多回分枝。叶鞘短于节间，但分枝上的叶鞘长于节间，边缘薄纸质或膜质，上部边缘和鞘口被细长疣毛；叶舌很短，长约 0.4 毫米，边缘具短纤毛，背部常具疏细毛；叶片线形，扁平或内卷，质较硬。总状花序稍弯曲，乳黄色，长 1.3～3.0 厘米，宽约 2 毫米，总状花序轴节间与小穗柄几等长，长约为无柄小穗之半，先端稍膨大，两侧具细长展开的纤毛；无柄小穗长 2.5～3.0 毫米，基盘毛长 1.0～1.5 毫米；第一颖扁平，薄纸质，稍短于第二颖，先端截平和近先端边缘密具流苏状纤毛，背部具 3～5 脉，粗糙或被微毛，无芒；第二颖舟形，与小穗等长，近先端边缘处被流苏状纤毛，具 1 脉而延伸成芒，芒长 13～20 毫米，微糙或近光滑，稍曲折；第一小花雄性，外稃长圆状披针形，透明膜质，稍短于第一颖，无芒，具 1 脉，内稃长圆形，透明膜质，等长或稍短于外稃，具 2 脉，顶端平或稍凹，先端具短纤毛；雄蕊 2，花药黄色，长约 1.8 毫米；第二小花两性，外稃透明膜质，先端 2 裂，裂片尖，长为稃体的 1/3 或近 1/2，裂齿间伸出弯曲的芒，芒长 15～18 毫米；内稃与外稃等长，透明膜质；雄蕊 2，花药黄色，长约 1.8 毫米；子房细小，卵状长圆形，长约 0.3 毫米，无毛；花柱 2，自基部分离；柱头帚刷状，长约 2 毫米。有柄小穗较小，第一小花缺，第二小花雄性或可两性，具雄蕊 1 枚，花药长达 1.5 毫米或不发育。花果期 4—10 月。

生态环境：生于山坡、石缝中，或河岸潮湿之处。

药用部位：全草。

性味功效：性味甘，凉。清热，利湿，消积。

主　　治：热病烦渴，黄疸型肝炎，脾肿大，糖尿病，消化不良，小儿疳积。

棕叶芦

拉丁学名：*Thysanolaena maxima*（Roxb.）O. Ktze.

药 材 名：棕叶芦。

别　　名：扫地草、棕叶草。

形态特征：多年生草本。秆直立，高 1～3 米，具白色髓部。叶鞘光滑，紧密包茎；叶舌质硬，截平，长 1～2 毫米；叶片扁平，广披针形，基部呈心形，长达 40 厘米，宽 3～7 厘米，光滑或幼嫩时边缘微粗糙，具细小横脉纹。圆锥花序长达 60 厘米，每节着生 1～3 个分枝；分枝斜向上，下部裸露，基部主枝长达 30 厘米；小穗长 1.5～1.8 毫米，基柄长约 2 毫米；颖短小，长为小穗的 1/5～1/4，先端钝具 1 脉；第二花为两性，外稃卵形，具短尖头，与第一外稃等长或略有上下，具 3 脉，边缘疏被柔毛，成熟后其毛开展；内稃透明膜质，较短小；花药褐色，长约 1 毫米。颖果长圆形，长约 0.5 毫米。花果期夏秋季。

生态环境：多生于灌木林、山坡和山谷中。

药用部位：根、嫩笋。

性味功效：清热截疟，止咳平喘。

主　　治：风寒袭肺，肺气壅塞，寒疟。

玉蜀黍

拉丁学名：*Zea mays* L.

药 材 名：玉米须。

别　　名：玉米、包谷。

形态特征：一年生高大草本。秆直立，通常不分枝，高 1～4 米，基部各节具气生支柱根。叶鞘具横脉；叶舌膜质，长约 2 毫米；叶片扁平宽大，线状披针形，基部圆形呈耳状，无毛或具疵柔毛，中脉粗壮，边缘微粗糙。顶生雄性圆锥花序大型，主轴与总状花序轴及其腋间均被细柔毛；雄性小穗孪生，长达 1 厘米，小穗柄一长一短，分别长 1～2 毫米及 2～4 毫米，被细柔毛；两颖近等长，膜质，约具 10 脉，被纤毛；外稃及内稃透明膜质，稍短于颖；花药橙黄色；长约 5 毫米。雌花序被多数宽大的鞘状苞片所包藏；雌小穗孪生，呈 16～30 纵行排列于粗壮的序轴上，两颖等长，宽大，无脉，具纤毛；外稃及内稃透明膜质，雌蕊具极长而细弱的线形花柱。颖果球形或扁球形。

生态环境： 栽培。

药用部位： 花柱和花头。

性味功效： 甘、淡，平。利尿消肿，平肝利胆。

主　　治： 急、慢性肾炎，水肿，急、慢性肝炎，高血压，糖尿病，慢性鼻窦炎，尿路结石，胆道结石，小便不利，湿热黄疸等。预防习惯性流产。

棕榈科 Palmae

棕榈

拉丁学名： *Trachycarpus fortunei*（Hook.）H. Wendl.

药 材 名： 棕榈子（种子）、棕榈花（花）、棕榈根（根）。

别　　名： 棕树、棕衣树。

形态特征： 乔木，高达 15 米；茎有残存不易脱落的老叶柄基部。叶掌状深裂，直径 50～70 厘米；裂片多数，条形，宽 1.5～3.0 厘米，坚硬，顶端浅 2 裂，钝头，不下垂，有多数纤细的纵脉纹；叶柄细长，顶端有小戟突；叶鞘纤维质，网状，暗棕色，宿存。肉穗花序排成圆锥花序式，腋生，总苞多数，革质，被锈色茸毛；花小，黄白色，雌雄异株。核果肾状球形，直径约 1 厘米，蓝黑色。

生态环境： 栽培。

药用部位： 花、皮、根、种子。

性味功效： 花：苦、涩，平；破血，降血压。根：性平，味苦、涩；利尿通淋，消肿解毒，祛湿，止血。种子：苦，平；收敛，止血。

主　　治： 花：血崩，带下，肠风，泻痢，瘰疬。皮：吐血，衄血，便血，血淋，尿血，血崩，外伤出血。根：吐血，便血，崩漏，带下，痢疾，淋浊，水肿，关节疼痛，瘰疬，跌打肿痛。种子：崩漏，带下，泻痢，遗精。

天南星科 Araceae

菖蒲

拉丁学名： *Acorus calamus* L. var. *calamus*

药 材 名： 菖蒲。

别　　名： 臭蒲、泥菖蒲、香蒲。

形态特征： 多年生草本。根茎横走，稍扁，分枝，径 0.5～1.0 厘米，黄褐色，芳香。叶基生，基部两侧膜质叶鞘宽 4～5 毫米，向上渐窄，脱落；叶片剑状线形，长 0.9～1.0（1.5）米，基部对褶，中部以上渐窄，草质，绿色，光亮，两面中肋隆起，侧脉 3～5 对，平行，纤弱，伸至叶尖。花序梗二棱形，长（15）40～50 厘米；叶状佛焰苞剑状线形，长 30～40 厘米；肉穗花序斜上或近直立，圆柱形，长 4.5～6.5（8）厘米。花黄绿色，花被片长约 2.5 毫米，宽约 1 毫米：花丝长 2.5 毫米。浆果长圆形，成熟时红色。花期（2）6—9 月。

生态环境：生于海拔 2 600 米以下的水边、沼泽湿地或湖泊浮岛上，也常有栽培。

药用部位：根茎。

性味功效：味辛，苦，性温，开窍化痰，辟秽杀虫。

主　　治：痰涎壅闭，神志不清，慢性气管炎；痢疾，肠炎，腹胀腹痛，食欲不振，风寒湿痹，外用敷疮疥。兽医用全草治牛臌胀病、肚胀病、百叶胃病、胆胀病、发疯狂、泻血痢、炭疽病、伤寒等。

一把伞南星

拉丁学名：*Arisaema erubescens*（Wall.）Schott

药 材 名：天南星。

别　　名：虎掌南星、刀口药、闹狗药、蛇芋。

形态特征：块茎扁球形，径达 6 厘米。鳞叶绿白或粉红色，有紫褐色斑纹。叶 1，极稀 2；叶放射状分裂，幼株裂片 3～4，多年生植株裂片多至 20，披针形、长圆形或椭圆形，无柄，长（6）8～24 厘米，长渐尖，具线形长尾或无；叶柄长 40～80 厘米，中部以下具鞘，红或深绿色，具褐色斑块。花序梗比叶柄短，色泽与斑块和叶柄同，直立；佛焰苞绿色，背面有白色条纹，或淡紫色，管部圆筒形，长 4～8 毫米，喉部边缘平截或稍外卷，檐部三角状卵形或长圆状卵形，长 4～7 厘米，先端渐窄，略下弯；雄肉穗花序长 2～2.5 厘米，花密；雌花序长约 2 厘米；附属器棒状或圆柱形，长 2～4.5 厘米；雄花序的附属器下部光滑或有少数中性花；雌花序的具多数中性花。雄花具短梗，淡绿、紫或暗褐色，雄蕊 2～4，药室近球形，顶孔开裂；雌花子房卵圆形，无花柱。浆果红色，种子 1～2。花期 5—7 月，果期 9 月。

生态环境：海拔 1 100～2 400 米的山野阴湿处、林下。

药用部位：块茎。

性味功效：苦、辛，温。有毒。燥湿化痰，祛风止痉，散结消肿。

主　　治：顽痰咳嗽，风疾眩晕，中风痰壅，口眼歪斜，半身不遂，癫痫，惊风，破伤风；外用痈肿，蛇虫咬伤。

天南星

拉丁学名：*Arisaema heterophyllum* Blume

药 材 名：天南星。

别　　名：南星、白南星、山苞米、蛇包谷、山棒子。

形态特征：块茎扁球形，径 2～4 厘米。鳞叶 4～5。叶 1；叶鸟足状分裂，裂片 13～19，倒披针形、长圆形或线状长圆形，先端骤窄渐尖，全缘，暗绿色，下面淡绿色，中裂片无柄或具长 1.5 厘米的柄，长 3～15 厘米，侧裂片长 7.7～24.2（31）厘米，向外渐小，排成蝎尾状；叶柄圆柱形，粉绿色，长 30～50 厘米，下部 3/4 鞘筒状，鞘端斜截。花序梗长 30～55 厘米；佛焰苞管部圆柱形，长 3.2～8.0 厘米，粉绿色，喉部平截，外缘稍外卷，檐部卵形或卵状披针形，长4～9厘米，下弯近盔状，背面深绿、淡绿或淡黄色，先端骤窄渐尖；肉穗花序两性和雄花序单性；两性花序；下部雌花序长1～2.2厘米，上部雄花序长1.5～3.2厘米，大部不育，有的为钻形中性花；单性雄花序长3～5厘米；花序附属器基部径0.5～1.1厘米，苍白色，向上细，长10～20厘米，至佛焰苞喉部上升。雌花球形，花柱明显，柱头小，胚珠3～4；雄花具梗，花药2～4，白色，顶孔横裂。浆果黄红、红色，圆柱形，长约5毫米。种子1，黄色，具红色斑点。花期4—5月，果期7—9月。

生态环境：海拔2 700米以下，生于林下、灌丛或草地。日本、朝鲜也有。

药用部位：干燥块茎。

性味功效：苦、辛，温。燥湿化痰，祛风止痉，散结消肿。

主　　治：顽痰咳嗽，风痰眩晕，中风痰壅，口眼歪斜，半身不遂，癫痫，惊风，破伤风。生用外治痈肿，蛇虫咬伤。

魔芋

拉丁学名：*Amorphophallus rivieri* Durieu

药 材 名：魔芋。

别　　名：蒟蒻、花杆南星、花杆莲、麻芋子、花伞把。

形态特征：多年生草本植物。块茎扁球形，顶部中央多少下凹，暗红褐色；颈部周围生多数肉质根及纤维状须根。叶柄黄绿色，光滑，雌花序圆柱形，紫色；雄花序紧接（有时杂以少数两性花），深紫色。胚珠极短，无柄，球形或扁球形浆果，成熟时黄绿色。花果期4—9月。

生态环境：生于疏林下、林缘或溪谷两旁湿润地，或栽培于房前屋后、田边地角。

药用部位：块茎。

性味功效：解毒消肿，灸后健胃，消饱胀。

主　　治：流火，疔疮，无名肿毒，瘰疬，烫火伤，间日疟，乳痈，腹中痞块，疔癀高烧，疝气等。

半夏

拉丁学名：*Pinellia ternata*（Thunb.）Breit.

药 材 名：半夏。

别　　名：三叶半夏、三叶老、三步跳、麻玉果。

形态特征：块茎圆球形，径1～2厘米。叶2～5；幼叶卵状心形或戟形，全缘，长2～3厘米，老株叶3全裂，裂片绿色，长圆状椭圆形或披针形，中裂片长3～10厘米，侧裂片稍短，全缘或具不明显浅波状圆齿；叶柄长15～20厘米，基部具鞘，鞘内、鞘部以上或叶片基部（叶柄顶端）有径3～5毫米的珠芽。花序梗长25～30（35）厘米；佛焰苞绿或绿白色，管部窄圆柱形，长1.5～2厘米，檐部长圆形，绿色，有时边缘青紫色，长4～5厘米；雌肉穗花序长2厘米，雄花序长5～7毫米，间隔33毫米；附属器绿至青紫色，长6～10厘米，直立，有时弯曲。浆果卵圆形，黄绿色，花柱宿存。花期5—7月，果期8月。

生态环境： 海拔2 500米以下，常见于草坡、荒地、玉米地、田边或疏林下。

药用部位： 块茎。

性味功效： 有毒，燥湿化痰，降逆止呕。

主　　治： 咳嗽痰多，恶心呕吐。外用治急性乳腺炎、急慢性化脓性中耳炎。生用消疖肿。

螳螂跌打

拉丁学名： *Pothos scandens*

药 材 名： 螳螂跌打。

别　　名： 滴水芋、野芋。

形态特征： 附生藤本。叶形多变。叶片纸质，表面绿色，背面淡绿色，披针形至线状披针形，基部钝圆，先端渐尖。花序小，单生叶腋。序柄短，长5～8毫米；基部苞片6～8枚，绿色，覆瓦状排列，卵形，锐尖，小，上部的长约4毫米。佛焰苞极小，紫色，舟状，长5～6毫米。肉穗花序淡绿色、淡黄至黄色，近圆球形或椭圆形，长5～6毫米，粗4～5毫米，具梗，梗长4～5毫米；蕾时直立，花时从梗基部作180°的内折或扭转270°，因而佛焰苞直立，而肉穗花序下垂或扭向一侧。浆果绿色，成熟时红色或黄色，长圆状卵形。花果期四季。

生态环境： 海拔200～1 000米的山坡、平坝或河漫滩雨林及季雨林中较常见。多附生于树干或石崖上。

药用部位： 茎、叶。

性味功效： 味苦，辛，性温。散瘀止痛，接骨，祛风湿。

主　　治： 跌打损伤，骨折，风湿骨痛，腰腿痛。

爬树龙

拉丁学名： *Rhaphidophora decursiva*（Roxb.）Schott

药 材 名： 爬树龙。

别　　名： 过山龙、青竹标。

形态特征： 附生藤本。幼枝上叶片圆形，成熟枝叶片轮廓卵状长圆形、卵形，表面绿色，发亮，背面淡绿色；不等侧羽状深裂达中肋，裂片6～9（15）对。花序腋生，序柄粗壮，绿色，圆柱形。佛焰苞肉质，二面黄色，边缘稍淡，卵状长圆形，长17～20厘米，宽10～12厘米，蕾时席卷，花时展开呈舟状。肉穗花序无柄，灰绿色，圆柱形，长15～16厘米，粗2～3厘米，先端钝圆，基部斜形。雄蕊花丝线形，基部狭，长约5毫米，与子房近等长，花药黄色，长圆形，长不及1毫米；子房正六角状锥形，长5毫米，顶部宽约3毫米，花柱明显，长约1厘米，柱头长圆形，纵向，黄色；胚珠每室多数，珠柄纤细，着生于由隔膜形成的侧膜胎座上。果序粗棒状，长15～20厘米，粗5.0～5.5厘米；浆果锥状楔形，绿白色，下部白色透明或黄色。花期5—8月，果翌年夏秋成熟。

生态环境： 常见于季雨林和亚热带沟谷常绿阔叶林内，匍匐于地面、石上，或攀附于树干上。

药用部位： 茎叶。

性味功效： 接骨，消肿，清热解毒，止血，止痛，镇咳。

主　　治： 跌打损伤，骨折，蛇咬伤，痈疮节肿，小儿百日咳，咽喉肿痛，感冒，风湿性腰腿痛。

犁头尖

拉丁学名： *Typhonium divaricatum*（L.）Decaisne

药 材 名： 犁头尖。

别　　名： 芋头草、犁头草。

形态特征： 块茎近球形、头状或椭圆形。多年生植株有叶4～8；叶戟状三角形，前裂片卵形，长7～10厘米，后裂片长卵形，外展，长6厘米，基部弯缺；花序梗单一，生于叶腋，长9～11厘米，淡绿色，圆柱形，径2毫米，直立；佛焰苞管部绿色，卵形，长1.6～3.0厘米，檐部绿紫色，卷成长角状；肉穗花序无梗；雌花序圆锥形，长1.5～3.0毫米；中性花序线形，长1.7～4.0厘米，上升或下弯，下部7～8毫米处具花，连花径4毫米，无花部分径约1毫米，淡绿色；雄花序长4～9毫米，橙黄色；附属器深紫色，具强烈粪臭，长10～13厘米，基部斜截，具细柄，向上呈鼠尾状，近直立，下部1/3具疣皱。雄花近无梗，雄蕊2，药室2。雌花子房卵形，黄色，无花柱，柱头盘状，具乳突，红色。中性花线形，长约4毫米，两头黄色，中部红色。花期5—7月。

生态环境： 地边，田头，草坡，石隙中。

药用部位： 块茎。

性味功效： 解毒消肿，散结，止血。

主　　治： 毒蛇咬伤，痈疖肿毒，血管瘤，淋巴结结核，跌打损伤，外伤出血。一般外用，不作内服。

莎草科 Cyperaceae

浆果薹草

拉丁学名： *Carex baccans* Nees

药 材 名： 山稗子。

别　　名： 野高粱、红果莎、芭茅草、浆果苔草。

形态特征： 多年生草本。根状茎粗壮，丛生，木质。秆粗壮，高60～150厘米，三棱柱形，基部具褐红色呈纤维状分裂的叶鞘。叶秆生，条形，革质，长于秆，宽8～12毫米。圆锥花序复出，长5～30厘米；侧生枝圆锥花序长5～6厘米，上部者接近，下部者疏远；序梗自下而上渐短；苞片叶状，长于花序，具苞鞘；小穗极多数，全部从囊状的囊内不具花的枝的先出叶中生出，雄雌顺序，圆柱形，长1.5～6.0厘米；雌花鳞片矩圆卵形，长约3毫米，褐红色，具狭的白色膜质边缘，顶端钝，具芒尖，脉1～3。果囊倒卵形，稍长于鳞片，肿胀，最后呈浆果状，血红色，脉多数，顶端骤缩成短喙，喙顶端具 2 小齿。小坚果椭圆形，有三棱；柱头 3。

生态环境： 海拔 900～2 400 米的山坡、林下、灌木丛中。

药用部位： 种子。

性味功效： 甘、微辛，平。透疹止咳，补中利水。

主　　治： 全草治麻疹，水痘，百日咳，脱肛，浮肿。

香附子

拉丁学名： *Cyperus rotundus* L.

药 材 名： 香附。

别　　名： 三棱草、三楞草、姑娘草。

形态特征： 多年生草本。有匍匐根状茎和椭圆状块茎。秆直立，散生，高 15～95 厘米，有三锐棱。叶基生，短于秆，宽 2～5 毫米；鞘棕色，常裂成纤维状。苞片 2～3，叶状，长于花序；长侧枝聚伞花序简单或复出，有 3～6 个开展的辐射枝，最长达 12 厘米；小穗条形，3～10 个排成伞形花序，长 1～3 厘米，宽 1.5 毫米；小穗轴有白色透明的翅；鳞片紧密，2 列，膜质，卵形或矩圆卵形，长约 3 毫米，中间绿色，两侧紫红色，有 5～7 脉；雄蕊 3；柱头 3。小坚果矩圆倒卵形，有三棱，长约为鳞片的 1/3，表面具细点。

生态环境： 海拔 600～2 400 米的山坡、草地、田边路旁。

药用部位： 根茎。

性味功效： 辛，微寒。理气解郁，调经止痛，安胎。

主　　治： 胁肋胀痛，乳房胀育，疝气疼痛，月经不调，脘腹痞满疼痛，嗳气吞酸，呕恶，经行腹痛，崩漏带下，胎动不安。

短叶水蜈蚣

拉丁学名： *Kyllinga brevifolia* Rottb.

药 材 名： 水蜈蚣。

别　　名： 球子草。

形态特征： 多年生草本。匍匐根状茎长，被褐色鳞片，每节上生一秆。秆成列散生，细弱，高 7～20 厘米，扁三棱形，基部具 4～5 叶鞘，上面 2～3 叶鞘顶端具叶片。叶短于或长于秆，宽 2～4 毫米。叶状苞片 3，后期反折；穗状花序单一，近球形，长 5～10 毫米，宽 4.5～10.0 毫米；小穗极多数，矩圆状披针形，扁，长约 3 毫米，宽 0.8～1.0 毫米，有 1 朵花；鳞片白色具锈斑，长 2.8～3.0 毫米，龙骨状突起绿色，具刺，顶端具外弯的短尖，脉 5～7；雄蕊 3～1；柱头 2。小坚果倒卵状矩圆形，扁双凸透镜状，长为鳞片的 1/2，具密细点。

生态环境： 生于山坡荒地、路旁草丛中、田边草地、溪边。

药用部位： 全草。

性味功效： 辛，平。疏风解表，清热利湿，止咳化痰，祛瘀消肿。

主　　治： 伤风感冒，支气管炎，百日咳，疟疾，痢疾，肝炎，乳糜尿，跌打损伤，风湿性关节炎；外用治蛇咬伤，皮肤瘙痒，疖肿。

芭蕉科 Musaceae

芭蕉

拉丁学名： *Musa basjoo*

药 材 名： 芭蕉头。

别　　名： 牙蕉、板蕉、芭蕉树。

形态特征： 多年生草本植物，植株高2.5～4.0米。叶片长圆形，长2～3米，宽25～30厘米，先端钝，基部圆形或不对称，叶面鲜绿色，有光泽；叶柄粗壮，长达30厘米。花序顶生，下垂；苞片红褐色或紫色；雄花生于花序上部，雌花生于花序下部；雌花在每一苞片内10～16朵，排成2列；合生花被片长4～4.5厘米，具5（3+2）齿裂，离生花被片几乎与合生花被片等长，顶端具小尖头。浆果三棱状，长圆形，长5～7厘米，具3～5棱，近无柄，肉质，内具多数种子。种子黑色，具疣突及不规则棱角，宽6～8毫米。

生态环境： 栽培。

药用部位： 根、茎、花。

性味功效： 淡，凉。清热解毒，利尿消肿，凉血，止痛。

主　　治： 感冒咳嗽，头痛，高血压病，胃痛，腹痛，肝炎，痢疾，崩漏，胎动不安，尿路感染，水肿；外用治中耳炎，创伤出血，痈疖肿毒。

姜科 Zingiberaceae

艳山姜

拉丁学名： *Alpinia zerumbet*（Pers.）Burtt. et Smith

药 材 名： 大草蔻。

别　　名： 大良姜、土砂仁、假砂仁、草蔻、草豆蔻。

形态特征： 多年生草本，高2～3米。叶片披针形，长30～60厘米，宽5～10厘米，顶端渐尖而有一旋卷的小尖头，边缘具短柔毛，余无毛或有时于下面被毛；叶舌长5～10毫米。圆锥花序呈总状花序式，下垂，长达30厘米；苞片白色，顶端及基部粉红色；花萼近钟状，长约2厘米；花冠管较萼管为短，裂片矩圆形，长约3厘米，乳白色，顶端粉红；唇瓣匙状宽卵形，长约4厘米，顶端皱波状，黄色而有紫红色条纹。蒴果球形，直径约2厘米，被毛，有条纹，顶常冠以宿萼，熟时橙红色。花期4—6月，果期7—10月。

生态环境： 栽培。

药用部位： 根茎和果实。

性味功效： 健脾暖胃，燥湿散寒。

主　　治： 消化不良，呕吐腹泻。

草果

拉丁学名： *Amomum tsaoko* Crevost et Lemarie

药 材 名： 草果。

别　　名： 老蔻、红草果。

形态特征： 多年生丛生草本，高达2.5米，具匍匐茎。叶片长椭圆形或披针形，长约55厘米，宽达20厘米，顶端渐尖，基部渐狭，边缘干膜质；具短柄或无柄；叶舌长0.8～1.2厘米。穗状花序自根状茎发出，长约13厘米，宽约5厘米。蒴果密生，成熟时红色，长圆形或长椭圆形，长2.5～4.5厘米，干后褐色，具皱缩纵线条，不裂。种子多角形，径4～6毫米，有浓香。花期4—6月，果期9—12月。

生态环境： 海拔1 200～1 800米的林荫处。

药用部位： 果实。

性味功效： 辛，温。燥湿除寒，祛痰截疟，消食化食。

主　　治： 疟疾，痰饮痞满，脘腹冷痛，反胃，呕吐，泻痢，食积。

砂仁

拉丁学名： *Amomum villosum* Lour.

药 材 名： 砂仁。

别　　名： 春砂仁、阳春砂仁。

形态特征： 多年生草本，高1～2米；具匍匐茎。叶片披针形或矩圆状披针形或矩圆状披针形，长20～30厘米，宽3～7厘米，顶端具尾状细尖头，基部近圆形，无柄；叶舌长3～5毫米；叶鞘上可见凹陷的方格状网纹。穗状花序自根状茎发出，生于长4～6厘米的总花梗上；花萼白色；花冠管长1.8厘米，裂片卵状矩圆形，长约1.6厘米，白色；唇瓣圆匙形，宽约1.6厘米，顶端具突出、2裂、反卷、黄色的小尖头，中脉突起，紫红色，其余白色；药隔顶端附属体半圆形，长约3毫米，两边具宽约2毫米的耳状突起。蒴果椭圆形，长1.5～2.0厘米，成熟时紫红色，干后褐色，被不裂或分裂的柔刺。种子多角形，有浓香。花期5—6月，果期8—9月。

生态环境： 沟谷林下栽培。

药用部位： 果实。

性味功效： 辛，温。行气宽中，健脾消食。

主　　治： 胃腹胀痛，食欲不振，恶心呕吐，肠炎，痢疾，胎动不安。

莪术

拉丁学名： *Curcuma zedoaria* （Christm.） Rosc.

药 材 名： 兰姜。

别　　名： 蓝心姜、黑心姜、兰姜、绿姜、乌姜。

形态特征： 株高约1米；根茎圆柱形，肉质，具樟脑般香味，淡黄色或白色；根细长或末端膨大成块根。叶直立，椭圆状长圆形至长圆状披针形，长 25～35（60）厘米，宽 10～15 厘米，中部常有紫斑，无毛；叶柄较叶片为长。花葶由根茎单独发出，常先叶而生，长 10～20 厘米，被疏松、细长的鳞片状鞘数枚；穗状花序阔椭圆形，长 10～18 厘米，宽 5～8 厘米；苞片卵形至倒卵形，稍开展，顶端钝，下部绿色，顶端红色，上部紫色且较长；花萼长 1.0～1.2 厘米，白色，顶端 3 裂；花冠管长 2～2.5 厘米，裂片长圆形，黄色，不相等，后方的 1 片较大，长 1.5～2.0 厘米，顶端具小尖头；侧生退化雄蕊比唇瓣小；唇瓣黄色，近倒卵形，长约 2 厘米，宽 1.2～1.5 厘米，顶端微缺；花药长约 4 毫米，药隔基部具岔开的距；子房无毛。花期 4—6 月。

生态环境：海拔 1 300 米的林荫下、林缘谷地。

药用部位：块根。

性味功效：辛、苦，温。

主　　治：症瘕痞块，瘀血经闭，食积胀痛，早期宫颈癌。

红姜花

拉丁学名：*Hedychium coccineum* Buch. -Ham.

形态特征：茎高 1.5～2.0 米。叶片狭线形，长 25～50 厘米，宽 3～5 厘米，顶端尾尖，基部渐狭或近圆形，两面均无毛；无柄；叶舌长 1.2～2.5 厘米。穗状花序稠密，稀较疏，圆柱形，长 15～25 厘米，径 6～7 厘米，花序轴粗壮，无毛或被稀疏的长柔毛；苞片革质，内卷或在稠密的花序上较扁平，长圆形，急尖或钝，长 3.0～3.5 厘米，顶端被疏柔毛，稀无毛，内有 3 花；花红色，花萼长 2.5 厘米，具 3 齿，特别是顶部被疏柔毛；花冠管稍超过萼，裂片线形，反折，长 3 厘米；侧生退化雄蕊披针形，长 2.3 厘米，唇瓣圆形，径约 2 厘米或较小，深 2 裂，基部具瓣柄；花丝长 5 厘米，花药干时弯曲，长 7～8 毫米；子房被绢毛，长 2.5～3.0 毫米。蒴果球形，直径 2 厘米；种子红色。花期 6—8 月；果期 10 月。

生态环境：山谷林下，山谷林缘路边阴湿灌丛，山坡密林、杂木林中阴湿地。

药用部位：根状茎。

性味功效：辛，温；健胃消食。

姜

拉丁学名：*Zingiber officinale* Rosc.

药 材 名：干姜。

别　　名：白姜、均姜。

形态特征：株高 0.5～1.0 米；根茎肥厚，多分枝，有芳香及辛辣味。叶片披针形或线状披针形，长 15～30 厘米，宽 2～2.5 厘米，无毛，无柄；叶舌膜质，长 2～4 毫米。总花梗长达 25 厘米；穗状花序球果状，长 4～5 厘米；苞片卵形，长约 2.5 厘米，淡绿色或边缘淡黄色，顶端有小尖头；花萼管长约 1 厘米；花冠黄绿色，管长 2～2.5 厘米，裂片披针形，长不及 2 厘米；唇瓣中央裂片长圆状倒卵形，短于花冠裂片，有紫色条纹及淡黄色斑点，侧裂片卵形，长约 6 毫米；雄蕊暗紫色，花药长约 9 毫米；药隔附属体钻状，长约7毫米。花期秋季。

生态环境：栽培。

药用部位：根茎。

性味功效：生姜：辛，微温，解表散寒，温中止呕，化痰止咳；干姜：辛、热，温中散寒，回阳通脉，燥湿消痰。

主　　治：生姜：主治感冒风寒，呕吐，痰饮，喘咳，胀满；干姜：主治心腹冷痛，吐泻，肢冷脉微，寒饮喘咳，风寒湿痹。

美人蕉科 Cannaceae

美人蕉

拉丁学名：*Canna indica* L.

药 材 名：美人蕉。

别　　名：凤尾花、小芭蕉、五筋草。

形态特征：多年生直立草本，高1～2米，植株无毛，有粗壮的根状茎。叶互生，质厚，卵状长椭圆形，下部叶较大，长30～40厘米，全缘，顶端尖，基部阔楔形；中脉明显，侧脉羽状平行，叶柄有鞘。顶生总状花序具蜡质白粉；花常红色；苞片长约1.2厘米；萼片3，苞片状，淡绿色，披针形，长1.5～2.0厘米；花瓣3，萼片状，长约4厘米；狭，顶端尖；退化雄蕊通常5枚，花瓣状，鲜红色，倒披针形，其中2或3枚较大，1枚反卷，成唇瓣；发育雄蕊仅一边有1发育的药室；子房下位，3室，每室具胚珠多颗。蒴果球形，绿色，具小软刺。花果期3—12月。

生态环境：栽培。

药用部位：根茎。

性味功效：清热利湿，舒筋活络。

主　　治：黄疸肝炎，风湿麻木，外伤出血，跌打，子宫下垂，心气痛等。

兰科 Compositae

金线兰

拉丁学名：*Anoectochilus roxburghii*（Wall.）Lindl.

药 材 名：金线兰。

别　　名：金线莲、金钱草、金线石松。

形态特征：植株高达18厘米。茎具（2）3～4叶。叶卵圆形或卵形，长1.3～3.5厘米，上面暗紫或黑紫色，具金红色脉网，下面淡紫红色，基部近平截或圆；叶柄长0.4～1.0厘米，基部鞘状抱茎。花序具2～6花，长3～5厘米，花序轴淡红色和花序梗均被柔毛，花序梗具2～3鞘状苞片。苞片淡红色，卵状披针形或披针形，长6～9毫米；子房被柔毛，连花梗长1.0～1.3厘米；花白或淡红色，萼片被柔毛，中萼片卵形，舟状，长约6毫米，宽2.5～3.0毫米，与花瓣粘贴呈兜状，侧萼片张开，近斜长圆形或长圆状椭圆形，长7～8毫米；花瓣近镰状，斜歪，较萼片薄；唇瓣位于上方，长约1.2厘米，呈Y形，前部2裂，裂片近长圆形或近楔状长圆形，长约6毫米，全缘，中部爪长4～5毫米，两侧各具6～8条、长4～6毫米的流苏状细裂条，基部具圆锥状距，距长5～6毫米，上举向唇瓣，末端2浅裂，距内近口具2枚肉质胼胝体；蕊柱长约2.5毫米，前面两侧具片状附属物；花药卵形；蕊喙直立，2裂，柱头2，位于蕊喙的基部两侧。花期（8）9—11（12）月。

药用部位：全草。

性味功效：清热凉血，除湿解毒。

主　　治：肺结核咯血，糖尿病，肾炎，膀胱炎，重症肌无力，风湿性及类风湿性关节炎，毒蛇咬伤。

小白及

拉丁学名：*Bletilla formosana*（Hayata）Schltr.

药 材 名：小白及。

别　　名：台湾白及。

形态特征：植株高达50厘米。假鳞茎扁卵圆形。茎具3～5叶。叶线状披针形、窄披针形或窄长圆形，长6～20（40）厘米，宽0.5～1（2～4.5）厘米。花序具（1）2～6朵花。苞片长圆状披针形；花淡紫或粉红色，稀白色；萼片和花瓣窄长圆形，长1.5～2.1厘米，近等大，萼片先端近尖；花瓣先端稍钝，唇瓣椭圆形，长1.5～1.8厘米，中部以上3裂，侧裂片斜半圆形，合抱蕊柱，先端稍尖，常伸达中裂片1/3以上，中裂片近圆形或近倒卵形，长4～5毫米，边缘微波状，先端钝圆，稀略凹缺，唇盘具5条脊状褶片，褶片从基部至中裂片均波状，蕊柱长1.2～1.3厘米。花期4—5（6）月。

生态环境：生于海拔600～3 100米的常绿阔叶林、栎林、针叶林下，路边、沟谷草地或草坡及岩石缝中。

药用部位：块茎。

性味功效：苦，平。补肺，止血，生肌，收敛。

主　　治：肺痨咯血，矽肺，胃肠出血，跌打损伤。

白及

拉丁学名：*Bletilla striata*（Thunb. ex A. Murray）Rchb. f.

药 材 名：白及。

别　　名：白根、地螺丝、白鸡儿、白鸡娃、连及草、羊角七。

形态特征：植株高达60厘米。假鳞茎扁球形。茎粗壮。叶4～6。窄长圆形或披针形，长8～29厘米，宽1.5～4.0厘米。花序具3～10花。苞片长圆状披针形，长2.0～2.5厘米；花紫红或淡红色；萼片和花瓣近等长，窄长圆形，长2.5～3.0厘米；花瓣较萼片稍宽，唇瓣倒卵状椭圆形，长2.3～2.8厘米，白色带紫红色，唇盘具5条纵褶片，从基部伸至中裂片近顶部，中裂片波状，在中部以上3裂，侧裂片直立，合抱蕊柱，先端稍钝，宽1.8～2.2厘米，伸达中裂片1/3，中裂片倒卵形或近四方形，长约8毫米，宽约7毫米，先端凹缺，具波状齿；蕊柱长1.8～2.0厘米。花期4—5月。

生态环境：栽培。

药用部位：块茎。

性味功效：苦、甘、涩，微寒。收敛止血，消肿生肌。

主　　治：咳血吐血，外伤出血，疮疡肿毒，皮肤皲裂；肺结核咳血，溃疡病出血。

伏生石豆兰

拉丁学名：*Bulbophyllum reptans*（Lindl.）Lindl.

药 材 名：石链子。

别　　名：石链子、麦斛、小绿芨、果上叶、牛虱子。

形态特征：假鳞茎疏生在分枝根状茎上，卵形或卵状圆锥形，顶生1叶；根状茎被数枚覆瓦状鞘。叶直立，长圆形，长7～8（15）厘米，先端稍凹缺；具短柄。花葶生于假鳞茎基部，直立，纤细，总状花序长约为花葶的1/2，具3～6花。花淡黄带紫红色条纹；萼片披针形，长0.7～1.0厘米，宽约2毫米，侧萼片较中萼片稍长，在下部的下侧边缘黏合，基部贴生蕊柱足；花瓣质较薄，近倒卵形或卵状椭圆形，长3～4毫米，全缘，唇瓣近肉质，较花瓣稍长，外弯，下部两侧对折，全缘；蕊柱长约1毫米，蕊柱足长约2毫米，离生部分长1毫米，蕊柱齿钻状。花期1—10月。

生态环境：生于海拔1 000～2 800米的山地常绿阔叶林中树干上或林下岩石上。

药用部位：全草。

性味功效：甘，淡，凉。归肺、胃、肾经。

主　　治：支气管炎，咳嗽，咯血，慢性咽痛，慢性胃炎，食欲不振；外用于跌打损伤，骨折。

密花石豆兰

拉丁学名：*Bulbophyllum odoratissimum*（J. E. Smith）Lindl.

药 材 名：果上叶。

别　　名：石串莲、羊奶果。

形态特征：附生兰。根状茎分枝；假鳞茎疏生，近圆柱形，直立，顶生1叶。叶长圆形，长4～13.5厘米，先端凹缺，几无柄。花葶生于假鳞茎基部，总状花序呈伞形，常点垂，密生10余朵花。花白色；萼片离生，质较厚，披针形，两侧内卷呈筒状，中萼片长6～8毫米，全缘，侧萼片长0.4～1.4厘米，宽1.5～2.0毫米；花瓣近卵形，长1～2毫米，唇瓣橘红色，肉质，舌形，上面具2条密生细乳突；蕊柱长1毫米，蕊柱足长约1毫米，离生部分长0.5毫米。花期4—8月。

生态环境：生于海拔200～2 300米的混交林中树干上或山谷岩石上。

药用部位：全株。

性味功效：甘，淡，凉，润肺化痰，通络止痛。

主　　治： 肺结核咯血，慢性气管炎，慢性咽炎，疝气疼痛，月经不调，风湿痹痛，跌打损伤。

卵叶贝母兰

拉丁学名： *Coelogyne occultata* Hook. f.

药 材 名： 卵叶贝母兰。

别　　名： 有瓜石斛。

形态特征： 根状茎粗 4～5 毫米；假鳞茎相距 2～5 厘米，长圆状倒卵形，长 1.5～5.0 厘米，顶生 2 叶。叶卵形或卵状椭圆形，革质，长 3～6 厘米；叶柄粗，长 4～9 毫米。花葶生于根状茎，长 3～6 厘米，花期大部包于鞘内，花与花梗外露，花序具 2～3 花。苞片早落；花白色，唇瓣具紫色脉纹和棕黄色眼斑；萼片披针形或长圆状披针形，长 3.0～3.3 厘米，侧萼片较中萼片略短而窄；花瓣线状倒披针形，长 3.0～3.3 厘米，宽 3.5～4.0 毫米，唇瓣卵形，长 2.0～2.5 厘米，3 裂，侧裂片近半圆形；直立，中裂片卵形，长约 1 厘米，唇盘有 2（3）脊，延至中裂片下部，脊有不规则细圆齿；蕊柱长 1.5～1.8 厘米。蒴果近长圆形，长约 2 厘米，多少具 3 棱。花期 6—7 月，果期 11 月。

生态环境： 生于岩边、林下、路旁的阴湿处或林中树干上或沟谷旁岩石上，海拔 1 900～2 400 米。

药用部位： 全株。

性味功效： 甘、淡，凉。滋阴益肾，养胃生津。

主　　治： 热病伤津，潮热，盗汗，遗精，腰酸无力，慢性胃炎，胃酸缺乏，食欲不振，早泄，阳痿，月经不调。

兜唇石斛

拉丁学名： *Dendrobium aphyllum*（Roxb.）C. E. Fischer

药 材 名： 石斛。

别　　名： 吊兰花、水草。

形态特征： 茎下垂，肉质，细圆柱形，长 30～60（90）厘米，粗 4～7（10）毫米，不分枝，具多数节；节间长 2.0～3.5 厘米。叶纸质，二列互生于整个茎上，披针形或卵状披针形，长 6～8 厘米，宽 2～3 厘米，先端渐尖，基部具鞘；叶鞘纸质，干后浅白色，鞘口呈杯状张开。总状花序几乎无花序轴，每 1～3 朵花为一束，从落了叶或具叶的老茎上发出；花序柄长 2～5 毫米，基部被 3～4 枚鞘；鞘膜质，长 2～3 毫米；花苞片浅白色，膜质，卵形，长约 3 毫米，先端急尖；花梗和子房暗褐色带绿色，长 2.0～2.5 厘米；花开展，下垂；萼片和花瓣白色带淡紫红色或浅紫红色的上部或有时全体淡紫红色；中萼片近披针形，长 2～3 厘米，宽 5～6 毫米，先端近锐尖，具 5 条脉；侧萼片相似于中萼片而等大，先端急尖，具 5 条脉，基部歪斜；萼囊狭圆锥形，长约 5 毫米，末端钝；花瓣椭圆形，长 2～3 厘米，宽 9～10 毫米，先端钝，全缘，具 5 条脉；唇瓣宽倒卵形或近圆形，长、宽 2～5 厘米，两侧向上围抱蕊柱而形成喇叭状，基部两侧具紫红色条纹并且收狭为短爪，中部以上部分为淡黄色，中部以下部分为浅粉红色，边缘具不整齐的细齿，两面密布短柔毛；蕊柱白色，其前面两侧具红色条纹，长约3毫米；药帽白色，近圆锥状，顶端稍凹缺，密布细乳突状毛，前端边缘宽凹缺。蒴果狭倒卵形，长约4厘米，粗1.2厘米，具长1～1.5厘米的柄。花期3—4月，果期6—7月。

生态环境：附生于海拔1 000～1 800米的树上，或栽培。

药用部位：茎、全草。

性味功效：甘、淡，寒。清热除烦，清肝息风，利尿解毒。

主　　治：热病津伤之烦渴，肝阳上亢证，食物中毒，咳嗽，咽喉痛，口干舌燥，烧伤烫伤。

齿瓣石斛

拉丁学名：*Dendrobium devonianum* Paxt.

药 材 名：石斛。

别　　名：黄草。

形态特征：茎下垂，细长圆柱形，长达1米。叶纸质，二列互生于茎上，窄卵状披针形，长8～13厘米，宽1.2～2.5厘米，基部具抱茎纸质鞘，鞘常具紫红色斑点。花序常数个，生于已落叶老茎上，每花序具1～2花，花序梗长约4毫米。苞片卵形；花质薄，有香气，萼片和花瓣白色，上部带紫红色晕；中萼片与侧萼片卵状披针形，长约2.5厘米，萼囊近球形，长4毫米；花瓣卵形，与萼片等长稍宽，具短爪，边缘具流苏，唇瓣近圆形，长3厘米，白色，前部紫红色，具短爪，边缘具复流苏，上面密被毛，唇盘两侧具黄色斑块；药帽前端边缘具齿。花期4—5月。

生态环境：附生于海拔600～2 000米的岩石或树上。栽培。

药用部位：茎。

性味功效：甘，微寒。益胃生津，滋阴清热。

主　　治：阴伤津亏，口干烦渴，食少干呕，病后虚热，目暗不明。

串珠石斛

拉丁学名：*Dendrobium falconeri* Hook.

药 材 名：石斛。

别　　名：新竹石斛、红鹏石斛。

形态特征：茎悬垂，细圆柱形，长达40厘米或更长，分枝节上常肿大呈念珠状，常暗黑色或铁色。叶常2～3枚互生分枝上部，窄披针形，长5～7厘米，宽3～7毫米，先端钩转，基部具水红色纸质筒状鞘。花序常具单花，花序梗纤细，长0.5～1.5厘米。花质地薄，美丽；萼片淡紫或水红色，先端带深紫色，卵状披针形，中萼片长3.0～3.6厘米，宽7～8毫米，侧萼片与中萼片等大，基部歪斜，萼囊近球形，长约6毫米；花瓣白色，先端带紫色，卵状菱形，较萼片稍短较宽，先端锐尖；唇瓣白色，先端带紫色，卵状菱形，与花瓣等长而甚宽，具细锯齿，基部两侧黄色，唇盘具深紫色斑块，上面密被短毛；药帽乳白色，顶端密被棘刺状毛，前端边缘撕裂状。花期5—6月。

生态环境：海拔1 600米左右的山坡林中。

药用部位： 茎。

性味功效： 甘，微寒。益胃生津，滋阴清热。

主　　治： 阴伤津亏，口干烦渴，食少干呕，病后虚热，目暗不明。

流苏石斛

拉丁学名： *Dendrobium fimbriatum* Hook.

药 材 名： 马鞭石斛。

别　　名： 大黄草、马鞭杆、旱马棒。

形态特征： 茎坚挺，圆柱形，长 0.5～1.0 米。叶革质，长圆形或长圆状披针形，长 8.0～15.5 厘米，先端有时微 2 裂，基部具抱茎鞘。花序疏生 6～12 花，花序梗长 2～4 厘米，基部套迭数枚长 0.3～1.0 厘米的筒状鞘。花金黄色，质薄，开展，稍有香气；中萼片长圆形，长 1.3～1.8 厘米，侧萼片卵状披针形，与中萼片等长稍窄，萼囊近球形，长约 3 毫米；花瓣椭圆形，长 1.2～1.9 厘米，边缘具微啮蚀状，唇瓣色较深，近圆形，长 1.5～2.0 厘米，基部两侧具紫红色条纹，爪长约 3 毫米，边缘具复式短流苏，唇盘具横半月形深紫色斑块，上面密被茸毛。花期 4—6 月。

生态环境： 海拔 600～1 700 米，生于密林中树干上或山谷阴湿岩石上。

药用部位： 茎。

性味功效： 甘，微寒。益胃生津，滋阴清热。

主　　治： 阴伤津亏，口干烦渴，食少干呕，病后虚热，目暗不明。

细叶石斛

拉丁学名： *Dendrobium hancockii* Rolfe

药 材 名： 石斛。

别　　名： 黄草。

形态特征： 茎直立，质地较硬，圆柱形或有时基部上方有数个节间膨大而形成纺锤形，长达 80 厘米，粗 2～20 毫米，通常分枝，具纵槽或条棱，干后深黄色或橙黄色，有光泽，节间长达 4.7 厘米。叶通常 3～6 枚，互生于主茎和分枝的上部，狭长圆形，长3～10 厘米，宽 3～6 毫米，先端钝并且不等侧 2 裂，基部具革质鞘。总状花序长 1.0～2.5 厘米，具 1～2 朵花，花序柄长 5～10 毫米；花苞片膜质，卵形，长约 2 毫米，先端急尖；花梗和子房淡黄绿色，长 12～15 毫米，子房稍扩大；花质地厚，稍具香气，开展，金黄色，仅唇瓣侧裂片内侧具少数红色条纹；中萼片卵状椭圆形，长（1）1～8～2.4 厘米，宽（3.5）5～8 毫米，先端急尖，具 7 条脉；侧萼片卵状披针形，与中萼片等长，但稍较狭，先端急尖，具 7 条脉；萼囊短圆锥形，长约 5 毫米；花瓣斜倒卵形或近椭圆形，与中萼片等长而较宽，先端锐尖，具 7 条脉，唇瓣长宽相等，1～2 厘米，基部具 1 个胼胝体，中部 3 裂；侧裂片围抱蕊柱，近半圆形，先端圆形；中裂片近扁圆形或肾状圆形，先端锐尖；唇盘通常浅绿色，从两侧裂片之间到中裂片上密布短乳突状毛；蕊柱长约 5 毫米，基部稍扩大，具长约 6 毫米的蕊柱足；蕊柱齿近三角形，先端短而钝；药帽斜圆锥形，表面光滑，前面具 3 条脊，前端边缘具细齿。花期 5—6 月。

生态环境：生于海拔 700～1 000 米的山地栎林中树干上或山谷岩石上。

药用部位：全草。

性味功效：滋阴养胃，清热生津，润肺。

主　　治：热病伤津，口干燥渴及病后虚热等。

铁皮石斛

拉丁学名：*Dendrobium officinale* Kimura et Migo

药 材 名：铁皮石斛。

别　　名：耳环石斛。

形态特征：茎直立，圆柱形；叶二列，纸质，长圆状披针形，先端钝并且多少钩转，基部下延为抱茎的鞘，边缘和中肋常带淡紫色；叶鞘常具紫斑，老时其上缘与茎松离而张开，并且与节留下 1 个环状铁青的间隙。总状花序常从落了叶的老茎上部发出，具 2～3 朵花；花序柄长 5～10 毫米，基部具 2～3 枚短鞘；花序轴回折状弯曲，长 2～4 厘米；花苞片干膜质，浅白色，卵形，长 5～7 毫米，先端稍钝；花梗和子房长 2.0～2.5 厘米；萼片和花瓣黄绿色，近相似，长圆状披针形，长约 1.8 厘米，宽 4～5 毫米，先端锐尖，具 5 条脉；侧萼片基部较宽阔，宽约 1 厘米；萼囊圆锥形，长约 5 毫米，末端圆形；唇瓣白色，基部具 1 个绿色或黄色的胼胝体，卵状披针形，比萼片稍短，中部反折，先端急尖，不裂或不明显 3 裂，中部以下两侧具紫红色条纹，边缘多少波状；唇盘密布细乳突状的毛，并且在中部以上具 1 个紫红色斑块；蕊柱黄绿色，长约 3 毫米，先端两侧各具 1 个紫点；蕊柱足黄绿色带紫红色条纹，疏生毛；药帽白色，长卵状三角形，长约 2.3 毫米，顶端近锐尖并且 2 裂。花期 3—6 月。

生态环境：栽培。

药用部位：茎。

性味功效：甘，微寒。益胃生津，滋阴清热。

主　　治：阴伤津亏，口干烦渴，食少干呕，病后虚热，目暗不明。

高斑叶兰

拉丁学名：*Goodyera procera*（Ker-Gawl.）Hook.

药 材 名：石风丹。

别　　名：大斑叶兰。

形态特征：植株高 22～80 厘米。根状茎短而粗，具节。茎直立，无毛，具 6～8 枚叶。叶片长圆形或狭椭圆形，长 7～15 厘米，宽 2.0～5.5 厘米，上面绿色，背面淡绿色，先端渐尖，基部渐狭，具柄；叶柄长 3～7 厘米，基部扩大呈抱茎的鞘。花茎长 12～50 厘米，具 5～7 枚鞘状苞片；总状花序具多数密生的小花，似穗状，长 10～15 厘米，花序轴被毛；花苞片卵状披针形，先端渐尖，无毛，长 5～7 毫米；子房圆柱形，被毛，连花梗长 3～5 毫米；花小，白色带淡绿，芳香，不偏向一侧；萼片具 1 脉，先端急尖，无毛，中萼片卵形或椭圆形，凹陷，长 3.0～3.5 毫米，宽 1.7～2.5 毫米，与花瓣黏合呈兜状；侧萼片偏斜的卵形，长 2.5～3.2 毫米，宽 1.5～2.2 毫米；花瓣匙形，白色，长 3.0～

3.5 毫米，上部宽 1.0～1.2 毫米，先端稍钝，具 1 脉，无毛；唇瓣宽卵形，厚，长 2.2～2.5 毫米，宽 1.5～1.7 毫米，基部凹陷，囊状，内面有腺毛，前端反卷，唇盘上具 2 枚胼胝体；蕊柱短而宽，长 2 毫米；花药宽卵状三角形；花粉团长约 1.3 毫米；蕊喙直立，2 裂；柱头 1 个，横椭圆形。花期 4—5 月。

生态环境：生于海拔 250～1 550 米的林下。

药用部位：全草。

性味功效：辛，温。祛风除湿，止咳平喘。

主　　治：风湿骨痛，跌打损伤，气管炎，哮喘。

斑叶兰

拉丁学名：*Goodyera schlechtendaliana* Rchb.

药 材 名：斑叶兰。

别　　名：银线盆、九层盖、银耳环。

形态特征：植株高达 35 厘米。根状茎长。茎具 4～6 叶。叶卵形或卵状披针形，长 3～8 厘米，上面具白或黄白色不规则点状斑纹，下面淡绿色，基部近圆或宽楔形；叶柄长 0.4～1.0 厘米。花茎高 10～28 厘米，被长柔毛，具 3～5 鞘状苞片；花序疏生几朵至 20 余朵近偏向一侧的花，长 8～20 厘米。苞片披针形，长约 1.2 厘米，背面被柔毛；子房扭转，被长柔毛，连花梗长 0.8～1.0 厘米；花白或带粉红色，萼片背面被柔毛，中萼片窄椭圆状披针形，长 0.7～1.0 厘米，舟状，与花瓣粘贴呈兜状，侧萼片卵状披针形，长 7～9 毫米：花瓣菱状倒披针形，长 0.7～1.0 厘米，唇瓣卵形，长 6.0～8.5 毫米，基部凹入呈囊状，宽 3～4 毫米，内面具多数腺毛，前端舌状，略下弯；花药卵形。花期 8—10 月。

生态环境：生于山谷林下阴湿处。

药用部位：全草。

性味功效：甘，辛，平。润肺止咳，补肾益气，行气活血，消肿解毒。

主　　治：肺痨咳嗽，气管炎，头晕乏力，神经衰弱，阳痿，跌打损伤，骨节疼痛，咽喉肿痛，乳痈，疮疖，瘰疬，毒蛇咬伤。

羊耳蒜

拉丁学名：*Liparis japonica*（Miq.）Maxim.

药 材 名：羊耳蒜。

别　　名：鸡心七、算盘七、珍珠七。

形态特征：地生草本。假鳞茎宽卵形，较小，长 5～10 毫米，直径 6～12 毫米，外被白色的薄膜质鞘。叶 2 枚，卵形至卵状长圆形，长 2～5.5 厘米，宽 1～2（3）厘米，先端急尖或钝，近全缘，基部收狭呈鞘状柄，无关节；鞘状柄长 1.5～5.0 厘米。花葶长 10～25 厘米；总状花序具数朵至 10 余朵花；花苞片卵状披针形，长 12 毫米；花梗和子房长 5～10 毫米；花淡紫色；中萼片线状披针形，长 5～6 毫米，宽约 1.4 毫米，具 3 脉；侧萼片略斜歪，比中萼片宽（约 1.8 毫米），亦具 3 脉；花瓣丝状，长 5～6 毫米，宽约

0.5 毫米；唇瓣近倒卵状椭圆形，长 5～6 毫米，宽约 3.5 毫米，从中部多少反折，先端近浑圆并有短尖，边缘具不规则细齿，基部收狭，无胼胝体；蕊柱长约 2.5 毫米，稍向前弯曲，顶端具钝翅，基部扩大、肥厚。花期 7 月。

生态环境： 生于林下、灌丛中或草地荫蔽处，海拔 1 100～2 750 米。

药用部位： 全草。

性味功效： 微酸，平。止血止痛。

主　　治： 崩漏，白带，产后腹痛。

见血青

拉丁学名： *Liparis nervosa*（Thunb. ex A. Murray）Lindl.

药 材 名： 见血清。

别　　名： 见血莲、矮胖儿、肉螃蟹、铁爬树。

形态特征： 地生草本。茎或假鳞茎圆柱状，肉质，有数节，常包于叶鞘之内。叶 2～5，卵形或卵状椭圆形，膜质或草质，长 5～11（16）厘米，基部呈鞘状柄，无关节。花葶生于茎顶，长 20（25）厘米；花序具数朵至 10 余朵花。苞片三角形；花紫色；中萼片线形或宽线形，长 0.8～1.0 厘米，边缘外卷，侧萼片窄卵状长圆形，稍斜歪，长 6～7 毫米；花瓣丝状，长 7～8 毫米，宽约 0.5 毫米，唇瓣长圆状倒卵形，长约 6 毫米，先端平截，微凹，基部具 2 近长圆形胼胝体；蕊柱长 4～5 毫米，上部两侧有窄翅。蒴果倒卵状长圆形或窄椭圆形，长约 1.5 厘米。花期 2—7 月，果期 10 月。

生态环境： 生于林下、溪谷旁、草丛阴处或岩石覆土上，海拔 1 000～2 100 米。

药用部位： 全草。

性味功效： 苦，寒。清热，凉血，止血。

主　　治： 肺热咯血，吐血；外用治创伤出血，疮疖肿毒。

绶草

拉丁学名： *Spiranthes sinensis*（Pers.）Ames

药 材 名： 盘龙参。

别　　名： 龙抱柱、盘龙草、双瑚草。

形态特征： 植株高达 30 厘米。茎近基部生 2～5 叶。叶宽线形或宽线状披针形，稀窄长圆形，直伸，长 3～10 厘米，宽 0.5～1.0 厘米，基部具柄状鞘抱茎。花茎高达 25 厘米，上部被腺状柔毛或无毛；花序密生多花，长 4～10 厘米，螺旋状扭转。苞片卵状披针形；子房纺锤形，扭转，被腺状柔毛或无毛，连花梗长 4～5 毫米；花紫红、粉红或白色，在花序轴螺旋状排生；萼片下部靠合，中萼片窄长圆形，舟状，长 4 毫米，宽 1.5 毫米，与花瓣靠合兜状，侧萼片斜披针形，长 5 毫米；花瓣斜菱状长圆形，与中萼片等长，较薄；唇瓣宽长圆形，凹入，长 4 毫米，前半部上面具长硬毛，边缘具皱波状啮齿，唇瓣基部浅囊状，囊内具 2 胼胝体。花期 7—8 月。

生态环境： 海拔 200～3 400 米的山坡林下、灌丛下、草地或河滩沼泽草甸中。

药用部位： 全草。

性味功效：甘、淡，平。滋阴益气，凉血解毒，涩精。

主　　治：病后气血两虚，少气无力，气虚白带，遗精，失眠，燥咳，咽喉肿痛，缠腰火丹，肾虚，肺痨咯血，消渴，小儿暑热症；外用于毒蛇咬伤，疮肿。

笋兰

拉丁学名：*Thunia alba*（Lindl.）Rchb. f.

药 材 名：岩笋。

别　　名：接骨丹、通兰、石笋。

形态特征：地生或附生草本，高达55厘米。叶薄纸质，窄椭圆形或窄椭圆状披针形，长10～20厘米；筒状鞘长2～4厘米。花序具2～7花。苞片舟状，薄革质，宿存；花梗和子房长2.5～3.0厘米；花白色，唇瓣黄色，有橙色或栗色斑纹，边缘白色；萼片窄长圆形，长4～5厘米，花瓣与萼片近等长，唇瓣宽卵状长圆形，长4～5厘米，有不规则流苏或啮蚀状，唇盘上部有5～6褶片，褶片裂成短流苏，距圆筒状，长约1厘米；蕊柱长约2厘米。蒴果椭圆形，长约4厘米。花期6月。

生态环境：生于林下岩石上或树杈凹处，也见于多石地上，海拔1 200～2 300米。

药用部位：全草。

性味功效：淡，平。活血，祛瘀，接骨。

主　　治：骨折，跌打损伤，创伤。

参 考 文 献

国家药典委员会，2010. 中华人民共和国药典（一部）. 北京：化学工业出版社.

云南省药材公司，1993. 云南中药资源名录. 北京：科学出版社.

云南省药物研究所，2004. 云南天然药物图鉴. 昆明：云南科学技术出版社.

张惠源，张志英，1993. 中国中药资源志要. 北京：科学出版社.

图书在版编目（CIP）数据

泸水市常见药用植物 / 张林辉等主编．—北京：
中国农业出版社，2021.6
ISBN 978-7-109-28381-7

Ⅰ.①泸… Ⅱ.①张… Ⅲ.①药用植物—介绍—泸水
Ⅳ.①Q949.95

中国版本图书馆 CIP 数据核字（2021）第 117540 号

泸水市常见药用植物
LUSHUISHI CHANGJIAN YAOYONG ZHIWU

中国农业出版社出版
地址：北京市朝阳区麦子店街 18 号楼
邮编：100125
责任编辑：李 蕊 黄 宇
版式设计：杜 然 责任校对：刘丽香 责任印制：王 宏
印刷：中农印务有限公司
版次：2021 年 6 月第 1 版
印次：2021 年 6 月北京第 1 次印刷
发行：新华书店北京发行所
开本：787mm×1092mm 1/16
印张：17 插页：28
字数：390 千字
定价：160.00 元

版权所有 · 侵权必究
凡购买本社图书，如有印装质量问题，我社负责调换。
服务电话：010 - 59195115 010 - 59194918

1 苔藓植物门

地　钱

2 蕨类植物门

石　松

扁枝石松

细叶卷柏

披散木贼

节节草

海金沙

紫　萁

凤尾蕨

蜈蚣草

半月形铁线蕨

肾　蕨

瓦　韦

石　韦

槲　蕨

3 裸子植物门

银　杏

云南松

侧　柏

小果垂枝柏

云南红豆杉

4 被子植物门

毛杨梅

胡　桃

清溪杨

云南柳

尼泊尔桤木

栗

麻　栎

山黄麻

杜　仲

波罗蜜

构　树

大　麻

大果榕

雅　榕

粗叶榕

对叶榕

菩提树

鸡嗉子榕

桑

地　果

苎　麻

水　麻

大蝎子草

糯米团

假楼梯草

石筋草

粗齿冷水花

藤　麻

小果荨麻

沙　针

梋树桑寄生

南桑寄生

鞘　花

龙陵钝果寄生

梨果寄生

扁枝槲寄生

杯茎蛇菰

金荞麦

苦荞麦

何首乌

头花蓼

火炭母

水　蓼

蚕茧草

红　蓼

草血竭

习见蓼

羽叶蓼

尼泊尔蓼

杠板归

香　蓼

虎　杖

齿果酸模

戟叶酸模

长刺酸模

尼泊尔酸模

商　陆

垂序商陆

光叶子花

紫茉莉

大花马齿苋

马齿苋

土人参

落葵薯

荷莲豆草

金铁锁

藜

土荆芥

地　肤

土牛膝

牛　膝

喜旱莲子草

刺花莲子草

刺　苋

苋

皱果苋

青　葙

鸡冠花

头花杯苋

山玉兰

紫玉兰

长喙厚朴

凹叶木兰

白　兰

合蕊五味子

云南樟

柴　桂

山鸡椒

贡山木姜子

假柿木姜子

木姜子

新　樟

滇西乌头

乌　头

黄草乌

草玉梅

野棉花

粗齿铁线莲

毛木通

毛果绣球藤

钝萼铁线莲

美花铁线莲

云南铁线莲

云南黄连

角萼翠雀

云南翠雀花

牡　丹

芍　药

棱喙毛茛

偏翅唐松草

小喙唐松草

壮刺小檗

粉叶小檗

独龙小檗

尼泊尔十大功劳

独龙十大功劳

白木通

木防己

地不容

千斤藤

莲

蕺　菜

石蝉草

豆瓣绿

卵叶胡椒

蒌　叶

黄花胡椒

石南藤

韶　子

葫芦叶马兜铃

宝兴马兜铃

尼泊尔水东哥

普洱茶

木　荷

细枝柃

西南金丝梅

地耳草

紫　堇

紫金龙

野香橼花

弯曲碎米荠

菘　蓝

落地生根

长鞭红景天

优秀红景天

佛甲草

多茎景天

石　莲

溪畔落新妇

岩白菜

马桑绣球

蜡莲绣球

西南绣球

短萼海桐

龙芽草

桃

梅

皱皮木瓜

厚叶栒子

西南栒子

野山楂

蛇　莓

枇　杷

黄毛草莓

路边青

西南委陵菜

蛇含委陵菜

月季花

栽秧泡

羽叶金合欢

白花羊蹄甲

云　实

双荚决明

腊肠树

铁刀木

假地蓝

线叶猪屎豆

凤凰木

假地豆

广东金钱草

刺　桐

大叶千斤拔

茸毛木蓝

扁　豆

截叶铁扫帚

银合欢

补骨脂

苦　葛

葛

蔓茎葫芦茶

赤小豆

酢浆草

刚毛紫地榆

旱金莲

飞扬草

金刚纂

厚叶算盘子

麻疯树

木　薯

余甘子

叶下珠

蓖　麻

乌　桕

油　桐

臭节草

香　橼

吴茱萸

九里香

花　椒

米仔兰

灰毛浆果楝

川　楝

香　椿

荷包山桂花

齿果草

马　桑

黄连木

清香木

盐肤木

青榨槭

龙　眼

车桑子

荔　枝

锐齿凤仙花

凤仙花

刺叶冬青

冬　青

雀舌黄杨

滇刺枣

乌蔹莓

狭叶崖爬藤

毛葡萄

黄蜀葵

剑叶秋葵

磨盘草

苘　麻

蜀　葵

木芙蓉

朱　槿

木　槿

冬　葵

桤叶黄花稔

地桃花

长勾刺蒴麻

木　棉

土沉香

密花胡颓子

心叶堇菜

如意草

三开瓢

番木瓜

秋海棠

南　瓜

绞股兰

丝　瓜

苦　瓜

茅　瓜

云南赤瓟

栝　楼

钮子瓜

紫　薇

圆叶节节菜

蓝　桉

番石榴

石　榴

多花野牡丹

假朝天罐

星毛金锦香

使君子

草　龙

粉花月见草

八角枫

喜　树

头状四照花

有齿鞘柄木

白　蝴

虎刺楤木

竹节参

当　归

积雪草

刺　芹

二管独活

怒江天胡荽

红马蹄草

川　芎

水　芹

杏叶茴芹

小窃衣

水晶兰

鹿蹄草

地檀香

珍珠花

马缨杜鹃

仇砂根

白花酸藤果

鲫鱼胆

点地梅

过路黄

长蕊珍珠菜

白花丹

君迁子

茉莉花

滇素馨

女　贞

大叶醉鱼草

密蒙花

白背枫

云南蔓龙胆

粗茎秦艽

滇龙胆草

獐牙菜

糖胶树

长春花

夹竹桃

黄花夹竹桃

萝芙木

青羊参

虎　刺

拉拉藤

小红参

攀茎耳草

滇丁香

多毛玉叶金花

薄柱草

鸡矢藤

云南鸡矢藤

茜　草

飞蛾藤

圆叶牵牛

倒提壶

小花琉璃草

木紫珠

臭茉莉

马缨丹

风轮菜

香　薷

水香薷

野菝子

活血丹

宝盖草

益母草

米团花

蜜蜂花

薄　荷

罗　勒

夏枯草

紫　苏

香茶菜

荔枝草

铁轴草

夜香树

洋金花

假酸浆

刺天茄

喀西茄

少花龙葵

水　茄

假烟叶树

鞭打绣球

泥花草

宽叶母草

野甘草

木蝴蝶

板　蓝

三花枪刀药

碗花草

珊瑚苣苔

疏花车前

鬼吹箫

忍　冬

血满草

接骨草

水红木

蜘蛛香

川续断

大花金钱豹

西南风铃草

西南山梗菜

铜锤玉带草

藿香蓟

香　青

牛　蒡

白苞蒿

白花鬼针草

艾纳香

白酒草

烟管头草

小鱼眼草

菊　花

地胆草

白头婆

鳢　肠

蒲公英

毛大丁草

秋鼠麴草

菊三七

羊耳菊

翼齿六棱菊

云木香

千里光

门　荃

夜香牛

斑鸠菊

苍　耳

野慈菇

慈　姑

韭

天门冬

大百合

万寿竹

西南萱草

紫　萼

西南菝葜

滇百合

长柱重楼

七叶一枝花

宽瓣重楼

滇黄精

点花黄精

马甲菝葜

无刺菝葜

大叶仙茅

韭　莲

参　薯

黄　独

薯　蓣

鸭舌草

雄黄兰

扁竹兰

灯心草

大苞鸭跖草

鸭跖草

杜　若

竹叶子

薏　苡

狗牙根

牛筋草

白　茅

芦　苇

金发草

粽叶芦

玉　米

棕　榈

菖　蒲

一把伞南星

天南星

魔　芋

半　夏

蝗螂跌打

爬树龙

犁头尖

浆果薹草

香附子

短叶水蜈蚣

芭　蕉

艳山姜

草　果

砂　仁

莪　术

红姜花

姜

美人蕉

金线兰

小白及

白　及

伏生石豆兰

密花石豆兰

卵叶贝母兰

兜唇石斛

齿瓣石斛

串珠石斛

流苏石斛

细叶石斛

铁皮石斛

高斑叶兰

斑叶兰

羊耳蒜

见血青

绶　草

笋　兰